计算机应用基础教程上机指导

（第2版）

主　编　徐明成

副主编　马新文　谷海红　张　飞

電子工業出版社

Publishing House of Electronics Industry

北京·BEIJING

内 容 简 介

本书是与《计算机应用基础教程（第 2 版）》配套的实验指导教材。内容主要包括计算机基础、微型计算机系统、计算机安全、Windows XP 操作系统、文档编辑软件 Word 2007、电子表格软件 Excel 2007、电子文稿演示软件 PowerPoint 2007、数据库管理软件 Access 2007、多媒体与图像处理、计算机网络与通信等。

本书有两种性质的实验：一种是示范性质，边做边解释，旨在指导学生；一种是布置给学生做的实验题目。本书还配备一张材质库光盘，学生可根据实验内容，直接从材质库光盘中调取相应素材，方便学生实验，光盘内容可直接从网上下载。根据国家教育部评估要求，本书设计了规范的实验报告，学生可直接填写，提高实验课效果。

本书内容全面且重点突出，行文流畅，着重基础和实际应用相结合，可作为各类职业学校“计算机应用基础”类课程的教材的配套上机指导，也可作为各类计算机基础教学的培训教材或自学用书。

图书在版编目（CIP）数据

计算机应用基础教程上机指导 / 徐明成主编.—2 版.—北京：电子工业出版社，2009.1
ISBN 978-7-121-06766-2

I. 计… Ⅱ.徐… Ⅲ.电子计算机－高等学校：技术学校－教学参考资料 Ⅳ.TP3

中国版本图书馆 CIP 数据核字（2008）第 073953 号

责任编辑：祁玉芹
印　　刷：北京市天竺颖华印刷厂
装　　订：三河市鑫金马印装有限公司
出版发行：电子工业出版社
　　　　　北京市海淀区万寿路 173 信箱　邮编 100036
开　　本：787×1092　1/16　印张：16.5　字数：402 千字
印　　次：2009 年 1 月第 1 次印刷
印　　数：5000 册　　定价：22.00 元

凡所购买电子工业出版社图书有缺损问题，请向购买书店调换。若书店售缺，请与本社发行部联系，联系及邮购电话：（010）88254888。

质量投诉请发邮件至 zlts@phei.com.cn，盗版侵权举报请发邮件至 dbqq@phei.com.cn。

服务热线：（010）88258888。

前 言

计算机应用基础是面向普通高校非计算机专业学生的一门重要课程，内容包括计算机与信息技术的基础知识和基本操作，这些内容实践性强，只靠课堂教学是很难掌握的。以往的实验教材偏重于对命令的理解和操作，学生上实验课时目的不明确，盲目性大，效果较差，虽然掌握了一定的理论基础知识，但动手能力差。因此，为了培养新型的应用型人才，加强实践环节，加强对学生进行计算机应用能力的培养和训练，注重培养学生综合能力，编写一本好的实验教材显得非常重要。

本教材紧密结合《计算机应用基础教程（第2版）》一书，以Windows XP、Office 2007为背景软件，内容主要包括计算机基础、微型计算机系统、计算机安全、Windows XP操作系统、文档编辑软件Word 2007、电子表格软件Excel 2007、电子文稿演示软件PowerPoint 2007、数据库管理软件Access 2007、多媒体与图像处理、计算机网络与通信等。根据教材精选了选择题、填空题和判断题。

本书面向教学全过程，精选了各种实验习题，内容全面丰富，渗透到课本中的各个知识点，达到一定深度和广度。本书还配有一张材质库光盘，克服以往学生因每一实验都反复不断地录入文字、画表格、找素材而浪费大量时间的缺点，使学生有更多的时间去进行技能培养和训练。配套的材质库光盘可直接从网址 www.tqxbook.com 下载。另外，根据国家教育部的评估要求，设计了标准规范的实验报告，学生可以直接填写实验结果，使实验效果更好。

本书由徐明成主编，马新文、谷海红和张飞为副主编，参加本书编写的人员还有张岳、高翔和朱敬等。由于作者水平有限，本书难免有不足之处，诚请读者批评指正。我们的E-mail地址：qiyuqin@phei.com.cn。

编者

2008年10月

编 辑 提 示

为了使本书更好地服务于授课教师的教学，我们为本书配备了材质库光盘。使用本书作为教材授课的教师，如果需要材质，可到网址 www.tqxbook.com 下载。如有问题，可与电子工业出版社天启星文化信息公司联系。

通信地址：北京市海淀区翠微东里甲 2 号为华大厦 3 层　　鄂卫华（收）

邮编：100036

E-mail：qiyuqin@phei.com.cn

电话：（010）68253127（祁玉芹）

目　录

第 1 章　计算机的基础知识

一、填空题

（1）一个字节等于__________个二进制位；1 KB 等于__________字节；256 KB 等于________字节；1 MB 等于________字节；1 GB 等于________MB。

（2）基本 ASCII 码包含________个不同的字符。

（3）汉字国标码字符集中共包含有________个汉字和图形符号。《信息交换用汉字编号字符集·基本集》中的一级汉字为________个，二级汉字为________个，图形符号为________个。

（4）汉字“冬”的区位码为 2212，其中的位码是________。

（5）汉字字形点阵中每个点的信息用一位二进制码来表示，_____表示对应位置处是黑点，_____表示对应位置处是空白。

（6）与十进制数 45 等值的二进制数是________。

（7）与十进制数 128 等值的二进制数是________。

（8）与十进制数 217 等值的二进制数是________。

（9）与二进制数 1110 等值的十进制数为________。

（10）与二进制数 101110 等值的八进制数是________。

（11）“与”运算又称逻辑乘，可用运算符________来表示。如果逻辑变量 A 和 B 进行“与”运算，结果为逻辑变量 Y，则可记作：________。

（12）“或”运算又称逻辑加，可用运算符________表示。如果逻辑变量 A 和 B 进行“或”运算，结果为逻辑变量 Y，则可记作：________。

（13）“非”运算使得一逻辑变量取其相反值。如果某逻辑变量为 A，则其“非”运算结果用________来表示，记作：________。

（14）不管是哪种类型的计算机，它们都是由________________5大部件组成的。

（15）在计算机系统中，各部件通过________________联系起来，在________的管理下，协调一致地工作。

（16）______又称算术逻辑单元，是计算机对信息数据进行处理和运算的部件。它的主要功能是__________，所以也称为________。

（17）存储器具有______功能，用来________。一般可分为______和________两大类。

（18）在其他条件相同的配置下，内存越大，计算机的运行速度越____；反之，内存越小，计算机运行的速度越_____。

（19）输入设备主要用于把信息与数据转换成_______，并通过计算机的接口电路将这些信息传送至__________。

（20） 输出设备将计算机处理的结果通过接口电路以__________信息形式显示或打印出来。

二、单项选择题

（1） 通常以 KB、MB 或 GB 为单位来反映存储器的容量。所谓容量指的是存储器中所包含字节数。1 KB 等于多少字节（　　）。

A. 1000　　B. 1048
C. 1024　　D. 1056

（2） 在计算机内部，一切信息的存取、处理和传递都是以（　　）形式进行的。

A. EBCDIC　　B. ASCII 码
C. 十六进制数　　D. 二进制数

（3） 数字字符的 2 的 ASCII 码为十进制数 50，数字字符 5 的 ASCII 码为十进制数（　　）。

A. 52　　B. 53　　C. 54　　D. 55

（4） 已知小写英文字母 d 的 ASCII 码为十进制数 100，则英文小写字母 h 的 ASCII 码为十进制数（　　）。

A. 103　　B. 104　　C. 105　　D. 106

（5） 汉字的两种编码为（　　）。

A. 简体字和繁体字　　B. 国际码和机内码
C. BDC 码和 ASCII 码　　D. 数字码和指令码

（6） 在 16×16 点阵的汉字字库中，存储 20 个汉字的字模信息共需要（　　）个字节。

A. 640　　B. 16　　C. 128　　D. 320

（7） $(101.101)_2=(\quad)_{10}$。

A. 1.125　　B. 5.125　　C. 1.625　　D. 5.625

（8） 下列说法有误的是（　　）。

A. 任何二进制整数都可用十进制数表示
B. 任何二进制小数都可用十进制数表示
C. 任何十进制整数都可用二进制数表示
D. 任何十进制小数都可用二进制数表示

（9） 二进制数 11001011 等于十进制数（　　）。

A. 395　　B. 203　　C. 204　　D. 394

（10） 将$(305)_8$转换成十六进制值为（　　）。

A. A5　　B. B5　　C. C5　　D. D5

（11） $(20.8125)_{10}=(\quad)_2$。

A. 1010.1101　　B. 10100.1011
C. 10100.1101　　D. 1010.1011

（12） 最少须用（　　）位二进制数表示任一四位长的十进制数。

A. 10　　B. 14　　C. 13　　D. 16

（13） 二进制数在第 n 位的位权为（　　）。

A. 2^{n-1}　　B. 2^{n+1}

C. 2^{n}　　D. $2n$

（14） 按照二进制的算术运算规则，“0-1”应该等于（　　）。

A. 0　　B. 1

C. －1　　D. 以上都不对

（15） 按照二进制的算术运算规则，“1＋1”应该等于（　　）。

A. 0　　B. 1

C. 2　　D. 10

（16） 计算机中（　　）个二进制位为一个字节。

A. 1　　B. 2

C. 8　　D. 10

（17） 俗话中常说的“半斤八两”使用的进位数制是（　　）。

A. 二进制　　B. 八进制

C. 十进制　　D. 十六进制

三、多项选择题

（1） 计算机的发展趋势是（　　）。

A. 网络化　　B. 巨型化

C. 大型化　　D. 微型化

E. 多媒体化　　F. 智能化

（2） 冯·诺依曼的重要设计思想有（　　）。

A. 采用二进制　　B. 运算器

C. 控制器　　D. 程序和数据均放在存储器中

（3） 计算机的特点是（　　）。

A. 具有算术运算能力　　B. 高速自动化

C. 计算精度高　　D. 具有记忆力

（4） 多媒体计算机有效处理信息的形式是（　　）。

A. 文字　　B. 图形

C. 动画　　D. 音频

E. 视频

（5） 智能化是使计算机具有人的某些智能，即用计算机来模拟人的（　　）过程。

A. 感觉　　B. 想像

C. 思维　　D. 行走

E. 情感

（6） 信息处理就是对所获得的数据进行（　　）的处理。

A. 转换　　B. 识别　　C. 存储

D. 分类　　E. 加工　　F. 整理

（7） 计算机所要处理的字符包括（　　）。

A. 英文字母　　B. 0～9 的数字
C. 专用字符　　D. 非打印字符

（8） 汉字字形点阵有（　　）等。

A. 8×8 点阵　　B. 16×16 点阵
C. 24×24 点阵　　D. 32×32 点阵

（9） （　　）合称为 CPU，它是计算机的核心部件，担负着主要的运算和分析任务。

A. 运算器　　B. 控制器
C. 存储器　　D. I/O 设备

四、判断题

（1） 通信技术已成为现代信息技术的核心技术。（　　）

（2） 数据处理具有数据量大，输入/输出频繁，时间性强和复杂的数值计算等特点。（　　）

（3） 第三代计算机（1965—1970 年）的逻辑元件采用了中、小规模集成电路。（　　）

（4） 第四代计算机（1971 至今）的逻辑元件采用大规模和超大规模集成电路。（　　）

（5） 微型计算机也称个人计算机（PC，Personal Computer），简称微机，俗称电脑。（　　）

（6） 微处理器也被称为中央处理器（CPU，Central Processing Unit）。（　　）

（7） 微机的发展速度非常惊人，CPU 的型号已从 Intel 8088 发展到现在的 Pentium 4。（　　）

（8） 多媒体技术是目前微型计算机发展的主要方向。（　　）

（9） 计算机网络是计算机技术和通信技术结合的产物。（　　）

（10） 智能化是指用计算机来模拟人的感觉和思维的过程，使计算机具备人的某些智能。（　　）

（11） 信息都可以转换成一定形式的数据，所以数据是信息的载体。（　　）

（12） 数据常分为数值型数据和字符型数据两类。（　　）

（13） 信息和数据是两个相互联系、相互依存又相互区别的概念。（　　）

（14） 信息处理就是对所获得的数据进行转换、识别、分类、加工、整理、存储等。（　　）

（15） 历次信息革命的到来，都会极大地阻碍社会生产力的发展。（　　）

（16） 文字的使用是人类信息活动的第二次信息技术革命。（　　）

（17） 事务型办公自动化系统是完成基本办公事务处理和部门行政事务处理的自动化系统。（　　）

（18） 人工智能是指用计算机来模拟人的智能，使其像人一样具备识别语言、文字、图形和推理、学习及自适应环境的能力。（　　）

（19） CAD（Computer Aided Design）是指利用计算机进行辅助教学工作。（　　）

（20） 信息素养已成为评价人才综合素质的一项重要指标。（　　）

（21） 数据是信息的载体。（　　）

第2章 微型计算机系统

一、填空题

（1）首先提出在电子计算机中存储程序概念的科学家是________。

（2） 主板的中心任务是维系________之间能协同工作。

（3） ________的性能是判断计算机性能高低的首要标准。

（4） 硬盘主要分为IDE、SATA和SICI几种接口类型，其中最常用的是________。

（5） 移动硬盘是指采用电脑外设标准接口的硬盘，一般用________加上带有USB/IEE1394控制芯片及外围电路电路板的配套硬盘盒构成。

（6） 在内存储器中，只能读出不能写入的存储器叫做________。

（7）微型机的主要性能指标有________、________、________和________。

（8） 主频指计算机时钟信号的频率，通常是以________为单位。

（9）微型计算机的硬件系统包括________。

（10） 存储器的功能是________。

（11） 硬盘写入保存和读取数据的原理类似于录音机录音和放音的过程。写入数据时，________。读取数据时，只需________即可。

（12） 移动硬盘有以下4个特点：________、________、________、________。

（13） 软驱又称为软盘驱动器，是电脑的一种________存储器。

（14） 常说的光驱是“几倍速”是指________，即________。

（15） 机箱最主要的作用是________，起着________的作用。

（16） 常说的3.5英寸软盘的容量是________。

（17） 购置计算机应考虑的因素有________、________、________。

（18） 微型计算机的核心部件是________。

（19） 一个完整的计算机系统包括________。

（20） 在组装电脑之前，需先检查各重要组件的搭配关系、主板上的跳线和开关，并做好以下几项准备工作：________。

二、单项选择题

（1） （　　）是计算机输入输出的重要通道，其性能好坏直接影响到计算机的性能。

A. 接口　　B. 主板的接口

C. 输入/输出接口　　D. I/O设备

（2） （　　）直接关系到计算机运行速度的快慢。

A. 硬盘大小和内存大小　　B. 硬盘大小和CPU性能

C. 内存大小和时钟频率　　D. 时钟频率和CPU性能

（3）个人计算机简称PC，这种计算机属于（　　）。

A. 微型计算机　　B. 小型计算机

C. 超级计算机　　D. 巨型计算机

（4） 人们常说的486微机，586微机，其中的数字指（　　）。

A. 硬盘的型号　　B. 软盘的型号

C. 显示器的型号　　D. 微处理器的型号

（5） 奔腾微型计算机采用的微处理器的型号是（　　）。

A. 80286　　B. 80386　　C. 80486　　D. 80586

（6）（　　）是一种系统级的接口，它可以同时挂接各种不同的设备（如硬盘、光盘驱动器、磁带驱动器、扫描仪和打印机等）。

A. SCSI　　B. SATA　　C. IDE　　D. ATA

（7） 除了（　）操作系统，在高版本的Windows系统下完全不用安装任何驱动程序，就可以即插即用移动硬盘。

A. Windows 98　　B. Windows 2000

C. Windows XP　　D. Windows Vista

（8）（　）多采用USB接口，支持即插即用，无需打开机箱或使用任何附加连线。

A. U盘　　B. 硬盘　　C. 移动硬盘　　D. 光驱

（9）（　　）结构的机箱的特点是除了具备各种插槽，便于安装和固定各种配件以外，还预留了键盘鼠标位置、COM口、打印口，电源开关直接连接在主板上等。

A. AT　　B.NLX　　C. ATX　　D. 都一样

（10）（　）是一种面向机器的程序设计语言，为特定的计算机或计算机系列设计。

A. 机器语言　　B. 汇编语言　　C. 高级语言　　D. 计算机语言

（11） 计算机辅助教学的英文缩写是（　　）。

A. CAD　　B. CAI　　C. CAM　　D. CAT

（12） CPU是计算机硬件系统的核心，它是由（　　）组成的。

A. 运算器　存储器　　B. 控制器　存储器

C. 运算器　控制器　　D. 加法器　乘法器

（13） CPU中的控制器的功能是（　　）。

A. 进行逻辑运算　　B. 进行算术运算

C. 控制运算的速度　　D. 分析指令并发出相应的控制信号

（14） 计算机的主机是由（　　）部件组成的。

A. 运算器和存储器　　B. CPU和内存

C. CPU和存储器和显示器　　D. CPU和软盘和硬盘

（15） 计算机的存储系统通常包括（　　）。

A. 内存储器和外存储器　　B. 软盘和硬盘

C. ROM和RAM　　D. 内存和硬盘

（16） 随机存储器简称为（　　）。

A. CMOS　　B. RAM　　C. XMS　　D. ROM

（17） 计算机的内存容量通常是指（　　）。

A. RAM的容量　　B. RAM与ROM的容量总和

C. 软盘与硬盘的容量总和　　D. RAM，ROM，软盘和硬盘的容量总和

（18） 计算机的软件系统一般分为（　）两大部分。

A. 系统软件和应用软件　　B. 操作系统和计算机语言

C. 程序和数据　　D. DOS 和 Windows

（19） 计算机的操作系统是一种（　）。

A. 应用软件　　B. 系统软件

C. 工具软件　　D. 字表处理软件

（20） 用于生产过程自动控制的软件一般统称为（　）。

A. SCADA　　B. FIX　　C. InTouch　　D. Lookout

三、多项选择题

（1） 微型计算机总线一般由（　）组成。

A. 数据总线　　B. 地址总线　　C. 控制总线　　D. 双向线

（2） 鼠标分为（　）。

A. 机械式　　B. 光电式　　C. 有线式　　D. 无线式

（3） 微型计算机的主要技术指标是（　）。

A. 字长　　B. 存储容量　　C. 时钟频率　　D. 对输入输出通道寻址能力

（4） 描述计算机工作速度的性能指标是（　）。

A. 内存容量　　B. 时钟周期　　C. 字长

D. 运算速度　　E. 主频　　F. 兼容机

（5） 启动微机时，能启动操作系统的驱动器有（　）。

A. B：驱动器　　B. C：驱动器

C. A：驱动器　　D. CD-ROM 光盘驱动器

（6） 既可做输入设备又可做输出设备的有（　）。

A. 键盘　　B. 鼠标　　C. 磁盘　　D. 磁带机

（7）光存储器包括（　）。

A. 光驱　　B. 光盘　　C. 刻录机　　D. DVD 机

（8） 下列属于微机显示系统使用的显示标准有（　）。

A. API　　B. CGA　　C. EGA　　D. SVGA

（9） 微机硬件系统的主要性能指标有（　）。

A. OS 的性能　B. 机器主频　　C. 内存容量　　D. 字长

（10） 微型机的软盘与硬盘比较，硬盘的特点是（　）。

A. 存储量大　　B. 存储量小，存储速度快

C. 存储速度慢　　D. 便于携带

（11） 计算机使用二进制的原因是（　）。

A. 只有两种状态 1 和 0 易表示　B. 二进制数运算规则表示

C. 可以使用逻辑代数　　D. 可以节约存储设备

E. 与十进制数运算规则一致

（12） 下列属于计算机的外部设备的是（　）。

A. 计算机网络　　　　　　B. 输入输出设备

C. 外存存储　　　　　　　D. 终端设备

（13） 程序设计语言通常分为（　　）。

A. 机器语言　B. 汇编语言　C. 高级语言　D. 低级语言

（14） 系统软件的作用是（　　）。

A. 缩短用户准备程序的时间　　B. 尽可能地给用户提供方便

C. 控制程序的运行执行指令　　D. 进行相加移位运算

E. 管理并有效地利用计算机系统的资源

（15） 计算机系统包括（　　）。

A. 机械部件　　B. 电子器件　　C. 硬件系统

D. 信息管理系统　　E. 软件系统

（16） 与传统计算机相比，微型计算机具有以下优缺点（　　）。

A. 体积小、重量轻、功耗低　　B. 价格便宜

C. 易学、易用、易维护　　D. 速度慢、功能差

E. 对环境要求较低　　F. 使用寿命短

四、判断题

（1） 计算机中，一个字节由 16 位组成。（　　）

（2） 计算机 5 大器件中的运算器和控制器集成在一片很小的半导体芯片上，称为微处理器，也叫 CPU。（　　）

（3） 软件系统是微型计算机赖以存在的基础。（　　）

（4） 软盘易受磁盘干扰。（　　）

（5） 微机的各个部件都要直接插在主板上或通过电缆连接在主板上。（　　）

（6） 计算机程序必须调入内存，计算机才能执行程序中的命令。（　　）

（7） 只有安装了驱动程序，鼠标器才能正常使用。（　　）

（8） 用机器语言书写的程序执行速度慢。（　　）

（9） 操作系统是计算机的操作规程。（　　）

（10） 微机如果没有操作系统仍可以正常运行。（　　）

（11） 软件系统由系统软件和应用软件组成。（　　）

（12） U 盘也称移动硬盘，具有小巧轻便、便于携带和可以即插即用的特点。（　　）

（13） 微型计算机的性能主要由 CPU 来决定，因此微机的分类一般也是根据 CPU 来划分的。（　　）

（14） 利用文字编辑软件，可以对任何类型的文件进行编辑修改。（　　）

（15） CD-RW 刻录机不仅可以刻录 CD-RW 光盘，而且可以刻录 CD-R 光盘。（　　）

（16） 主存储器用来存储执行的指令和处理的数据。（　　）

（17） 计算机程序必须位于主存储器内，计算机才能执行。（　　）

（18） 操作系统存储管理是对辅助存储器的管理。（　　）

（19） 组装电脑很难，必须具有很强的专业知识。（　　）

（20） 笔记本电脑与台式电脑功能相当，但体积更小，价格更便宜。（　　）

第 3 章 计算机的安全

一、填空题

（1） 近年来损害计算机数据的恶意程序的类型最广泛的是______，其后是______。

（2） 计算机病毒是一种________，它能够____________，从而取得打开的感染文件的控制权，同时把自己复制到媒体（如硬盘、软盘或光盘）中去。

（3） 每一种病毒都有 3 个主要部分，即______、______以及__________。

（4） 木马是指在计算机上执行________的程序。

（5） 广告软件中包括_________程序代码。

（6） 网络给人们带来了极大的便利，但也为_________提供了肥沃的土壤。

（7） 黑客们通常将病毒和其他恶意程序投放在_________上，并伪装成有用的免费软件，当用户下载这些软件后就感染了木马或者病毒。

（8） Rootkits 是一种_________工具。

（9） 计算机病毒的防治涉及______________。

（10） Internet 的一切业务，从电子邮件到远程终端访问，都要受到_______的鉴别和控制。

（11） 利用网络技术，黑客们可以攻击_________。如果是完全进入计算机，那么他们就能__________。

（12） 为了避免在局域网中传播病毒，应对_________分别予以保护。

（13） 黑客要在别人的计算机上种植木马必须知道该计算机的__________。

（14） 反病毒软件的________技术很重要，该功能可使反病毒程序在每次系统启动后均被自动加载，并监视所有对文件的操作，包括拷贝、运行、改名、创建、从网上下载、打开 E-mail 附带文件等，自动检测文件是否被病毒感染。

（15） ___________是卡巴斯基实验室的产品，其总部设在俄罗斯联邦。

（16） 金山公司出品的金山毒霸 2008 版对病毒/木马的查杀采取了__________的三重防护。

（17） Symantec 公司出品的防病毒软件是__________。

（18） __________曾为计算机伦理学制定了 10 条戒律。

二、单项选择题

（1） 计算机安全不仅涉及到技术和管理问题，甚至还涉及有关法学、犯罪学、（　　）和心理学等问题。

A. 软件和硬件　　　　B. 防毒和杀毒

C. 信息学　　　　　　D. 技术和管理

（2） 计算机中的（　　）其实是一种恶意程序，以前通常把这种恶意程序当做病毒来对待，其实它并不具备病毒的特征。

A. 蠕虫　　B. 木马

C. 流氓软件　　D. 风险程序

（3） 若出现（　　）情况，可以判断计算机一定被病毒感染。

A. 执行文件的字节数变大

B. 硬盘不能启动

C. 安装软件的过程中，提示内存不足

D. 不能正常打印文件

（4） 计算机病毒的来源是（　　）。

A. 人为制造的

B. 自然环境恶劣造成的

C. 别人传染的

D. 计算机质量太差造成的

（5） （　）可以不为人所知的收集某些用户或组织信息。

A. 病毒　　B. 木马

C. 间谍程序　　D. 风险程序

（6） 计算机病毒通常是（　　）。

A. 一段程序　　B. 一个命令

C. 一个文件　　D. 一个标记

（7） （　　）经常收集用户的个人数据，并发送给原来的开发者，从而改变用户计算机的浏览器设置（开始页面和搜索页面、安全等级等）和建立用户无法控制的通信量。

A. 玩笑程序

B. 广告程序

C. 间谍程序

D. 风险程序

（8）关于计算机病毒的传染途径，不正确的说法是（　　）。

A. 通过软盘的复制

B. 通过公用软盘

C. 通过共同存放软盘

D. 通过借用他人的软盘

（9） 防止计算机传染病毒的方法是（　　）。

A. 不使用有病毒的盘片

B. 不让有传染病的人操作

C. 提高计算机电源的稳定性

D. 联机操作

（10） 计算机病毒的危害性表现在（　　）。

A. 能造成计算机器件永久性失效

B. 影响程序的执行，破坏用户数据与程序

C. 不影响计算机的运行速度

D. 不影响计算机的运行结果，不必采取措施

（11） 计算机病毒具有（　　）。

A. 传播性、潜伏性、破坏性

B. 传播性、破坏性、易读性

C. 潜伏行、破坏性、易读性

D. 传播性、潜伏行、安全性

（12）计算机病毒是一种（　　）。

A. 机器部件　　B. 计算机文件

C. 微生物　　D. 病原体

E. 程序

（13） 我国政府颁布的《计算机软件保护条例》从（　　）开始实施。

A. 1986 年 10 月　　B. 1990 年 6 月

C. 1991 年 10 月　　D. 1993 年 10 月

（14） 目前使用的防杀病毒软件的作用是（　　）。

A. 检查计算机是否感染病毒，清除已感染的任何病毒

B. 杜绝病毒对计算机的侵害

C. 检查计算机是否感染病毒，清除部分已感染的病毒

D. 检出已感染的任何病毒，清除部分已感染的病毒

（15）（　　）的传播速度相当高，它通过渗透计算机，查找其他计算机的网络地址，并向这些地址发送自爆破的拷贝。

A. 病毒　　B. 木马

C. 蠕虫　　D. 风险程序

（16）计算机病毒的防治涉及计算机硬件实体、计算机软件、数据信息的压缩和（　　）技术。

A. 系统恢复　　B. 数字签名

C. 密钥管理　　D. 加密解密

（17） 通过（　　）可以利用在线商店、拍卖和银行主页进行信用卡和金钱交易，所以在线诈骗成为最普遍的犯罪形式之一。

A. 因特网　　B. 局域网

C. 电子邮件　　D. Intranet

三、判断题

（1） 当前计算机专家对各种威胁计算机信息安全的不安全因素进行了重新归类，主要可分为蠕虫、病毒、木马、广告软件、间谍程序、风险程序、玩笑程序、Rootkits，以及其他危险程序，这才是完全正确的划分。（　　）

（2） 安全技术措施是计算机系统安全的重要保证，也是整个系统安全的物质技术基础。（　　）

（3） 通常威胁计算机的不安全因素的来源有网络（包括因特网和局域网）、电子邮件及可移动存储媒介等。（　　）

（4） CD/DVD-ROM 出现正常的打开和关闭时，表示计算机一定感染了病毒。（　　）

（5） 只要采取了最可靠和最谨慎的措施，就能保证 100%地杜绝病毒、木马和流氓软件的侵扰。（　　）

（6） 对于重要数据可以对其进行加密，来防止未经授权的人查看和使用，这样当感染病毒时就可以保证加密过的文件数据不被损坏或删除。（　　）

（7） 计算机病毒虽然可怕，但是只要了解有关病毒的基础知识，根据病毒的传播特点，作好防范措施，就可以大大减少感染病毒的机会，保证计算机系统的相对安全。（　　）

（8） 不要打开来历不明的电子邮件，甚至不要将鼠标指针指向这些邮件，以防其中带有病毒的程序感染计算机。（　　）

（9） 让别人使用自己的 ICQ 或 QQ 登录。（　　）

（10） 黑客要入侵远程计算机，必须先在要入侵的计算机上植入病毒。（　　）

（11） 过于简单的密码（如简单数字、单纯的英文字母或单个字符）或与账号相同的密码会给黑客最容易猜中的几率，因此在设置密码时，最好使用英文字母与数字的组合。（　　）

（12） 当在上网时发现计算机异常时，要及时检测和清除木马，然后断开 Internet 连接。（　　）

（13） 有些软件在安装过程中会以不引起用户注意的方式提示用户要安装流氓软件，这时如果用户不认真阅读提示，就会安装上流氓软件。由于这是用户自己选择的，因此用户不会受到保护。（　　）

（14） 使用瑞星并不能同时清除病毒、木马和流氓软件。（　　）

（15） 除了防御各种方式的恶意程序的渗透，定时地扫描计算机也是很重要的。通过查杀病毒，可以中止因选择的防御等级低或其他原因导致实时防御组件未检测出的恶意程序扩散。（　　）

（16） 金山网镖是个人网络防火墙。（　　）

（17） 诺顿防病毒软件 2008 采用了“病毒库＋主动防御＋因特网可信任认证技术”的三重防护，即在病毒库和主动防御的基础上，采用了最新的因特网可信认证技术。（　　）

（18） 同世界上许多事物一样，网络自由也是一把双刃剑，网民在享受了宽松的自由的同时，也要承受他人过度自由侵蚀带来的损害。（　　）

第 4 章　Windows XP 操作系统实验

第一部分　Windows XP 基本操作

一、实验目的

（1）掌握 Windows XP 的启动和关闭。

（2）熟悉和掌握鼠标与键盘的基本操作。

（3）掌握常用桌面图标和任务栏的基本操作。

（4）掌握 Windows XP 的基本窗口、菜单和对话框的操作。

二、实验要点

◆ 鼠标的常用操作。

现在我们使用的鼠标以两键或三键为多，分左键和右键（及中键）。在 Windows XP 中鼠标有以下几种操作方法。

（1）单击左键（简称单击）：按下左键后立即松开，单击用于选中对象。

（2）双击左键（简称双击）：快速按两下左键再松开，双击用于打开文档或运行某个程序。

（3）单击右键（简称右击）：按下右键后立即松开，在 Windows XP 中，单击鼠标右键的作用是弹出所选对象的“快捷菜单”。从“快捷菜单”中可以选择相应功能，这样可使操作更方便、更快捷。

（4）拖动：用鼠标指针点住对象（图标、窗口、文件等），按住左键不松手，直接向某处移动。其作用主要是移动或复制文件（夹）。

◆ 常用桌面图标操作。

（1）“我的电脑”：用鼠标双击桌面上的“我的电脑”图标，打开“我的电脑”窗口。该窗口包含计算机的所有资源，即驱动器图标、控制面板和打印机等，可以在“我的电脑”窗口中对这些资源进行操作。

（2）“我的文档”：用鼠标双击桌面上的“我的文档”图标，打开“我的文档”窗口，该窗口为用户管理自己的文档提供了方便快捷的功能。

（3）“回收站”：用鼠标双击桌面上的“回收站”图标，将打开“回收站”窗口，该窗口用于暂时保存已被删除的信息。用户可以方便地从回收站恢复已删除的文件到文件原来的目录中，也可在回收站中清除这些文件，真正从磁盘上删除这些文件。

（4）“任务栏”：任务栏位于屏幕的最下面。

三、实验内容和实验步骤

◆ 启动 Windows XP。

（1） 依次打开显示器、主机电源开关，计算机进行自检，出现短暂的鸣叫声，示意计算机硬件系统正常。

（2） 自检通过后，系统开始启动操作系统。

（3） 系统成功启动后，注意观察 Windows XP 的桌面，如图 4-1 所示。

图 4-1 Windows XP 成功启动

◆ 分别打开“我的电脑”、“资源管理器”和“写字板”窗口。

（1） 在桌面上用鼠标双击“我的电脑”图标，打开“我的电脑”窗口，如图 4-2 所示。

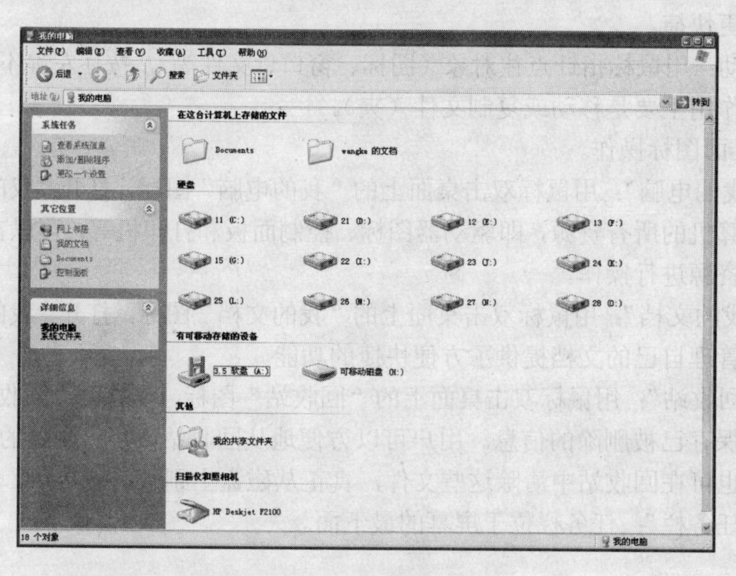

图 4-2 “我的电脑”窗口

（2） 选择“开始”|“所有程序”|“附件”|“Windows 资源管理器”命令。

（3） 选择“开始”|“程序”|“附件”|“写字板”命令。

◆ 激活“我的电脑”窗口，完成窗口的移动、调整大小和浏览操作。

（1） 在桌面上用鼠标双击“我的电脑”图标，打开“我的电脑”窗口。

（2） 单击“我的电脑”窗口的“最小化”按钮，则窗口最小化为任务栏的任务提示条按钮。

（3） 单击任务栏上“我的电脑”窗口的任务提示条，窗口还原为最小化前的大小和位置。

（4） 单击“我的电脑”窗口的“最大化”按钮，则窗口最大化为占据整个桌面，“最大化”按钮变为“还原”按钮。

（5） 单击“我的电脑”窗口的“还原”按钮，则窗口还原为最大化前的大小和位置。

（6） 用鼠标右键单击任务栏上的“我的电脑”任务栏提示条，在弹出的快捷菜单中选择“最大化”命令，将“我的电脑”窗口激活并最大化。使用类似的操作将“写字板”和“我的文档”窗口激活并最大化（如果窗口已经处于激活状态，则此时的“最大化”命令呈灰色不可执行状态）。

（7） 在“我的电脑”窗口处于活动的状态下，将鼠标指针指向“我的电脑”窗口的标题栏（不要指向标题栏左边的控制菜单或右边的控制按钮），拖动标题栏可以实现窗口的移动。

（8） 指向“我的电脑”窗口边框或窗口四角，此时鼠标指针将发生变化，即：当指向左、右边框时，鼠标变为左右方向箭头；当指向上、下边框时，指针变为上下方向箭头；当指向窗口四个角时，指针则变为对角线方向箭头。拖动边框或四角至指定位置，可以按鼠标指针的箭头方向改变窗口大小。

（9） 当窗口内容很多或者窗口过小时，在窗口的右边会出现滚动条。单击窗口滚动条的箭头按钮，可以向相应方向滚动一行；拖动窗口滚动条的滑动块，可以向相应方向连续滚动；单击滚动条上滚动箭头与滚动块之间的位置，可以向相应方向滚动。

◆ 以“我的电脑”、“写字板”和“我的文档”窗口为例，实现窗口切换操作。

（1） 将“我的电脑”窗口激活并最大化。

（2） 用鼠标右键单击任务栏上的空白处，可以打开快捷菜单。

（3） 分别执行“层叠窗口”、“横向平铺窗口”或“纵向平铺窗口”等命令，观察“我的电脑”、“写字板”和“我的文档”窗口的位置变化情况。

（4） 在任务栏上分别单击“我的电脑”、“写字板”和“我的文档”等窗口的任务提示条，可以完成各窗口的切换。

（5） 使用键盘操作完成窗口的切换。按下 Alt+Tab 组合键（先按下 Alt 键不放，然后按下 Tab 键）进行切换，每按一次 Tab 键，当前窗口就变换一次。

◆ 关闭“我的电脑”窗口。

方法一：单击“我的电脑”窗口右上角的“关闭”按钮。

方法二：按 Alt+F4 组合键。

方法三：选择“我的电脑”窗口中的“文件”|“关闭”命令。

方法四：双击“我的电脑”窗口左上角的控制图标。

方法五：单击“我的电脑”窗口左上角的控制图标（或鼠标指向标题栏中间位置，按下鼠标右键），在打开的菜单中，选择“关闭”命令。

◆ 打开“写字板”窗口，完成工具按钮的隐藏和再现等操作。

（1） 打开“写字板”窗口，指向该窗口的“查看”菜单（或按 Alt+V 组合键），打开“查看”菜单中的条目。

（2） 分别选择“查看”菜单中的“标尺”和“格式栏”命令，则窗口中的标尺栏和格式栏消失。

（3） 打开“查看”菜单，发现“标尺”和“格式栏”命令前的“√”消失。

（4） 在“写字板”窗口中，选择“查看”|“选项”命令，打开“选项”对话框，如图 4-3 所示。

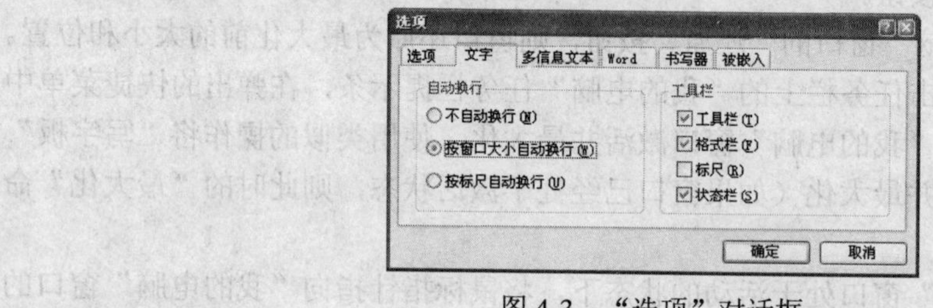

图 4-3 “选项”对话框

（5） 单击“多信息文本”标签，转到“多信息文本”选项卡。在“工具栏”选项组中，选中“标尺”和“格式栏”复选框；然后单击“确定”按钮，观察“写字板”窗口的变化情况。

（6） 将鼠标指针指向各工具栏的每个按钮，查看每个按钮的名称，注意观察自动弹出的每个按钮的名称提示条。

◆ 以“写字板”窗口为例，查询帮助信息。

（1） 将鼠标指针指向“写字板”菜单栏上的“帮助”菜单项，从弹出的菜单中选择“帮助主题”命令，或按 Alt+H 组合键，打开“帮助”菜单。

（2） 选择“帮助”菜单中的“帮助主题”命令，打开“写字板”帮助窗口，如图 4-4 所示。

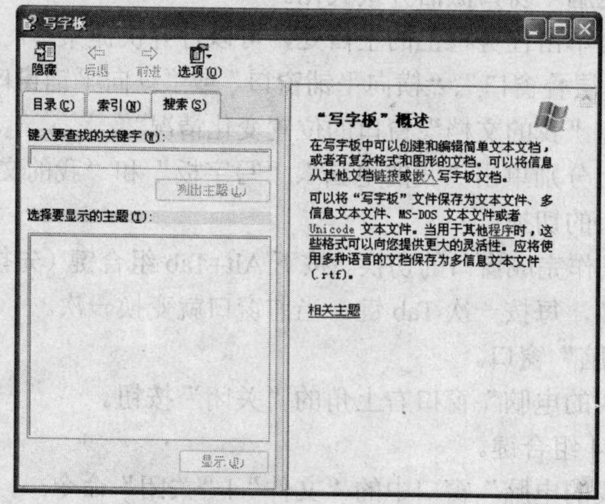

图 4-4 “写字板”帮助窗口

（3） 转到“目录”选项卡，在左窗格中单击“写字板”前面的书形图标，展开信息条目列表，再选择“常见任务”列表，然后在右窗格中观察列出的常见信息条目，如图 4-5 所示。

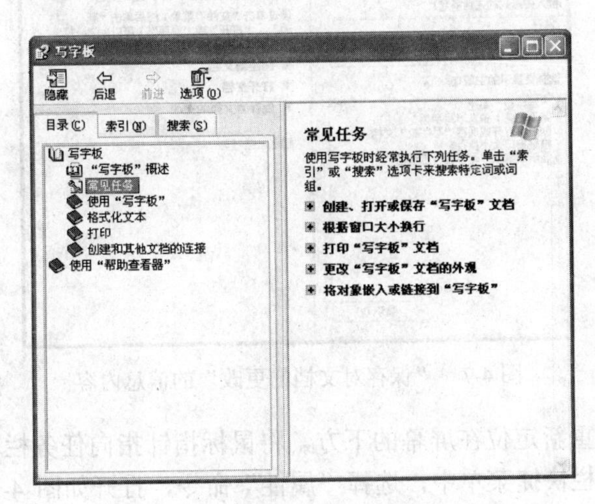

图 4-5　查看相关内容的帮助信息

（4） 选择“创建、打开或保存‘写字板’文档”条目，阅读该信息内容，如图 4-6 所示。

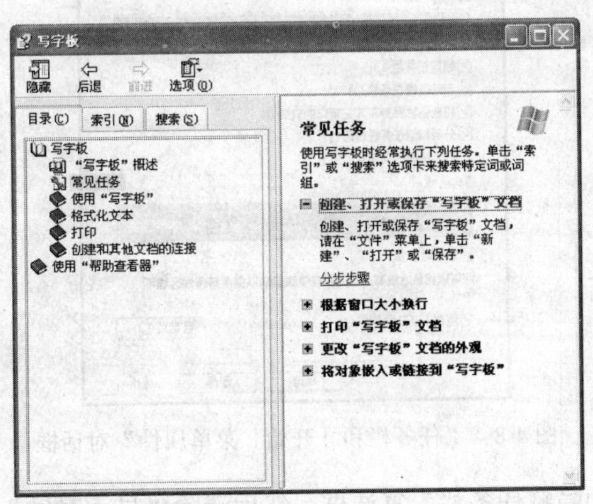

图 4-6　阅读下级信息内容

（5） 单击“分步步骤”超链接，显示下一级信息条目

（6） 选择“保存对文档的更改”信息条目，阅读该信息。

（7） 单击“搜索”标签，转到“搜索”选项卡，在“键入要查找的关键字”文本框中输入：“保存”，按 Enter 键，查询相关主题信息，如图 4-7 所示。

◆ 将任务栏定位在屏幕左边，自动隐藏，不显示时钟；在任务栏中添加“地址”栏和“快速启动”工具栏。

（1） 将鼠标指针指向任务栏的空白处，按住鼠标左键拖动任务栏至桌面左侧后，松开鼠标左键，则将任务栏定位在屏幕的左边。

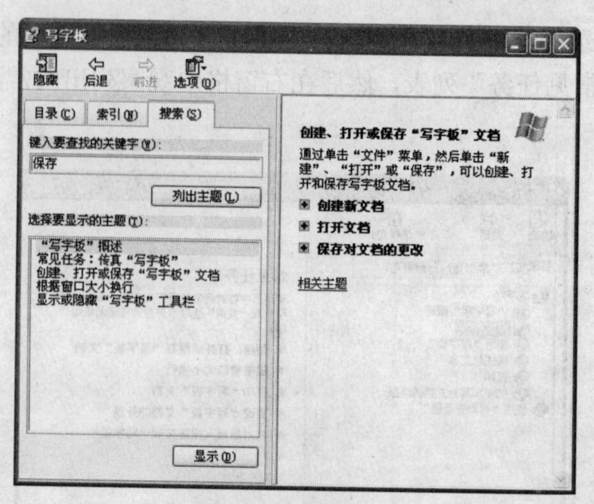

图 4-7　“保存对文档的更改”的信息内容

（2） 将任务栏重新定位在屏幕的下方，将鼠标指针指向任务栏右侧的空白处并单击右键，在弹出的任务栏快捷菜单中，选择“属性”命令，打开如图 4-8 所示的“任务栏和「开始」菜单属性”对话框，选择“任务栏”选项卡。

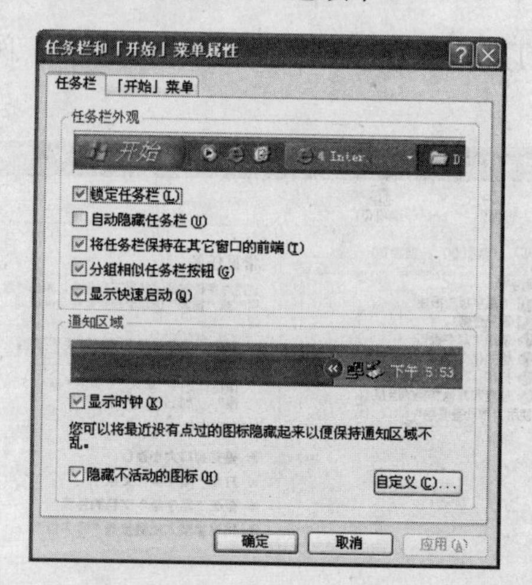

图 4-8　“任务栏和「开始」菜单属性”对话框

（3） 选中“自动隐藏任务栏”复选框，然后清除“显示时钟”复选框，单击“确定”按钮，观察任务栏的变化。

（4） 将鼠标指针指向任务栏空白处，单击右键，在弹出的快捷菜单中，选择“工具栏”|“地址”和“快速启动”命令，注意观察任务栏的变化。

◆ 清空“我最近的文档”菜单中的内容。

（1） 单击“开始”按钮，弹出“开始”菜单，指向“我最近的文档”命令，观察其内容。

（2） 将鼠标指针指向任务栏右侧的空白处，并单击右键，在弹出的任务栏快捷菜单中，选择“属性”命令，打开“任务栏和「开始」菜单属性”对话框，单击“「开始」菜单”标签，转到“「开始」菜单”选项卡，如图 4-9 所示。

（3） 单击“自定义”按钮，打开“自定义「开始」菜单”对话框。单击“高级”标签，转到“高级”选项卡，如图 4-10 所示。

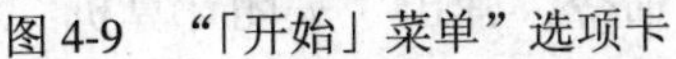

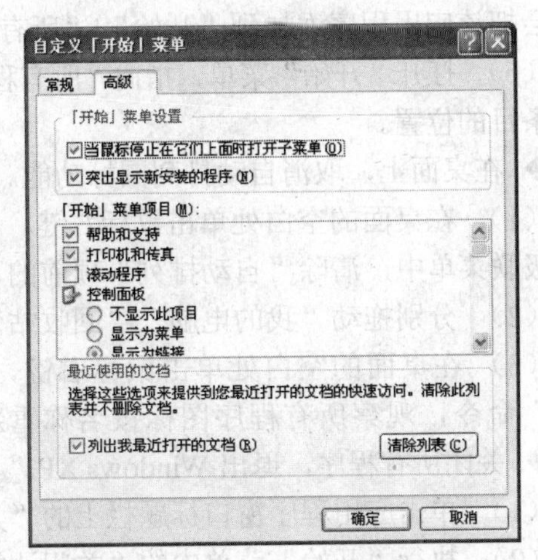

图 4-9 “「开始」菜单”选项卡　　　　图 4-10 “高级”选项卡

（4） 单击“清除列表”按钮，删除最近访问过的文档记录。

（5） 单击“开始”按钮，弹出“开始”菜单，指向菜单中的“文档”命令，观察变化。

◆ 将“画图”程序添加到“开始”菜单中的“启动”组中，使 Windows 系统在每次启动以后，都能够自动打开“画图”工具。

（1）将鼠标指针指向任务栏右侧的空白处，并单击右键，在弹出的任务栏快捷菜单中，选择“属性”命令，打开“任务栏和「开始」菜单属性”对话框。

（2） 打开“「开始」菜单”选项卡，选择“经典「开始」菜单”单选按钮，单击“自定义”按钮，打开“自定义经典「开始」菜单”对话框。

（3） 单击“添加”按钮，打开“创建快捷方式”对话框。在文本框中输入要添加的命令的路径和名称，也可以单击“浏览”按钮进行选择，如图 4-11 所示。

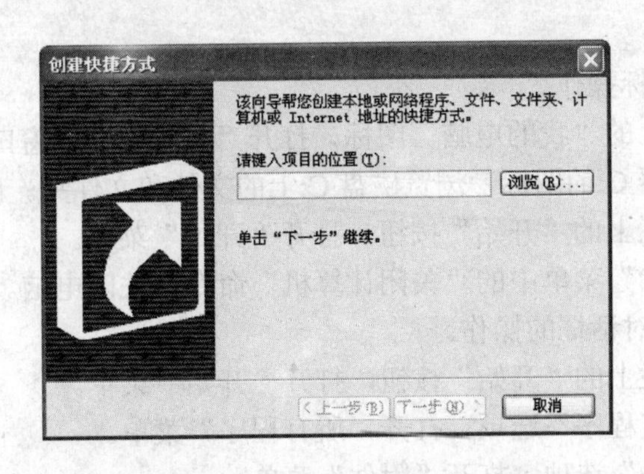

图 4-11 “创建快捷方式”对话框

（4） 单击“下一步”按钮，打开“选择程序文件夹”对话框，在列表框中选择“「开始」菜单”中的“程序”下的“启动”文件夹。单击“下一步”按钮，打开“选择程序标题”对话框。

（5） 在对话框中的文本框中输入该命令的名称“画图”后，单击“完成”按钮，系统将会把该应用程序添加到“开始”|“所有程序”|“启动”级联菜单中。

（6） 打开“开始”菜单，指向“所有程序”菜单中的“启动”级联菜单项，检查“画图”条目的位置。

◆ 在桌面上，取消自动排列图标功能。

（1） 在桌面的空白处单击鼠标右键，在弹出的快捷菜单中选择“排列图标”命令，在该级联菜单中，清除“自动排列”项前的“√”。

（2） 分别拖动“我的电脑”、“回收站”、“我的文档”图标至桌面其他位置。

（3） 在桌面的空白处单击鼠标右键，在出现的快捷菜单中选择“排列图标”|“按名称”命令，观察所有程序图标按名称重新排列的结果。

◆ 关闭所有程序，退出 Windows XP。

（1） 单击应用程序窗口标题栏上的“关闭”按钮或按 Alt+F4 组合键关闭所有程序。

（2） 执行“开始”菜单中的“关闭计算机”命令，弹出“关闭计算机”对话框。

（3） 单击“关闭”按钮，如图 4-12 所示。

图 4-12 “关闭计算机”对话框

（4） 当屏幕出现可以关机提示或计算机主机自动断电后，才能切断电源。

四、实验操作

◆ 桌面常用的图标操作。

（1） 双击桌面上的“我的电脑”图标，打开“我的电脑”窗口。

（2） 双击驱动器 C:的图标，浏览磁盘 C:上的文件和文件夹。

（3） 单击任务栏上的“开始”按钮，打开“开始”菜单。

（4） 选择“开始”菜单中的“关闭计算机”命令，关闭电脑。

◆ 窗口、菜单、对话框的操作。

（1） 单击任务栏上的“开始”按钮，打开“开始”菜单。

（2） 指向“所有程序”选项，打开“所有程序”菜单。

（3） 指向“附件”选项，打开“附件”菜单。

实　验　报　告（实验1）

课程：　　　　　　　　　　　　　　　　　　　实验题目：Windows XP 的基本操作

姓名		班级		组（机）号		时间	

实验目的： 1. 掌握 Windows XP 的启动和关闭。
2. 熟悉并掌握鼠标和键盘的基本操作。
3. 掌握常用桌面图标和任务栏的基本操作。
4. 掌握 Windows XP 的基本窗口、菜单和对话框的操作。

实验要求： 1. 打开“控制面板”窗口。
2. 关闭“控制面板”窗口。

实验内容与步骤：

实验分析：

实验指导教师		成　绩	

实　验　报　告（实验 2）

课程：　　　　　　　　　　　　　　　　　　　　实验题目：Windows XP 的基本操作

姓名		班级		组（机）号		时间	
实验目的：1. 掌握 Windows XP 的启动和关闭。 2. 熟悉并掌握鼠标与键盘的基本操作。 3. 掌握常用桌面图标和任务栏的基本操作。 4. 掌握 Windows XP 的基本窗口、菜单和对话框的操作。							
实验要求：1. 打开“记事本”菜单。 2. 拖动窗口标题栏，使窗口移至屏幕右下方。 3. 分别拖动窗口左边框和左下角，改变窗口的大小。 4. 单击窗口标题栏上的按钮，使窗口最大化。							
实验内容与步骤：							
实验分析：							
实验指导教师		成　绩					

第二部分　Windows XP 资源管理器

一、实验目的

（1） 掌握“我的电脑”窗口和“资源管理器”窗口的使用。

（2） 掌握文件、文件的选定、创建、删除、恢复、更名、复制、移动和查找的操作。

（3） 掌握磁盘的常用操作。

二、实验要点

1. Windows XP 资源管理器介绍

（1） Windows XP 资源管理器用于查看系统所有的文件和资源，完成对文件的多种操作，能更方便地查看所有的文件夹和资源的信息。

（2） 资源管理器的启动：资源管理器窗口的左边部分显示系统文件夹的树型结构，右边部分显示被选中的文件夹的内容。

2. 文件和文件夹的操作

（1） 选定（打开）一个文件夹。

（2） 展开和折叠文件夹。

（3） 创建新文件夹。

（4） 选择多个文件和文件夹。

（5） 复制文件或文件夹。

（6） 移动文件或文件夹。

（7） 删除文件或文件夹。

（8） 更改文件或文件夹名。

三、实验内容和实验步骤

◆ 启动“我的电脑”应用程序，再切换到“Windows 资源管理器”窗口。

（1） 双击桌面上的“我的电脑”图标，打开“我的电脑”窗口。

（2） 鼠标指向“查看”菜单中的“浏览器栏”菜单项，弹出子菜单。

（3） 选择“文件夹”命令，即切换到“Windows 资源管理器”窗口，如图 4-13 所示。

◆ 在“Windows 资源管理器”窗口中，显示“标准按钮”工具栏；调整左右窗格的大小；依次展开“我的电脑”、“磁盘 C:”和文件夹；进行折叠/展开操作练习。

（1） 打开资源管理器窗口下的“查看”菜单，鼠标指向“工具栏”菜单项，观察其菜单中的“标准按钮”选项前是否有“√”。若没有，单击该项，使其出现“√”，打开“标准按钮”工具栏；若该选项前已有“√”，表示“标准按钮”工具栏已经打开。

（2） 将鼠标指针指向左右窗格的分隔线上，当鼠标指针变为水平双向箭头时，按住鼠标左键左右移动，即可调整左右窗格的大小。

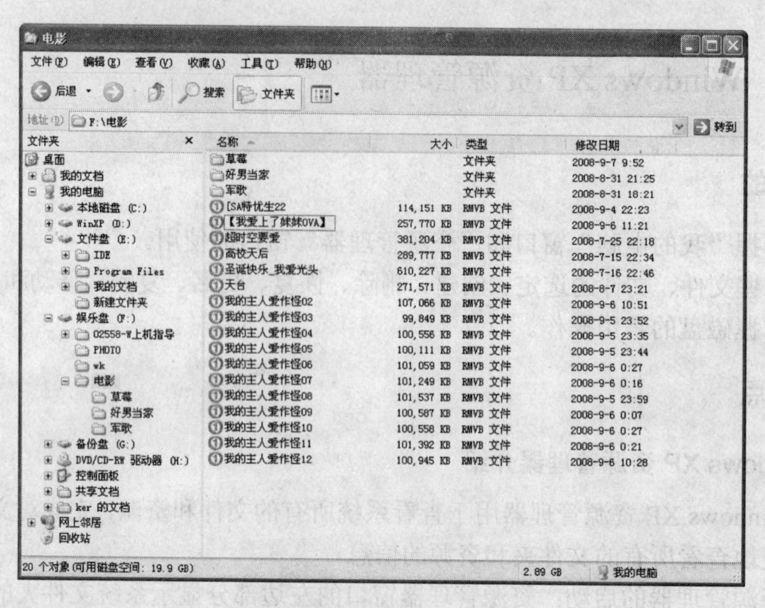

图 4-13　“Windows 资源管理器”窗口

（3） 在左窗格中，单击“我的电脑”前的“+”或双击名称“我的电脑”，将展开“我的电脑”，此时“+”号变成了“-”号。在左窗格中，单击“本地磁盘（C:）”前的“+”或双击名称“本地磁盘（C:）”，将展开磁盘 C:。

（4） 依次单击“本地磁盘 C:”和“我的电脑”前的“-”，将“本地磁盘 C:”和“我的电脑”依次折叠。

◆ 在“本地磁盘（C:）”下，以姓名建立一个文件夹。

（1） 在“资源管理器”左侧的窗口中，选定 C:盘驱动器，执行“文件”|“新建”|“文件夹”命令。

（2） 在“资源管理器”右侧的窗格中会创建一个新的文件夹，并自动命名为“新建文件夹”，在此名称的右边有个闪烁的光标，可直接输入你的姓名，对该文件夹命名完成后，按 Enter 键确认。

（3） 如果在该位置已经存在“新建文件夹”文件夹，则系统会自动建立以“新建文件夹（1）”、“新建文件夹（2）”等按序号顺序命名的文件夹。

◆ 在 C:盘中新建一个文件夹“通知”，并在其下建立两个子文件夹，名称分别为“临时文件”与“写作文稿”。

（1） 双击文件夹，或在“资源管理器”左侧的窗口中，单击 C:盘驱动器图标左侧的“+”号。

（2） 在右侧窗格中的空白区单击右键，在弹出的快捷菜单中，选择“新建”|“文件夹”命令。

（3） 在“资源管理器”右侧的窗格中会创建一个新的文件夹，并自动命名“新建文件夹”，在此名称右边有一个闪烁的光标，可直接输入“通知”，完成对该文件夹的命名。

（4） 按 Enter 键，完成“通知”文件夹的建立。

（5） 双击“通知”文件夹图标，打开“通知”文件夹，按照第（2）步的操作在右侧窗格中创建两个新文件夹，分别命名为“临时文件”和“写作文稿”，如图 4-14 所示。

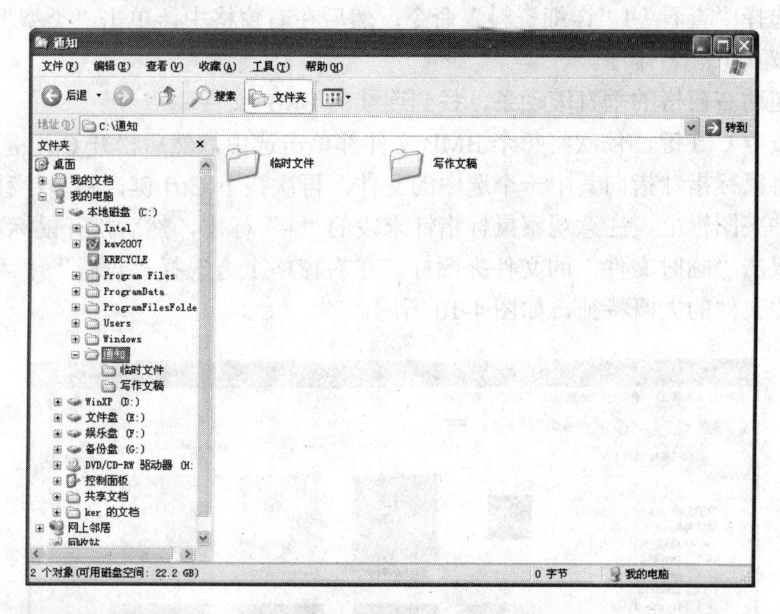

图 4-14　在“通知”文件夹中建立“临时文件”和“写作文稿”子文件夹

◆ 将 C:\Windows 文件夹中的所有 BMP 文件复制到“C:\通知\临时文件”文件夹中。

（1） 在桌面上，右击“我的电脑”，打开其快捷菜单，然后选择“资源管理器”命令，打开“资源管理器”窗口。

（2） 在左窗格中，双击“我的电脑”文件夹，再双击 C:盘图标，展开其下属文件夹。找到“通知”文件夹后，单击该文件夹前的“+”，展开其下属文件夹。

（3） 在左窗格中找到 C:盘下的“Windows”文件夹，单击该文件夹前的“+”，展开其下属文件夹，如图 4-15 所示。

图 4-15　“Windows”文件夹下的内容

（4） 在左窗格中，双击文件夹的图标，在右窗格中观察该文件夹中的文件内容。

（5） 选择“查看”|“详细资料”命令，然后在右窗格中，单击“类型”项目按钮，使文件内容按其扩展名排序。

（6） 拖动右窗格的垂直滚动条，找到连续的 BMP 文件。

（7） 按下 Ctrl 键，依次将每个 BMP 文件都单击选中，然后松开 Ctrl 键。

（8） 将鼠标指针指向其中一个选中的文件，再次按下 Ctrl 键，将指针移动到“临时文件”的文件夹图标上。注意观察鼠标指针末段的“+”标志，然后松开鼠标左键。

（9） 双击“临时文件”的文件夹图标，在右窗格上方选择“查看” | “缩略图”命令，观察图片文件的大概特征，如图 4-16 所示。

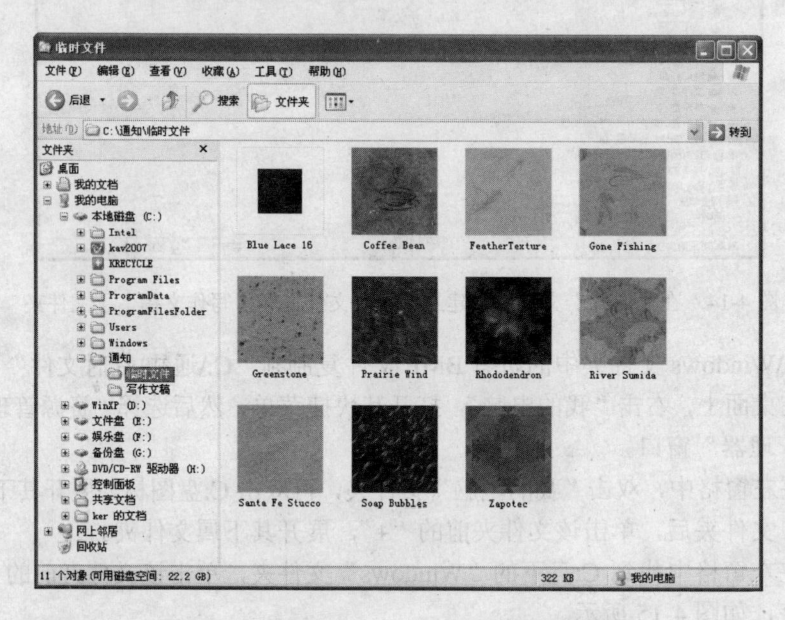

图 4-16 “临时文件”文件夹中的图片缩略图

◆ 将“C:\通知\临时文件”中的所有 R 字母起头的文件都移动到“C:\通知\写作文稿”文件夹中；然后将“C:\通知\临时文件”文件夹中的每个文件建立一个桌面快捷方式。

（1） 使用资源管理器打开“C:\通知\临时文件”文件夹，选择“详细资料”方式显示右窗格中的文件名清单。

（2） 单击“名称”栏目按钮，按文件名进行排序。

（3） 将两个 R 字母起头的文件都选中。

（4） 将鼠标指针指向其中被选中的一个文件，然后将这些文件拖动到“写作文稿”文件夹图标上。注意观察“写作文稿”文件夹在所选文件被“拖入”时的颜色变化，然后松开鼠标左键。

（5） 双击“写作文稿”文件夹图标，检查其中文件的个数。

（6） 按 Ctrl+A 组合键将全部文件都选中，鼠标指向其中被选中的一个文件，然后按下鼠标右键，打开其快捷菜单。

（7） 在快捷菜单中，选择“发送到” | “桌面快捷方式”命令。

（8） 关闭“资源管理器”窗口，在桌面上检查该快捷方式的数量，对比快捷方式图标与源文件图标的差别。

◆ 将“C:\通知\临时文件”中所有的文件，分别复制到D:盘、桌面和“我的文档”文件夹中。

（1） 使用资源管理器打开“C:\通知\临时文件”文件夹，选择“编辑”|“全部选定”命令。

（2） 将鼠标指针指向选中的文件，再拖动全部文件到D:盘图标上，然后检查文件复制的结果。

（3） 将鼠标指针指向选中的文件，按下Ctrl键不放，再拖动全部文件到桌面上的空白处，然后检查文件复制的结果。

（4） 检查“我的文档”窗口是否已经打开，如果已经打开，则将鼠标指针指向被选中的文件，按下Ctrl键不放，拖动全部文件到“我的文档”窗口中。如果“我的文档”窗口未打开，则将鼠标指针指向选中的文件，按下Ctrl键不放，拖动全部文件到桌面上的“我的文档”的图标上。

◆ 在“临时文件”文件夹中建立两个空白的文本文件，分别命名为“信件”与“提纲”。

（1） 双击“临时文件”图标，打开该文件夹，单击右侧窗格空白区，弹出快捷菜单，选择“新建”|“文本文档”命令。

（2） 在“资源管理器”右侧的窗格中会创建一个新的文本文档，并自动命名为“新建文本文档”。在此名称的右边有一个闪烁的光标，可直接输入“信件”，完成对该文档的命名。

（3） 用此类方法建立“提纲”文本文件。

◆ 将“信件”文件复制到“写作文稿”文件夹中，并改名为“回信”，将其属性设置为只读属性。

（1） 单击选中“信件”文件，在“资源管理器”窗口中选择“编辑”|“复制”命令。或在该文件图标上单击右键，在弹出的快捷菜单中选择“复制”命令。

（2） 在“资源管理器”左侧窗格中，选中“写作文稿”文件夹，观察此时地址栏的内容是：“C:\通知\写作文稿”，然后选择“编辑”|“粘贴”命令。

（3） 在“资源管理器”左侧窗口中，选中“写作文稿”文件夹，单击右侧窗口中的“信件”文件图标，选择该文件，选择“文件”|“重命名”命令，此时“信件”文件名的文字内容将出现一个矩形框，框内有一个闪烁的光标。

（4） 输入新的文件名称“回信”，按Enter键确认。

（5） 在“回信”文件图标上单击右键，在弹出的快捷菜单中选择“属性”命令，打开“回信 属性”对话框，如图4-17所示。选中“只读”复选框，单击“确定”按钮。

◆ 将文本文件“提纲.txt”的关联属性改为“记事本”程序，并在桌面上创建快捷方式，然后更改快捷方式的图标。

（1） 在“资源管理器”左窗格中，打开“通知”文件夹。然后在右窗格中打开“临时文件”文件夹，选择“提纲”文件。

（2） 在该文件图标上单击右键，在弹出的快捷菜单中选择“属性”命令，打开“属性”对话框。

（3） 单击“更改”按钮，打开“打开方式”对话框。

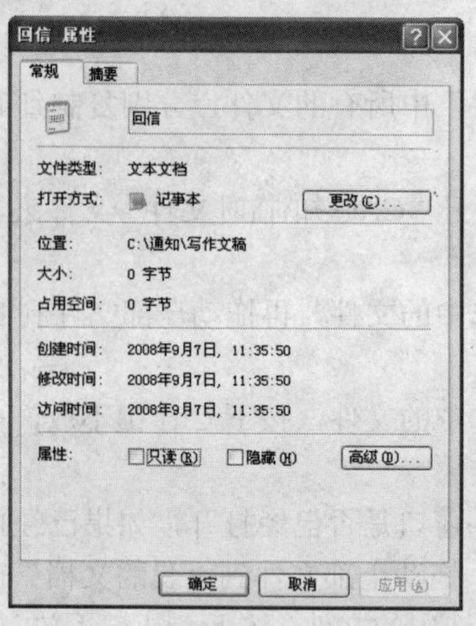

图 4-17 “回信 属性”对话框

（4） 在“程序”列表中，选择“记事本”应用程序，单击“确定”按钮。

（5） 双击“提纲”文件，则该文件将被“记事本”应用程序打开，然后关闭“记事本”应用程序窗口。

（6） 在“提纲”文件的图标上单击右键，在快捷菜单中选择“发送到”|“桌面快捷方式”命令。

（7） 关闭“资源管理器”窗口，观察在桌面上新增加的“提纲”文件的快捷方式图标。

（8） 在桌面上的“提纲”文件的快捷方式图标上单击右键，在弹出的快捷菜单中选择“属性”命令，打开“快捷方式 到提纲 属性”对话框，转到“快捷方式”选项卡，如图 4-18 所示。

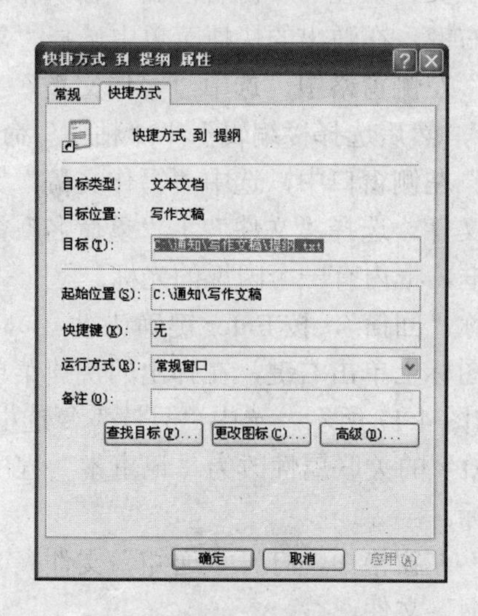

图 4-18 “快捷方式 到 提纲 属性”对话框

（9） 单击“更改图标”按钮，打开“更改图标”对话框，选择一个满意的图标，如图 4-19 所示。

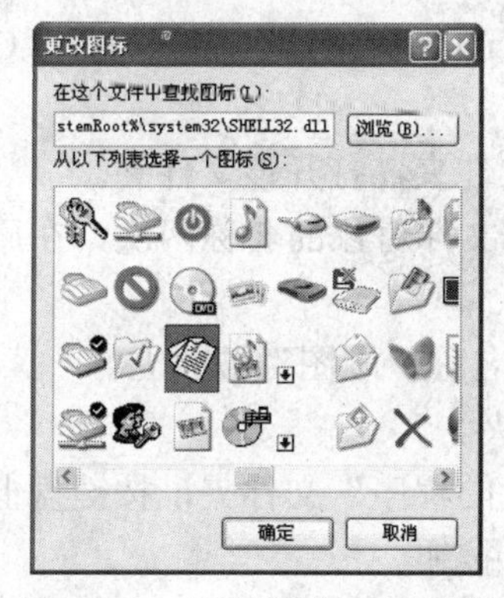

图4-19 “更改图标”对话框

（10） 单击“确定”按钮进行确认，然后在打开的对话框中单击“确定”按钮，结束操作。

◆ 搜索“mspaint.exe”文件的位置，在“桌面”上新建一个文件夹“我的程序”，将搜索到的“mspaint.exe”文件复制到“我的程序”文件夹中，改名为“画图.exe”。

（1） 选择“开始”|“搜索”|“文件或文件夹”命令，打开“搜索结果”窗口。

（2） 在左窗格的“您要查找什么？”气球中单击“所有文件和文件夹”链接，显示搜索选项，如图4-20所示。

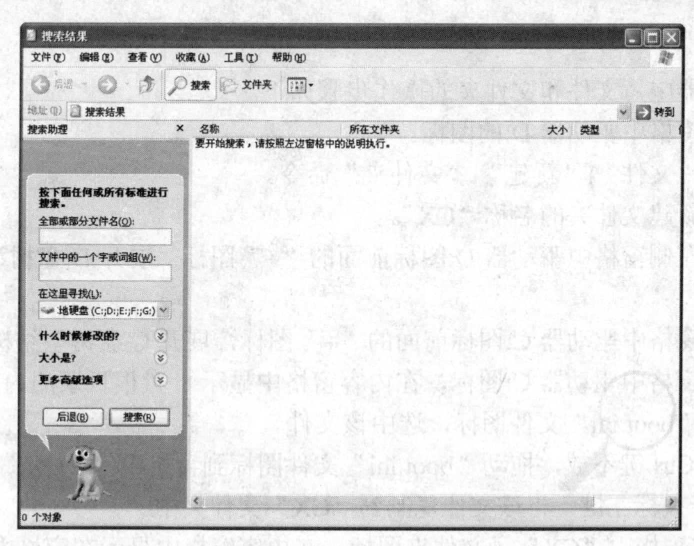

图4-20 “搜索结果”窗口

（3） 在“全部或部分文件名”文本框中输入需要搜索的对象名称“mspaint.exe”，并在“在这里寻找”下拉列表框中指定搜索范围，例如C:盘，然后单击“搜索”按钮。

（4） 系统将在指定的范围内搜索出符合条件的对象，并在该窗口的显示区域中显示。在搜索过程中，想结束搜索，单击“停止搜索”按钮。

（5） 在“桌面”上单击右键，弹出快捷菜单，选择“新建”|“文件夹”命令，Windows XP将会在桌面上创建一个新的文件夹，并自动命名“新建文件夹”，在此名称的右边有一个闪烁的光标，可直接输入新的名称“我的程序”，完成对该文件夹的命名。

（6） 在搜索窗口中选中“mspaint.exe”文件，按下 Ctrl 键，直接拖动该文件到“我的程序”文件夹中。

（7） 双击“我的程序”文件夹，打开该文件夹。

（8） 单击“mspaint.exe”文件对象的名称两次，在原名称的右边看到一个闪烁的光标时，输入中文“画图”。

（9） 按 Enter 键确认，新名称“画图”被建立。

◆ 删除“我的程序”文件夹。

方法一：选中桌面上的“我的程序”文件夹，按键盘上的 Delete 键，弹出“确定文件夹删除”对话框，单击“确定”按钮。

方法二：选中桌面上的“我的程序”文件夹，在“我的程序”文件夹图标上单击右键，弹出快捷菜单，执行“删除”命令，弹出“确定文件夹删除”对话框，单击“确定”按钮。

方法三：单击选中桌面上的“我的程序”文件夹图标，拖动该图标到桌面上的“回收站”图标上。注意观察“回收站”图标的变化。

◆ 恢复“我的程序”文件夹。

（1） 双击桌面上的“回收站”图标，打开“回收站”窗口。

（2） 选中“我的程序”文件夹，在“回收站”窗口中选择“文件”|“还原”命令。

（3） 观察桌面上是否又出现了“我的程序”文件夹的图标。

四、实验操作

在资源管理器中，文件和文件夹的操作步骤如下。

（1） 单击窗格中驱动器 D:的图标。

（2） 选择“文件”|“新建”|“文件夹”命令。

（4） 输入新建文件夹的名称“CX”。

（5） 单击左侧窗格中驱动器 D:图标前面的“+”图标，展开 D 盘树型结构，使文件夹“CX”可见。

（6） 单击窗格中驱动器 C:图标前面的“+”图标，展开 C 盘树型结构。

（7） 单击窗格中驱动器 C:图标，在内容窗格中显示 C 盘根目录的内容。

（8） 单击“boot.ini”文件图标，选中该文件。

（9） 按住 Ctrl 键不放，拖动“boot.ini”文件图标到窗格中的“CX”文件夹中。

（10） 松开鼠标左键，将该文件复制到“CX”文件夹中。

（11） 单击窗格中“CX”子文件夹图标，在内容窗格中显示在窗格中显示的内容。

（12） 两次单击“boot.ini”文件的文件名，从键盘输入“auto.bak”，再按 Enter 键，将该文件的名称改为“auto.bak”。

（13） 拖动“auto.bak”文件的图标到窗格中驱动器 D:的图标上。

（14） 松开鼠标左键完成复制。现在切换到 D:盘的根目录下。

（15） 单击窗格中驱动器 D:图标，在内容窗格中显示 D:盘根目录的内容。

（16） 单击“auto.bak”文件图标，选中该文件。

（17） 选择“文件”|“删除”命令，出现“确认文件删除”对话框。

（18） 单击“是”按钮，完成删除文件“auto.bak”的操作。

实 验 报 告（实验 1）

课程： 实验题目：Windows XP 资源管理器

<table>
<tr><td>姓名</td><td></td><td>班级</td><td></td><td>组（机）号</td><td></td><td>时间</td><td></td></tr>
<tr><td colspan="8">实验目的：1. 掌握“我的电脑”和“资源管理器”的使用。
2. 掌握文件、文件的选定、创建、删除、恢复、更名、复制、移动、查找的操作。
3. 掌握磁盘的常用操作。</td></tr>
<tr><td colspan="8">实验要求：1. 打开驱动器 C:，新建文件夹“wang”。
2. 打开文件夹“wang”，退出文件夹“wang”。
3. 将文件夹“wang”更名为“huang”。
4. 将文件夹“huang”删除。</td></tr>
<tr><td colspan="8">实验内容与步骤：</td></tr>
<tr><td colspan="8">实验分析：</td></tr>
<tr><td colspan="2">实验指导教师</td><td colspan="2"></td><td colspan="2">成 绩</td><td colspan="2"></td></tr>
</table>

第三部分　练习题

一、填空题

（1） Windows XP 是基于_________界面的操作系统。

（2） Windows XP 中支持最多可达_________个字符的文件名。

（3） Windows XP 中，窗口可分为_________窗口和文档窗口两类。

（4） 只要用鼠标单击_________上的某个窗口图标，对应的窗口就被激活，变成当前窗口。

（5） 在 Windows XP 中，按_________快捷键可关闭相应窗口。

（6） 为了方便软件的安装和卸载，Windows XP 专门提供了_________功能，能彻底从平台上删除不需要的软件。

（7） 若要对已创建的文档进行处理，需要先_________该文档。

（8） Windows XP 任务栏上的内容为所有已打开的_________。

（9） Windows XP 能动态管理的内存空间最大为_________。

（10） 在 Windows XP 中，_________窗口是应用程序窗口的子窗口。

（11） 在 Windows XP“资源管理器”的右窗口中，用鼠标左键_________某一图标，便可启动程序或打开文档。

（12） 要删除选定的文件或文件夹，可按_________键。

（13） 在 Windows XP 中，可以使用“系统工具”里的_________实现磁盘碎片整理。

（14） 在 Windows XP 中，除了使用“资源管理器”来管理计算机的软硬资源外，也可以使用_________来完成同样的工作。

（15） Windows XP 文件是指存储在_________上的信息的集合，每个文件都有一个文件名。

（16） 在 Windows XP 中，文件或文件夹的管理可以在“我的电脑”或_________中进行。

（17） 在 Windows XP 中，使用菜单命令进行文件或文件夹的移动，需经过选择、_______和粘贴 3 个步骤。

（18） 在 Windows XP 中，_________用于暂时存放从硬盘上删除的文件或文件夹。

（19） 在 Windows XP 中，通过_______上的“开始”按钮，可以进入 MS-DOS 方式。

（20） 在 Windows XP 的“资源管理器”中，欲删除待选定的文件或文件夹，可以选择“文件”菜单中的_________命令。

（21） 在 Windows XP 中，“写字板”应用程序放在_________文件夹中。

（22） 要改变 Windows XP 窗口的排列方式，只要用鼠标右键单击_________的空白处，在快捷菜单中做出相应的选择即可。

（23） 在 Windows XP 中，用_________菜单中的“文档”命令，可以打开最近刚打开的一个文档文件。

（24）在 Windows XP 中进行重要的系统操作前，_________工具会自动保存这些操作执行之前的系统状态，以备用户在需要时可以将计算机还原到指定的状态，并不会丢失或更改最近创建的文档。

（25）用_______组合键在英文输入法及各种中文输入法之间进行切换，用_______可以在当前中文输入法和英文输入法之间切换。

（26）五笔字型输入法是根据汉字字型进行编码的汉字输入方法，它将汉字划分为___________三个层次，由若干笔划边接形成结构相对不变的字根，再由字根按照一定的位置关系拼合起来，就构成了汉字。

二、单项选择题

（1）Windows XP 的“开始”菜单，包括了 Windows XP 系统的（　　）。

A. 全部功能　　B. 部分功能
C. 主要功能　　D. 初始化功能

（2）在 Windows XP 中，硬盘上被删除的文件或文件夹将存放在（　　）中。

A. 内存　　B. 外存
C. 回收站　　D. 剪贴板

（3）在 Windows XP 的编辑状态下，启动汉字输入法后，按（　　）键能进行全角、半角的切换。

A. Ctrl+F9　　B. Shift＋BackSpace
C. Ctrl+空格键　　D. Ctrl+.（英文句点）

（4）在 Windows XP 中选取某一菜单后，若菜单项后面带有省略号，则表示（　　）。

A. 将弹出对话框　　B. 已被删除
C. 当前不能使用　　D. 该菜单项正在起作用

（5）在 Windows XP 的“资源管理器”窗口中，单击目录树窗口的一个文件夹，则（　　）。

A. 删除文件夹　　B. 选定当前文件夹，显示其内容
C. 创建文件夹　　D. 弹出对话框

（6）下列操作中，能在各种中文输入法中切换的是（　　）。

A. 按 Ctrl+Shift 组合键　　B. 按 Ctrl+空格组合键
C. 按 Alt+Shift 组合键　　D. 按 Shift+空格组合键

（7）在选定文件或文件夹后，单击工具栏上的（　　）按钮，可以进行移动操作。

A. 剪切　　B. 复制
C. 删除　　D. 粘贴

（8）在“资源管理器”中，选择（　　）菜单中的“查找”命令可以进行文件或文件夹的查找。

A. 文件　　B. 编辑
C. 查看　　D. 工具

（9）在 Windows XP 中，“回收站”是（　　）文件存放的容器。

A. 已删除　　B. 关闭
C. 打开　　D. 活动

（10） 在微机中若只有一个软盘启动器，在“我的电脑”窗口显示软盘驱动器为（   ）。

A. A: B. C: C. D: D. B:

（11）下列操作中，（   ）不能打开“控制面板”。

A. 在 “开始”菜单的“设置”子菜单中选取

B. 在“开始”菜单的“运行”子菜单中选取

C. 在“我的电脑”窗口中选取

D. 在“资源管理器”窗口中选取

（12） 下列操作中，（   ）能够更改任务栏的属性。

A. 选择“开始”|“设置”|“任务栏”命令

B. 选择“开始”|“查找”|“任务栏”命令

C. 选择“开始”|“运行”|“任务栏”命令

D. 右击“开始”按钮，在快捷菜单中选取“任务栏”命令

（13） Windows XP 的写字板中，保存新建文档以及现有文档更名或存放到新位置，应使用（   ）菜单中的“另存为”命令。

A. 文件   B. 编辑

C. 视图   D. 插入

（14） 要更改屏幕分辨率，应在桌面的“显示 属性”对话框中选择（   ）选项卡，从中进行设置。

A. 主题   B. 桌面

C. 外观   D. 设置

（15） （   ）输入法是一款多功能的输入法，它共融合了全拼输入、简拼输入、混拼输入、笔形输入、音形输入和双打输入 6 种输入法。

A. 微软拼音   B. 五笔字形

C. 智能 ABC   D. 万能

三、多项选择题

（1） Windows XP 中的窗口主要组成部分包括（   ）。

A. 标题栏   B. 菜单栏

C. 状态栏   D. 工具栏   E. “关闭”按钮

（2） 在“我的电脑”窗口中，利用“查看”菜单可以对窗口中的对象以（   ）方式进行浏览。

A. 大图标   B. 刷新

C. 小图标   D. 选项

E. 列表   F. 详细资料

（3） 通过“开始” | “设置”菜单可以访问（   ）文件夹。

A. 我的电脑   B. 控制面板

C. 网络连接   D. 打印机

（4） 在 Windows XP 中根据位置和文件名进行查找时，可以使用的通配符是（   ）。

A. ?   B. —·—   C. $ D. *

（5） 在桌面的“显示 属性”对话框中选择“外观”选项卡，可以设置（ ）。

A. 窗口和按钮的风格　　B. 桌面项目的显示状态

C. 颜色方案　　D. 字体大小

E. 颜色质量

（6） 对于“回收站”的说法正确的是（ ）。

A. “回收站”是一个文件夹　　B. “回收站”中的文件无法恢复

C. “回收站”满时站内所有文件被删除

D. 如果被清空时站内文件无法恢复

（7） 在“添加或删除程序”窗口中可以执行（ ）操作。

A. 更改或删除程序　　B. 添加新程序

C. 添加/删除 Windows 组件　　D. 设定程序访问和默认值

（8） 文件列表中，选择连续的若干个文件的方法是（ ）。

A. Shift+光标移动　　B. Ctrl+光标移动

C. 按住鼠标左键拖动选中某区域　　D. 用鼠标左键连续单击文件名

（9） 用“开始”菜单中的“搜索”命令可以查找（ ）。

A. 网络上的用户　　B. 文件夹

C. 新硬件设备　　D. Internet 资源

（10） 文件的基本属性有（ ）。

A. 只读　　B. 隐藏

C. 共享　　D. 存档

（11） 关闭应用程序窗口的方法有（ ）。

A. 单击“关闭”按钮　　B. 双击窗口的标题栏

C. 单击状态栏中“关闭”按钮

D. 选择“文件”菜单中的“退出”或“关闭”命令

（12） 通过控制面板可以（ ）。

A. 更改系统日期　　B. 更改桌面背景

C. 改变窗口位置　　D. 定制“开始”菜单

（13） “鼠标属性”对话框有（ ）等几个选项卡。

A. 鼠标键　　B. 指针

C. 指针选项　　D. 硬件

（14） Windows XP 的开始菜单可以（ ）。

A. 添加项目　　B. 删除项目

C. 隐藏　　D. 显示小图标

（15） 在资源管理器中，可以使文件和文件夹按（ ）排序。

A. 大小　　B. 类型

C. 修改时间　　D. 属性

（16） 退出 Windows XP 应该（ ）。

A. 从“开始”菜单中选择关机　　B. 直接关闭电源

C. 按 Ctrl+Alt+Del 组合键，选择关机 D. 按 Alt+F4 组合键

(17) 获取 Windows XP 帮助的方法有（ ）。

A. 按 F1 键 B. 使用“帮助”菜单

C. 按 Alt 键 D. 使用工具栏中的“帮助”按钮

(18) 应用程序的安装方式有（ ）。

A. 典型安装 B. 完全安装

C. 最小安装 D. 定制安装

E. 从光盘上安装

(19) Windows XP 对文件和文件夹的命名约定中，可以使用（ ）。

A. 长文件名 B. 汉字

C. 大小写英文字母 D. 特殊符号如“\”、“/”

四、判断题

(1) 使用“开始”菜单上的“我最近的文档”命令，将迅速打开最近使用的文档。（ ）

(2) 文件和文件夹不允许重新命名。（ ）

(3) 通配符“*”代表任意一个字符。（ ）

(4) “资源管理器”和“我的电脑”中的功能基本相同。（ ）

(5) Windows XP 中所有的应用程序都可以登记到“开始”菜单中。（ ）

(6) 在 Windows XP 中，文件的类型可以用图标来表示。（ ）

(7) 设置屏幕的外观使用“控制面板”中的“显示属性”对话框。（ ）

(8) “鼠标属性”对话框中的“指针选项”选项卡，用于设置鼠标的移动速度和移动状态。（ ）

(9) 使用磁盘碎片整理工具可以清理残留文件，释放硬盘空间。（ ）

(10) 工具栏是菜单命令的快速使用方法，包含了所有的菜单命令。（ ）

(11) 对磁盘进行格式化，可以划分磁道和扇区，同时检查出整个磁盘上有无缺陷的磁道，并对有缺陷的磁道加注标记。（ ）

(12) 只有在“我的文档”窗口中才能打开用户的文件。（ ）

(13) 对于菜单上的菜单项，按下 Alt 键和菜单名右边的英文字母就可以起到和鼠标单击该项目相同的效果。（ ）

(14) 选择“清空回收站”命令，则意味者永久性地删除了文件。（ ）

(15) 选择“编辑”|“撤销”命令可以取消最后一次进行的误操作。（ ）

(16) 在设置显示器背景时可以同时使用墙纸和图案两种效果。（ ）

(17) Windows XP 为每个任务自动建立一个显示窗口，其位置和大小不能改变。（ ）

(18) 在 Windows XP 环境中，当运行一个程序时，就打开该程序自己的窗口，把运行程序的窗口最小化，就是暂时中断该程序的运行，用户可以随时加以恢复。（ ）

(19) Windows XP 环境中，用户可以同时打开多个窗口，此时，只有一个窗口处于激活状态，它的标题栏的颜色与众不同。（ ）

(20) 在五笔字型输入法中，“米”是一个成字字根。（ ）

第 5 章　文档编辑软件 Word 2007 实验

第一部分　Word 文档的基本操作

一、实验目的

（1） 掌握 Word 2007 的启动和退出。

（2） 了解 Word 2007 窗口的基本组成。

（3） 掌握 Word 2007 文档的建立、打开、关闭、保存，以及常用的编辑命令的使用。

二、实验要点

◆ 启动 Word 2007 有 3 种方法。

（1） 双击桌面上的快捷图标。

（2） 通过选择任务栏上的“开始”|“所有程序”|“Microsoft office”|“Microsoft office Word 2007”命令，启动 Word 2007。

（3） 双击已有的 Word 文档。

◆ 关闭 Word 2007 程序有 3 种方法。

（1） 用鼠标单击标题栏右侧的“关闭”按钮。

（2） 选择“文件”|“退出”命令。

（3） 按 Alt+F4 组合键。

◆ Word 2007 程序窗口，如图 5-1 所示。

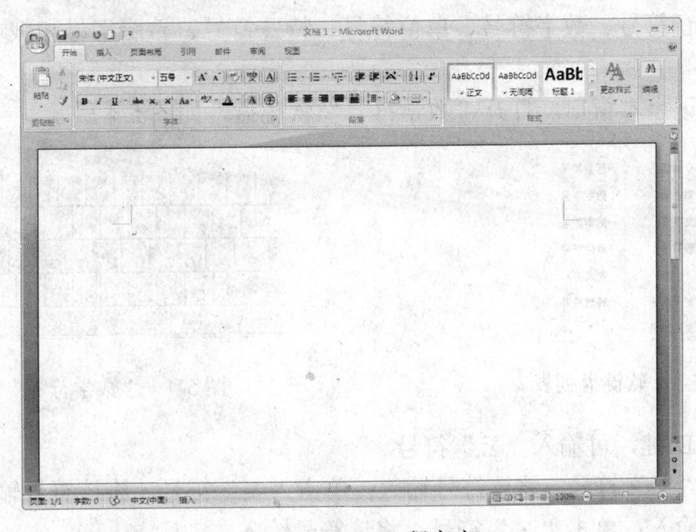

图 5-1　Word 2007 程序窗口

Word 2007 程序窗口的左上角是 Office 按钮，单击该按钮可弹出一个下拉菜单，其中包括一些常用的命令及选项按钮，并列出最新打开过的文档，以便用户快速打开这些文档。Office 按钮右面是快速访问工具栏，默认显示“保存”、“撤销”和“重复”三个按钮。它是 Office 2007 的标准组成部分，始终显示在程序界面中。快速访问工具栏右面是标题栏，其中包括 Word 文档的文件名和“最小化”、“最大化/向下还原”和“关闭”按钮。标题栏之下是功能区，其中包括一系列选项卡，每个选项卡都与一种类型的活动相关。功能区之下为标尺，可通过在“视图”选项卡中选择或清除“显示/隐藏”组中的“标尺”复选框显示或者隐藏。窗口的底部是状态栏，显示正在编辑的文档的属性，并包含 5 个视图方法切换按钮和显示比例控件。中间的空白区域是 Word 文档的编辑窗口。

三、实验内容和步骤

◆ 汉字输入：查询 Windows XP 上已经安装的汉字输入法，输入汉字特殊符号。

（1） 按 Ctrl+BackSpace 组合键，打开汉字输入法的状态栏，如图 5-2 所示。

五笔型　标准　全拼

图 5-2　汉字输入法的状态栏

（2） 按下 Ctrl+Shift 组合键，可在多种中文输入法之间切换。例如：智能 ABC 输入法、微软拼音输入法和王码五笔字型输入法等。

（3） 在“智能 ABC”输入状态下，观察该输入法的状态栏的特点：从左到右是“中文/英文输入切换”按钮、“标准/双打输入切换”按钮、“全角/半角输入切换”按钮、“中文/西文标点符号输入切换”按钮和“打开/关闭软键盘”按钮。

（4） 将鼠标指针指向“智能 ABC”输入法状态栏最右端的“打开/关闭软键盘”按钮，单击鼠标右键，将弹出软键盘选择列表，如图 5-3 所示。

（5） 在列表中，选择不同的软键盘选项，分别获得日文平假名、日文片假名、标点符号、拼音、注音符号、数字符号、单位符号、特殊符号、希腊字母和俄文字母等多种内容的软键盘。

（6） 打开记事本窗口，打开“数学符号”软键盘，如图 5-4 所示。

PC键盘	标点符号
希腊字母	数字序号
俄文字母	数学符号
注音符号	单位符号
拼　音	制表符
日文平假名	特殊符号
日文片假名	

图 5-3　软键盘列表

图 5-4　“数学符号”软键盘

（7） 按下 D 键，可输入“Σ”符号。

（8） 单击“√”符号，将该符号输入；单击“≤”符号，将该符号输入；单击“±”符号，将该符号输入；单击“×”符号，将该符号输入。

（9） 打开“标点符号”软键盘，如图 5-5 所示，输入如下中文标点：
…　。　ˇ　‥《　》　『　』,【　】。

图 5-5　“标点符号”软键盘

（10） 打开“数字序号”软键盘，如图 5-6 所示，输入如下数字序号：
Ⅰ　Ⅳ　Ⅷ　3.　6.　8.　①　②　⑴　⑵　⑷　㈠　㈡　㈢。

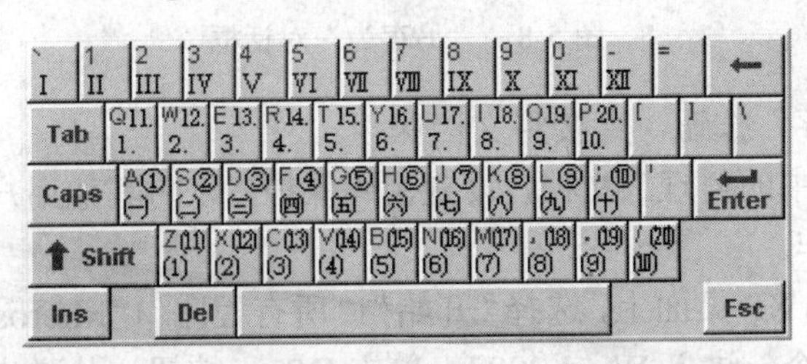

图 5-6　“数字序号”软键盘

◆ 建立 Word 文档，以“跆拳道中的哲理”为文件名保存到“我的文档”文件夹中。

（1） 在 Windows XP 桌面上，选择“开始”|“所有程序”|“Microsoft Office”|“Microsoft Office Word 2007”命令，进入“Word 2007”界面。

（2） 在 Word 2007 窗口中输入文本“跆拳道中的哲理”文字，如图 5-7 所示。

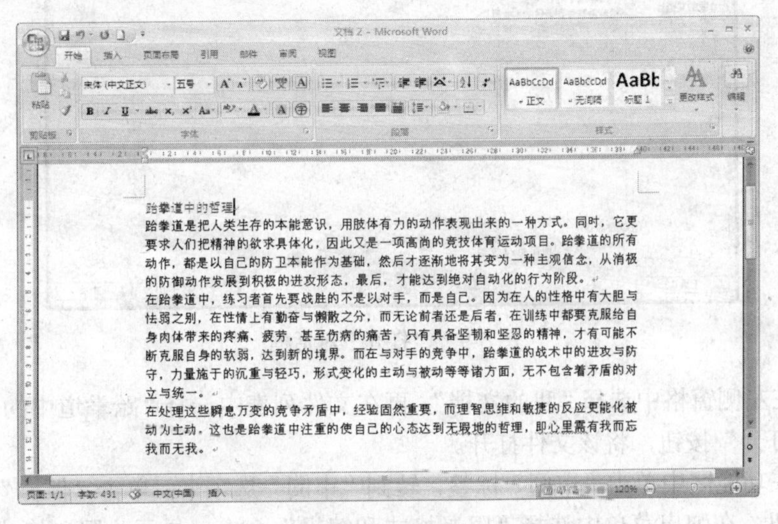

图 5-7　输入文字

（3） 单击快速访问工具栏上的“保存”按钮，打开“另存为”对话框，输入文件名“跆拳道中的哲理”，如图 5-8 所示。

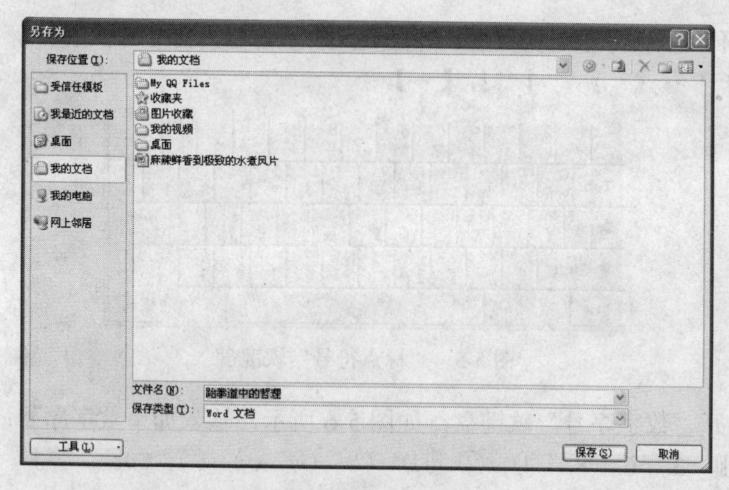

图 5-8 “另存为”对话框

（4） 单击“保存”按钮，直接将文档保存。

◆ 打开“跆拳道中的哲理”文档，设置密码保护，以防其他用户对文档进行某些类型的编辑或格式设置操作。

（1） 在 Windows XP 桌面上，选择“开始”|“所有程序”|“Microsoft office”|“Microsoft Office Word 2007”命令，进入 Word 2007，单击 Office 按钮，从弹出菜单中选择“打开”命令，打开“打开”对话框，如图 5-9 所示。

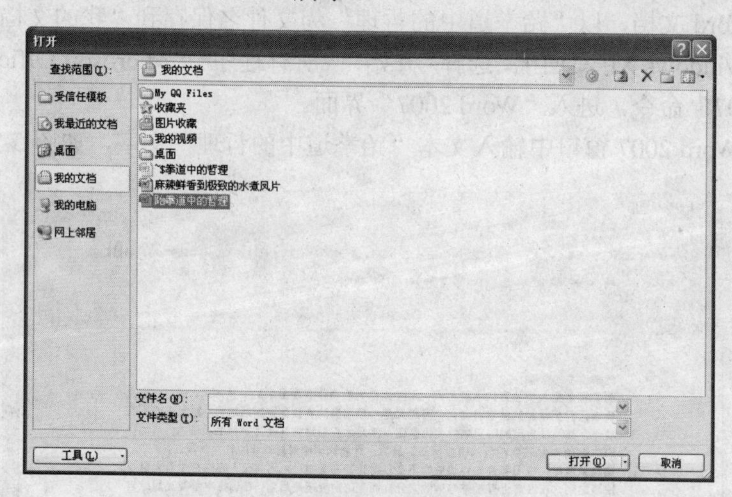

图 5-9 “打开”对话框

（2） 在左侧窗格中选择“我的文档”，再在文件列表中选择“跆拳道中的哲理”文档，然后单击“打开”按钮，将该文件打开。

（3） 在功能区中单击“审阅”标签，转到“审阅”选项卡，单击“保护”组中的“保护文档”按钮，在弹出菜单中选择“限制格式和编辑”命令，显示“限制格式和编辑”任务窗格，如图 5-10 所示。

（4） 选中“限制对选定的样式设置格式”复选框，然后单击下方的“设置”按钮，打开“格式设置限制”对话框，选中“格式”选项组中的所有复选框，单击“确定”按钮，如图 5-11 所示。

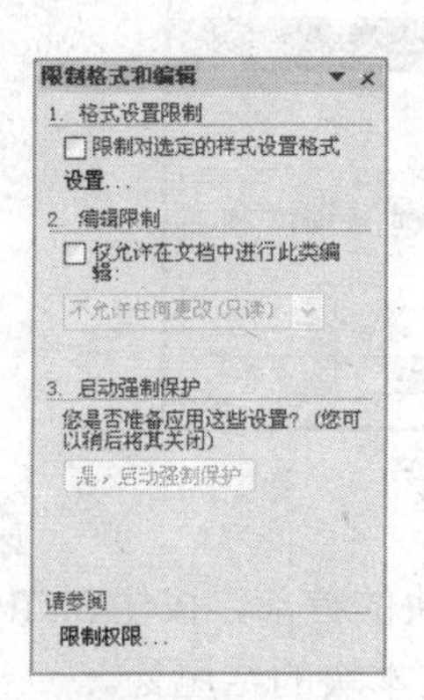

图 5-10 “限制格式和编辑”任务窗格

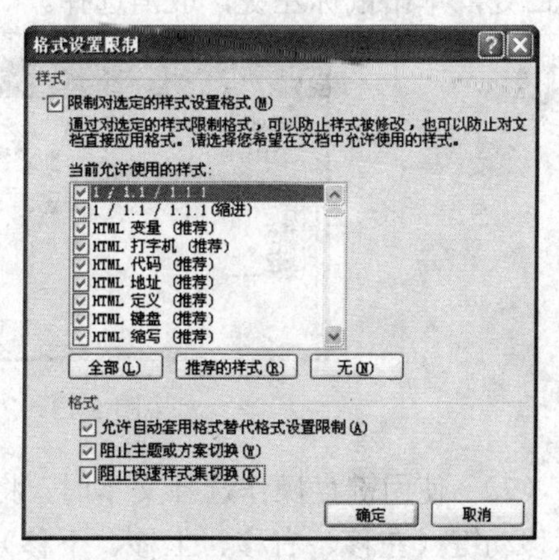

图 5-11 “格式设置限制”对话框

（5） 在“限制格式和编辑”任务窗格中选择“仅允许在文档中进行此类编辑”复选框，然后在下面的下拉列表框中选择要进行限制的内容。

（6） 单击“是，启动强制保护”按钮，打开“启动强制保护”对话框，单击“密码”单选按钮，然后在“新密码”和“确认新密码”文本框中输入相同的密码，如图 5-12 所示。

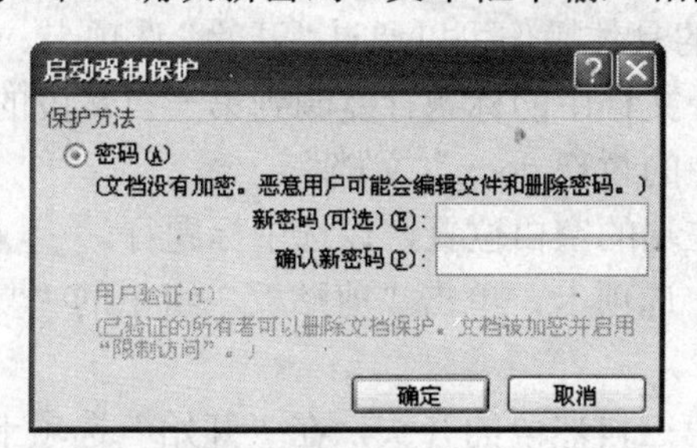

图 5-12 “启动强制保护”对话框

（7） 单击“确定”按钮启动保护功能。

（8） 单击快速访问工具栏中的“保存”按钮，将文件保存。

◆ 光标定位和文字块选择练习。

（1） 打开“跆拳道中的哲理.docx”文档，寻找正文区窗口中的光标闪烁处，确定当前输入位置。

（2） 用键盘上的方向键，移动光标位置。

（3） 用鼠标单击新位置，以移动光标，改变当前输入位置。

（4） 在功能区中切换到“开始”选项卡，单击“编辑”组中的“查找”按钮右侧的下拉按钮，从弹出菜单中选择“转到”命令，打开“查找和替换”对话框，转到“定位”选项卡，如图 5-13 所示。

（5） 选择“定位目标”中的“行”，在“输入行号”文本框中输入行号：25，然后单击“定位”按钮，观察当前编辑位置的行号是 25。单击“关闭”按钮关闭对话框。

（6） 使用鼠标选择文本时，将鼠标定位到文本块的第一个字符前，按住鼠标左键不放，拖动鼠标到文本块的最后那个字符之后，使选中的文本呈现反白显示。然后将光标指向空白处，单击鼠标左键，取消选择。

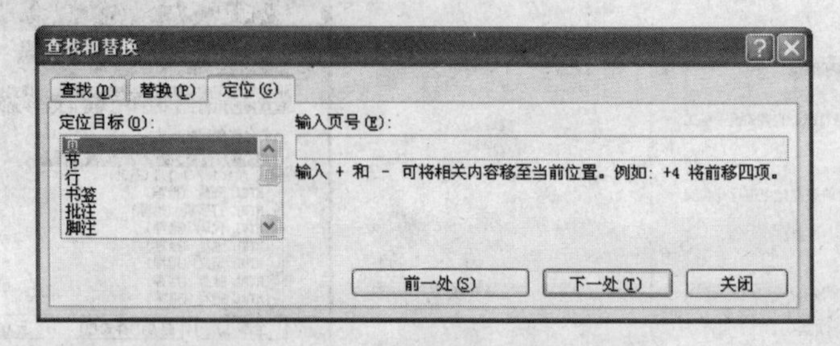

图 5-13 “查找和替换”对话框

（7） 使用键盘操作选择文本时，将光标定位到文本块的首部，按住 Shift 键不放，按光标移动键（左移、右移、上移、下移），直到欲选择的文本块的结尾处。

（8） 单击一行最左端的空白位置，选择该行。

（9） 双击欲选段落最左端的空白位置，选择一个段落。

（10） 选择“编辑”菜单中的“全选”命令，选择整个文档。

（11） 用鼠标左键三击正文区最左端的空白位置，选择整个文档。

（12） 按 Ctrl+A 组合键，选择整个文档。

◆ 复制、剪切和粘贴的具体操作可以通过“开始”选项卡、快捷键和快捷菜单来实现。将“跆拳道中的哲理”文档中的标题行复制到第一自然段的后面。

（1） 打开“跆拳道中的哲理.docx”文档。

（2） 单击标题行最左端的空白位置，以选中标题行。

（3） 切换到“开始”选项卡，单击“剪贴板”组中的“复制”按钮，将标题内容复制到剪贴板中。

（4） 将光标定位于第三自然段的开头，在“开始”选项卡上单击“剪贴板”组中的“粘贴”按钮，将剪贴板中的标题内容移到当前光标位置，复制完成。

（5） 单击标题行“跆拳道中的哲理”最左端的空白位置，选中标题行，使鼠标指针指向所选中的标题行，单击鼠标右键，在快捷菜单中，选择“剪切”命令。

（6） 在编辑窗口中，选定一段文字，使鼠标指针指向反白显示的文本块，然后按住鼠标左键，观察鼠标指针的尾部会出现一个小方块。

（7） 拖动文本块到放置文本块的新位置，松开鼠标左键，观察文本块被移动的位置。

（8） 再次选定一段文字，使鼠标指针指向反白显示的文本块，然后按住鼠标左键，观察鼠标指针的尾部会出现一个小方块。如果按住鼠标右键，则在鼠标指针的尾部同样会出现一个小方块。

（9） 拖动文本块到欲放置文本块的位置，松开鼠标右键，则会出现一个选择菜单，可以进行移动、复制或链接的选择。

（10） 如果想撤销本次进行的操作，可以按 Ctrl+Z 组合键；如果想恢复已经撤销的本次操作，可以按下 Ctrl+R 组合键。

（11） 在选中文本内容以后，按 Delete 键，可将所选中的文本内容删除。

◆ 在“跆拳道中的哲理”一文中，查找“跆拳道”一词的出现次数，再用“TKD”一词进行替换。

（1） 启动 Word 2007，单击 Office 按钮，从弹出菜单中选择“最近使用的文档”栏中的“跆拳道中的哲理”命令，将“跆拳道中的哲理.docx”文件打开。

（2） 在“开始”选项卡上单击“编辑”组中的“替换”按钮（或按下 Ctrl+H 组合键），打开“查找和替换”对话框，如图 5-14 所示。

图 5-14 “查找和替换”对话框中的“替换”选项卡

（3） 在“查找内容”列表框中输入文字“跆拳道”，然后单击“查找下一处”按钮，每单击一次，可以找到一个新位置，共重复出现 6 次。

（4） 在对话框的“替换为”文本框中输入“TKD”，如图 5-15 所示。

图 5-15 指定替换字符串

（5） 单击“全部替换”按钮，将所有的“跆拳道”词汇都替换为“TKD”。

（6） 单击对话框右上角的“关闭”按钮关闭对话框。

四、实验操作

（1） 启动 Word，新建一个文件名为“我的文件 1.docx”的 Word 文档，输入下列文字，并保存在 D 盘下的“个人资料”文件夹下，然后退出 Word 程序。

一个孤独的写作者写出的文字势必也是孤独的，文字反映着作者的心态。被爱浓浓包围着的人是写不出孤独和恐怖的，要写也只能是幸福的终结。试想，一个幸福的人却要将自己手下的主人公归于不幸，并且要让大家体味这种不幸，不是太残忍了吗？

（2） 打开所创建的 D 盘下“个人资料”文件夹中的 Word 文档“我的文件 1”，然后增加下列文字，将修改后的文件名改为“我的资料 1”另存在 C:下。

残忍的写作会让人变得更残忍，但快乐的写作会让人变得更快乐。对我来说，快乐才是灵感的源泉，是让写作不断继续的唯一理由。因为快乐，因为心中有爱，所以才会为所爱的人和爱我的人写出快乐的文字，让快乐和爱得以交流。

实验报告（实验 1）

课程：　　　　　　　　　　　　　　　　　　　实验题目：Word 2007 的基本操作

<table>
<tr><td>姓名</td><td></td><td>班级</td><td></td><td>组（机）号</td><td></td><td>时间</td><td></td></tr>
<tr><td colspan="8">实验目的：1. 掌握 Word 2007 的启动和退出。
2. 了解 Word 2007 窗口的基本组成。
3. 掌握 Word 2007 文档的建立、打开、关闭、保存以及常用的编辑命令的使用。</td></tr>
<tr><td colspan="8">实验要求：1. 启动 Word 2007，新建一个文件名为“我的文件 2.docx”的 Word 2007 文档。
2. 输入下列文字，并保存在 D 盘下的“个人资料”文件夹下。
人生路漫漫。在走过这漫漫征途的过程中，我们总是会在不经意间受伤。受伤之后，有人选择了放纵，有人选择了沉沦。选择放纵的人其实是在挣扎，因为不想永远背负着伤的枷锁，沉沦的人却是希望永远留住往事，不想去看未来。其实，放纵也好，沉沦也罢，伤口总会慢慢地痊愈，伤痕也会渐渐变得美丽，就像一道浅浅的纹身。
3. 退出 Word 2007 程序。</td></tr>
<tr><td colspan="8">实验内容与步骤：</td></tr>
<tr><td colspan="8">实验分析：</td></tr>
<tr><td colspan="2">实验指导教师</td><td colspan="2"></td><td colspan="2">成　绩</td><td colspan="2"></td></tr>
</table>

实 验 报 告（实验 2）

课程：　　　　　　　　　　　　　　　　　　　　实验题目：Word 2007 的基本操作

姓名		班级		组（机）号		时间	

实验目的： 1. 掌握 Word 2007 的启动和退出。

2. 了解 Word 2007 窗口的基本组成。

3. 掌握 Word 2007 文档的建立、打开、关闭、保存以及常用的编辑命令的使用。

实验要求： 1. 打开创建的 D 盘下“个人资料”文件夹中的 Word 文档“我的文件 2”。

2. 添加下列文字。

生活还会继续，风浪还会再起，但这些纹身却会提醒我们不要重蹈覆辙。这是一种收获。随着时光的流逝，阅历的丰富，再回头看去，曾经的经历其实不过是大洋中的朵朵浪花，点缀着我们的生活，那些所谓的伤痛、烦恼其实是被我们夸大了无数倍之后的结果。想想往事，也许我们会哑然失笑，笑那时的无知，笑那时的稚气，然后将这些曾经苦痛的往事当成一件笑话，细细回味。这时候，我们会由衷地感谢这些伤痕，感谢那些曾经伤过我们的人，是他们让我们有了不同于他人的经验，有了可以向人炫耀的资本。

3. 将修改后的文件名改为“我的资料 2”，另存在 D 盘下。

实验内容与步骤：

实验分析：

实验指导教师		成　绩	

第二部分　Word 文档的排版

一、实验目的

（1）文字的输入和字符、特殊符号的输入。

（2）掌握文本的选定、插入、复制、移动、粘贴、删除操作，以及在文档中的查找、替换等基本操作。

（3）掌握 Word 字符、字体、字号、段落、分栏等格式的设置。

（4）熟悉 Word 页面格式的设置。

（5）掌握项目符号与编号的使用方法。

二、实验要点

◆ Word 文档的文本输入、编辑与修改。

（1）文本输入：首先创建一个 Word 文档，用鼠标单击任务栏右侧的输入法指示或用 Ctrl+Shift 组合键切换中英文输入法，在当前光标处可输入文本。

（2）文本的选定、复制、移动、粘贴和删除的操作。

选定文本的方法有以下几种：

① 将鼠标指针移动到要选定的文本开头，然后按住鼠标左键不放，拖到欲选定的文本末尾，文本中呈现的蓝色区域即为所选定的内容，如图 5-16 所示。

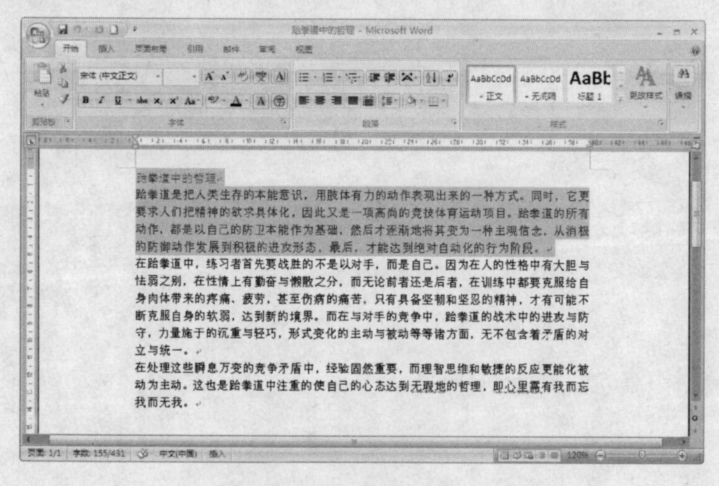

图 5-16　选定文本

② 单击文本的开始位置，然后按住 Shift 键，再单击要选定文本的结束位置，则中间的文本被选定。

③ 利用选定文本区进行选择。将光标移到文本区左侧的选定区，当鼠标指针的箭头方向转为右侧后，单击则选定该行。选定文本后即可对文本进行插入、复制、移动、粘贴、删除等编辑操作。

④ 在“开始”选项卡上单击“编辑”组中的“选择”按钮，在弹出菜单中选择各种命

令，如图 5-17 所示。

⑤ 使用快捷菜单进行编辑。在选定文本区的任意位置单击鼠标右键，在弹出的快捷菜单中选择具体操作，如图 5-18 所示。

图 5-17 “选择”下拉菜单

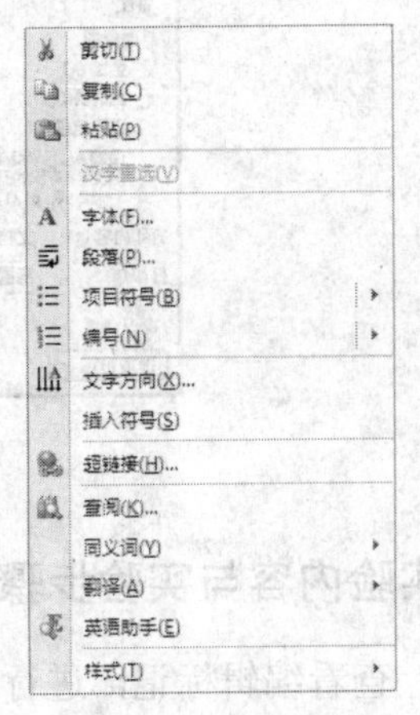

图 5-18 快捷菜单

◆ 字符和段落格式设置。

（1） 使用“开始”选项卡上的“字体”和“段落”组中的工具，完成对格式的设置。

（2） 使用鼠标右键单击，然后在弹出的快捷菜单中选择“字体”和“段落”命令进行设置。

（3） 使用浮动的格式工具栏进行设置。

◆ 文档的版面设计。

在制作文档时，除了对文本、段落进行设置外，还可以设置页眉、页脚，也可以进行分页、分栏等版面设计。

（1） 切换到“插入”选项卡，使用“页眉和页脚”组中的按钮来添加页眉、页脚和页码。

（2） 切换到“页面布局”选项卡，单击“页面设置”组中的按钮，利用弹出菜单中的命令，可以设置文字方向、页边距、纸张方向、纸张大小、分隔符、行号，以及进行分栏和断字。

（3） 在 Word 文档中还可以输入丰富的符号。切换到“插入”选项卡，使用“符号”和“特殊符号”组中的工具，可以插入各种常用符号和特殊符号。

◆ 文档的预览、打印。

文档编辑结束后，我们可以先进行打印预览。单击 Office 按钮，从弹出菜单中选择“打印” | “打印预览”命令，即可切换到“打印预览”视图来预览文档的效果。若无需进行特殊设置，可直接在 Office 菜单中选择“打印” | “快速打印”命令进行打印。如果对打印份数、打印范围等有特殊要求，则可以在 Office 菜单中选择“打印” | “打印”命令，打开“打印”对话框，进行设置，完成后，单击对话框中的“确定”按钮，即开始打印，如图 5-19 所示。

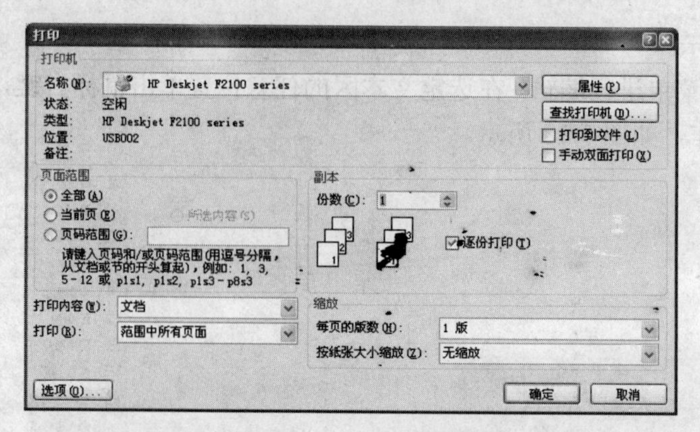

图 5-19　“打印”对话框

三、实验内容与实验步骤

◆ 查看编辑标记，进行“自然段”版式调整练习。

（1） 使用 Word 2007，将“跆拳道中的哲理.docx”文档打开。

（2） 在“开始”菜单上单击“段落”组中的“显示/隐藏编辑标记”命令，观察文档中出现的编辑标记，如空格标记“.”、自然段标记“↵”等。

（3） 将插入点位置定位到“↵”自然段标记处，按下 Delete 键，将两个自然段合并为一段。

（4） 将插入点位置定位到自然段的中间位置，按 Enter 键，将自然段一分为二。

（5） 切换到“视图”选项卡，选中“显示/隐藏”组中的“标尺”复选框，使该功能启用，观察标尺上的控件及刻度，如图 5-20 所示。

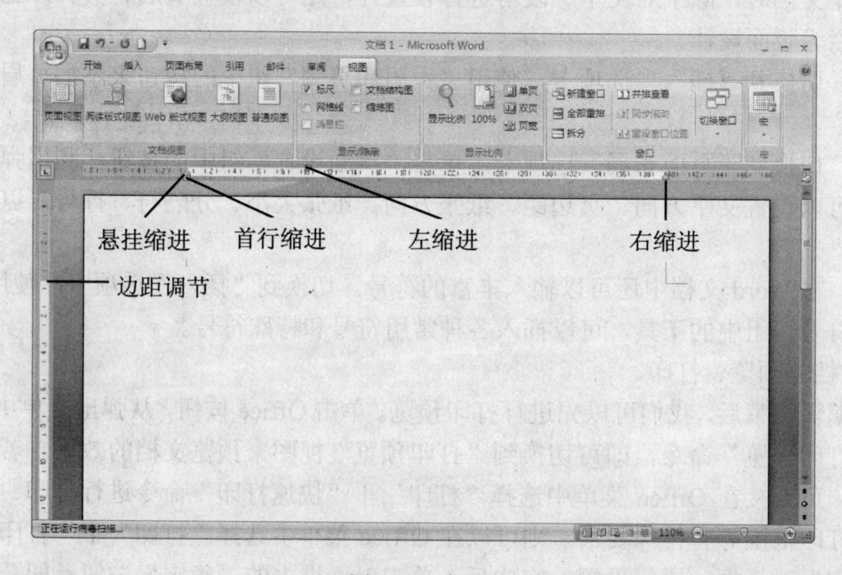

图 5-20　标尺

（6） 将光标定位在某自然段中，拖动“首行缩进”滑块到 2 cm 处；拖动“左缩进”滑块到 2 cm 处；拖动“右缩进”滑块到 27 cm 处。然后使用类似的方法，将其余各自然段版式调整好。

（7） 拖动“垂直标尺”的边距调节，改变文字到顶边的距离。

（8） 拖动“水平标尺”的边距调节，改变文字到左边的距离。

（9） 单击快速访问工具栏上的“保存”按钮，将编辑效果存盘，然后关闭 Word 2007。

◆ 使用对话框设置字符和段落格式。

（1） 在“开始”|“我最近的文档”级联菜单中选择“跆拳道中的哲理.docx”文档，打开该文档。

（2） 按 Ctrl+A 组合键，选中全文。

（3） 在“开始”菜单上单击“段落”组右下角的对话框启动器，打开“段落”对话框，转到“缩进和间距”选项卡，如图 5-21 所示。

（4） 在“间距”选项组中的“段前”、“段后”框中输入 0 行；在“行距”下拉列表框中选择“单倍行距”；在“大纲级别”下拉列表框中选择“正文文本”；在“对齐方式”下拉列表框中选择“两端对齐”；在“特殊格式”下拉列表框中选择“首行缩进”，并在“磅值”微调框中输入 2 字符。

（5） 单击“确定”按钮，关闭“段落”对话框。

（6） 在“开始”选项卡上单击“字体”组右下角的对话框启动器，打开“字体”对话框，转到“字体”选项卡，如图 5-22 所示。

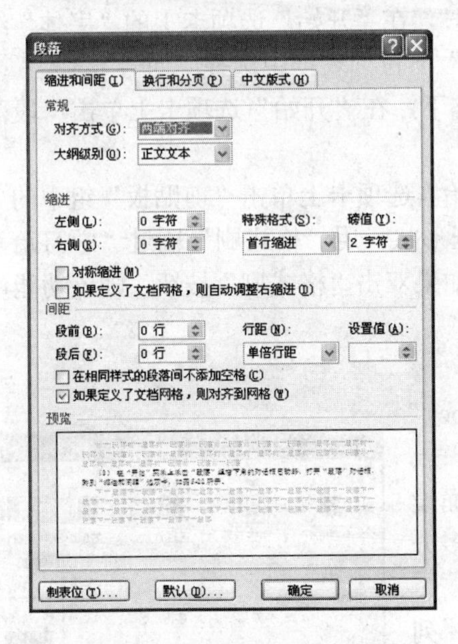

图 5-21 “缩进和间距”选项卡

图 5-22 “字体”选项卡

（7） 在“中文字体”下拉列表框中通过拖动垂直滚动条寻找并选择“新宋体”；在“西文字体”下拉列表框中通过拖动垂直滚动条寻找并选择“Arial”；在“字号”列表框中选择“五号”。

（8） 单击“字符间距”标签，转到“字符间距”选项卡。

（9） 在“间距”下拉列表中选择“加宽”，在“磅值”框中输入 2。

（10） 单击“确定”按钮，关闭“字体”对话框。

◆ 使用“开始”选项卡设置字符和段落格式。

（1） 在“开始”|“我最近的文档”级联菜单中选择“跆拳道中的哲理.docx”文档，打开该文档。

（2） 在原有文字下方创建新段落，追加录入文字，内容如图 5-23 所示。

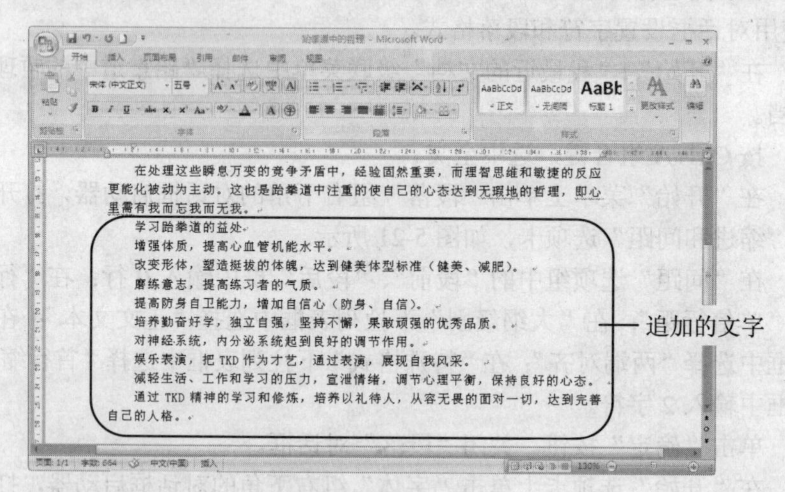

图 5-23 追加文字

（3） 选中第一行段落文字“跆拳道中的哲理”，在“开始”选项卡上的“字体”组中选择“字体”下拉列表框中的“黑体”，在“字号”下拉列表框中选择“四号”。

（4） 在“跆拳道中的哲理”段落的选中状态下，在“开始”选项卡上单击“段落”组中的“居中”按钮。

（5） 再次选中“跆拳道中的哲理”，在“开始”选项卡上单击“剪贴板”组中的“格式刷”按钮，此时鼠标指针的形状变为一个小刷子形状。用“格式刷”刷过“学习跆拳道的益处”，使该段落标题被刷成一样的段落格式（如果双击“格式刷”按钮，则该功能可以反复使用）。

◆ 分栏设置练习。

（1） 在 Word 2007 中，将“跆拳道中的哲理.docx”文档打开，选中文档正文。

（2） 切换到“页面布局”选项卡，单击“页面设置”组中的“分栏”按钮，在弹出菜单中选择“更多分栏”命令，打开“分栏”对话框，如图 5-24 所示。

（3） 在“预设”选项组中选择“两栏”，则“列数”微调框中出现数字 2。

（4） 在“宽度和间距”选项组中清除“栏宽相等”复选框，在第一栏的“宽度”微调框中设定栏宽为 18.76 个字符；第二栏设定栏宽 20 个字符，然后单击“确定”按钮，关闭“分栏”对话框。

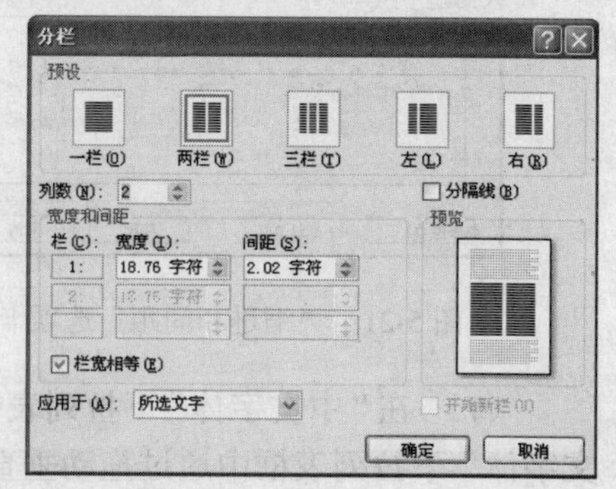

图 5-24 “分栏”对话框

（5） 观察分栏效果，如图 5-25 所示，然后单击“保存”按钮，关闭 Word 2007。

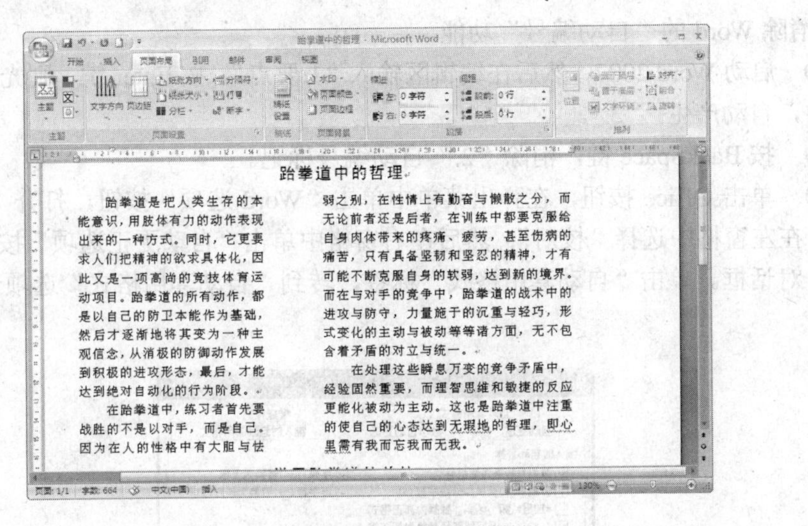

图 5-25　分栏效果

◆ 项目编号练习。

（1） 在 Word 2007 中，将“跆拳道中的哲理.docx”文档打开。

（2） 在“开始”选项卡上单击“段落”组中的“项目符号”或者“编号”按钮，即可快速建立项目符号列表或者编号列表。如果要取消所建立的项目符号列表或者编号列表，可以再次单击“项目符号”或者“编号”按钮。

（3） 单击“项目符号”或“编号”按钮右侧的下拉按钮，从弹出菜单中可以选择其他的项目符号或编号样式。

（4） 单击“项目符号”按钮右侧的下拉按钮，从弹出菜单中选择“定义新项目符号”命令，打开“定义新项目符号”对话框。在其中可以设置项目符号的对齐方式，设置项目符号的字体，或者选择其他符号和图片作为项目符号，如图 5-26 所示。

（5） 单击“编号”按钮右侧的下拉按钮，从弹出菜单中选择“定义新编号格式”命令，打开“定义新编号格式”对话框。在其中可以设置编号的样式、格式、字体和对齐方式，如图 5-27 所示。

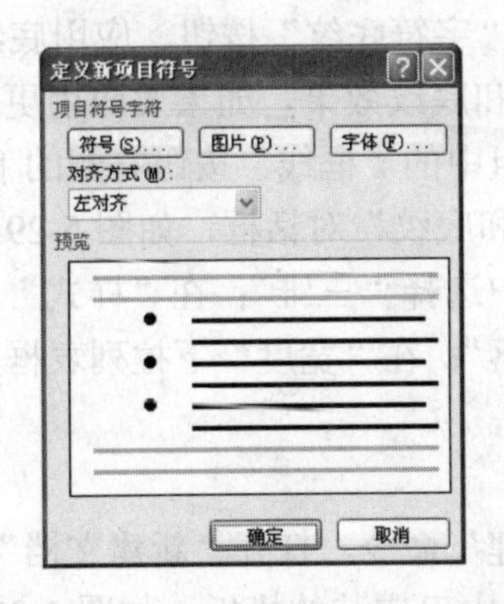

图 5-26　“定义新项目符号”对话框

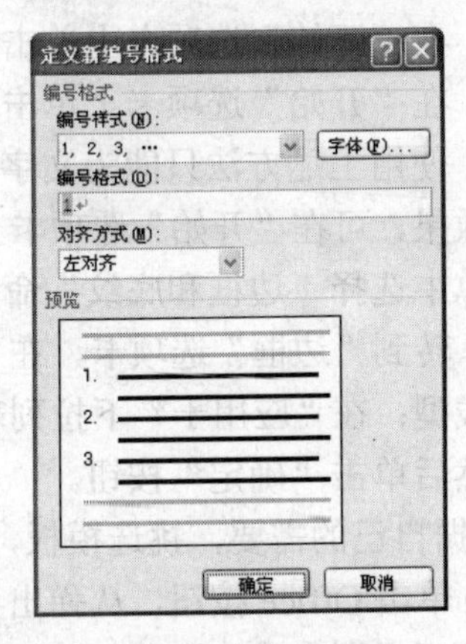

图 5-27　“定义新编号格式”对话框

◆ 消除Word的“自动编号”功能。

（1） 启动Word 2007，然后在编辑区输入“1.要点”，按Enter键，则光标转移到下一行的同时，自动产生：“2.”。

（2） 按BackSpace键，消除“2.”自动编号标记。

（3） 单击Office按钮，在弹出菜单中单击“Word选项”按钮，打开“Word选项”对话框，在左窗格中选择“校对”；然后在右窗格中单击“自动更正选项”按钮，打开“自动更正”对话框。单击“自动套用格式”标签，转到“自动套用格式”选项卡，如图5-28所示。

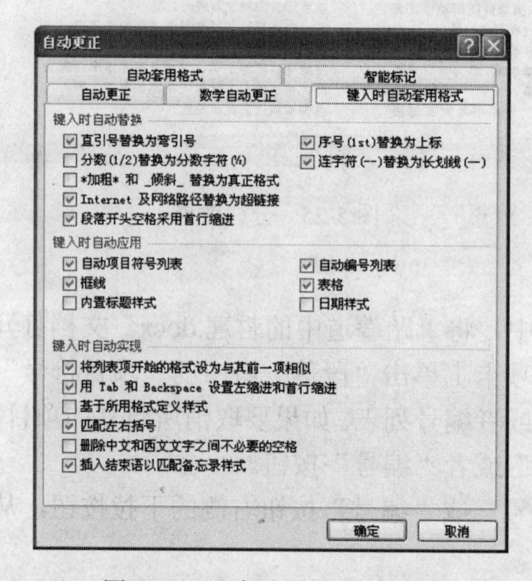

图5-28 “自动更正”对话框

（4） 清除“键入时自动应用”选项组中的“自动项目符号列表”和“自动编号列表”复选框。

（5） 单击“确定”按钮，使Word不再具有自动标号的功能。

◆ 为“跆拳道中的哲理.docx”文档的标题“跆拳道中的哲理”设置边框和底纹。

（1） 打开“跆拳道中的哲理.docx”文档，选中标题“跆拳道中的哲理”。

（2） 在“开始”选项卡上单击“字体”组中的“字符边框”按钮，应用边框效果。

（3） 在“开始”选项卡上单击“字体”组中的“字符底纹”按钮，应用底纹效果。

（4） 使用上述方法只能为文字应用简单的边框和底纹效果，如果要应用更丰富的边框和底纹效果，可在“开始”选项卡上单击“段落”组中的“框线”按钮右侧的下拉按钮，从弹出菜单中选择“边框和底纹”命令，打开“边框和底纹”对话框，如图5-29所示。

（5） 转到“边框”选项卡，在“设置”选项组中选择“三维”；在“样式”列表框中选择一种线型；在“应用于”下拉列表框中选择“段落”；在“宽度”下拉列表框中调整线的宽度，然后单击“确定”按钮。

◆ 根据自己的需要，挑选模板，迅速建立文档。

（1） 单击Office按钮，从弹出菜单中选择“新建”命令，打开“新建文档”对话框，在“模板”列表框中选择“已安装的模板”，显示本机中已安装的模板，如图5-30所示。

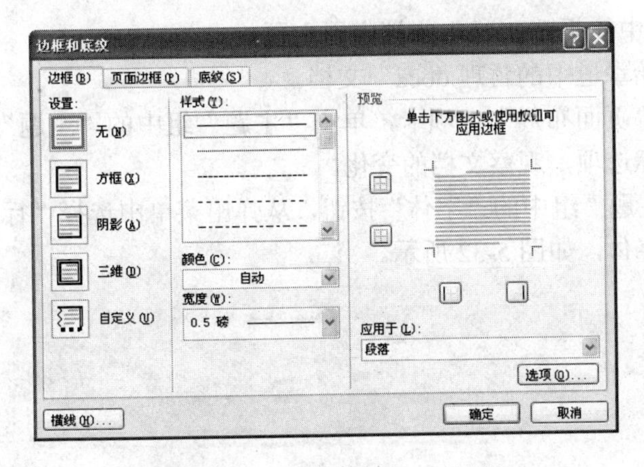

图 5-29 “边框和底纹”对话框

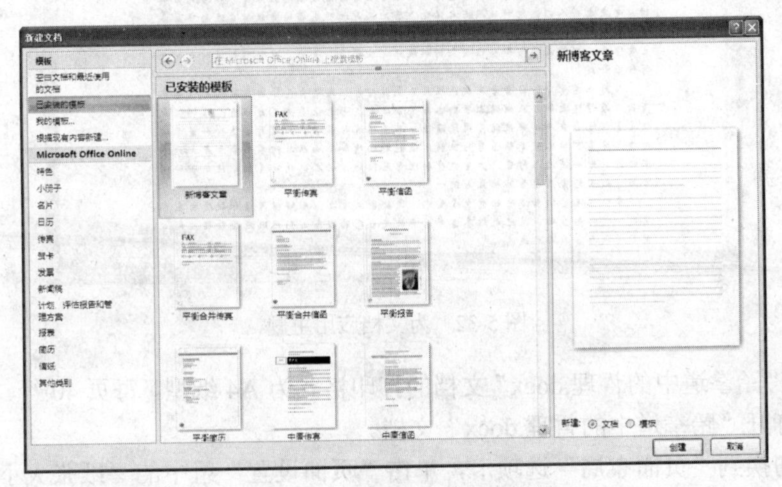

图 5-30 “新建文档”对话框

（2） 根据要创建的文档类型，选择相应的标签，如单击“平衡报告”图标项目，则 Word 2007 将自动根据该模板创建一个新文档，如图 5-31 所示。

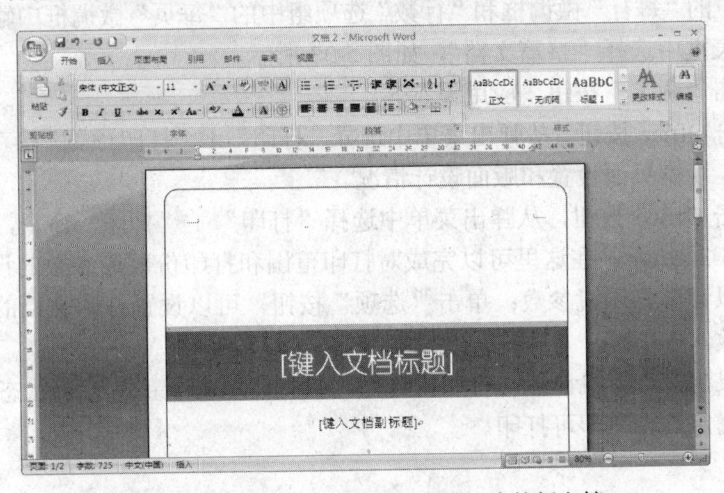

图 5-31 根据“平衡报告”模板创建的新文档

◆ 为“跆拳道中的哲理.docx”文档应用主题。

（1） 打开“跆拳道中的哲理.docx”文档。

（2） 切换到“页面布局”选项卡，单击“主题”组中的“主题”按钮，从弹出菜单中选择“华丽”图标选项，观察文档的变化。

（3） 单击“主题”组中的“字体”按钮，从弹出菜单中选择“行云流水”图标选项，更改文档中文字的字体，如图 5-32 所示。

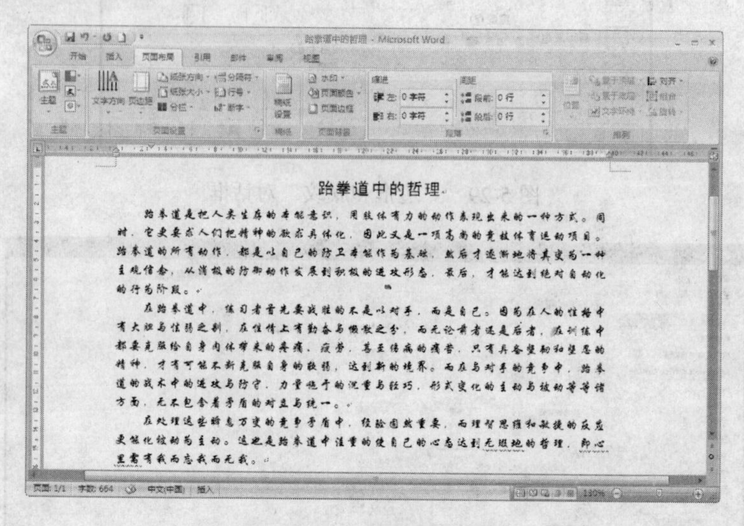

图 5-32　为文档应用主题

◆ 设置“跆拳道中的哲理.docx”文档的打印格式为 A4 纸型，每页 40 行，每行 40 字。

（1） 打开“跆拳道中的哲理.docx”文档。

（2） 切换到“页面布局”选项卡，单击“页面设置”组中的“纸张大小”按钮，从弹出菜单中选择“A4（21 cm×29.7 cm）”命令。

（3） 单击“页面设置”组右下角的对话框启动器，打开“页面设置”对话框，转到“文档网格”选项卡，在“网格”选项组中单击“指定行和字符网格”单选按钮；在“字符数”选项组中的“每行”微调框和“行数”选项组中的“每页”微调框中输入 40；在“应用于”下拉列表框中选择“整篇文档”，如图 5-33 所示。

（4） 单击“确定”按钮，应用设置。

（5） 单击 Office 按钮，从弹出菜单中选择“打印”|“打印预览”命令，切换到“打印预览”视图，观察页面设置和版面设计情况。

（6） 单击 Office 按钮，从弹出菜单中选择“打印”|“打印”命令，打开“打印”对话框，如图 5-34 所示。在这里可以完成对打印范围和打印份数等参数的设定。单击“属性”按钮，可以设置打印机参数；单击“选项”按钮，可以设置打印文档的附加信息和其他一些打印参数。

（7） 如果当前计算机已经与打印机连好，且打印机处于正常待机状态，放好 A4 打印纸，单击“确定”按钮即可打印。

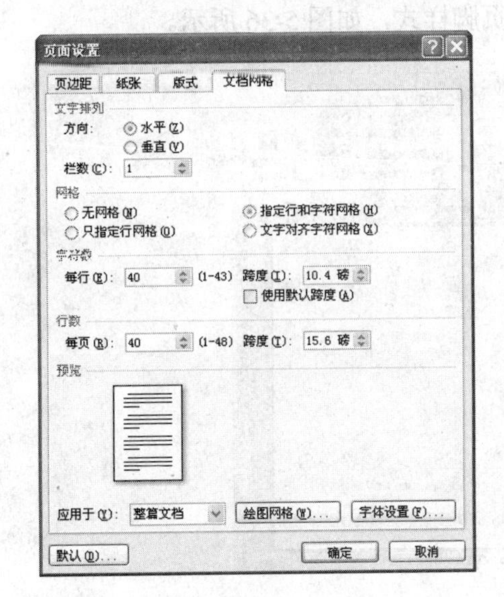

图 5-33 “文档网格”选项卡

图 5-34 “打印”对话框

◆ 设置文档的页眉和页脚。

（1） 切换到“插入”选项卡，单击“页眉和页脚”组中的“页眉”按钮，从弹出菜单中选择一种页眉样式图标，如“边线型”，即可为文档应用相应的页眉样式；同时编辑光标进入页眉编辑区域，并在功能区中切换到“页眉和页脚工具”的“设计”选项卡，如图 5-35 所示。

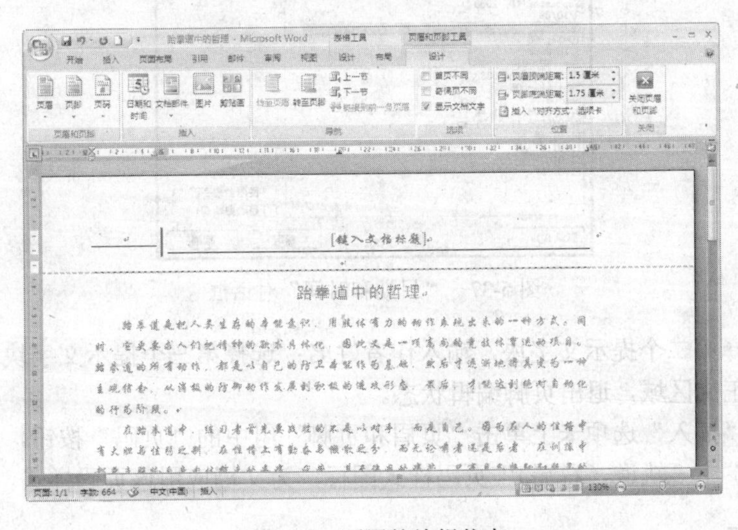

图 5-35 页眉的编辑状态

（2） 在光标闪烁处输入文本：“TKD”，再单击“键入文档标题”提示文字，输入：“跆拳道文摘”。

（3） 双击正文区域退出页眉编辑状态。

（4） 在“插入”选项卡上单击“页眉和页脚”组中的“页脚”按钮，从弹出菜单中选择“空白（三栏）”页脚样式图标，为文档应用该页脚样式，如图 5-36 所示。

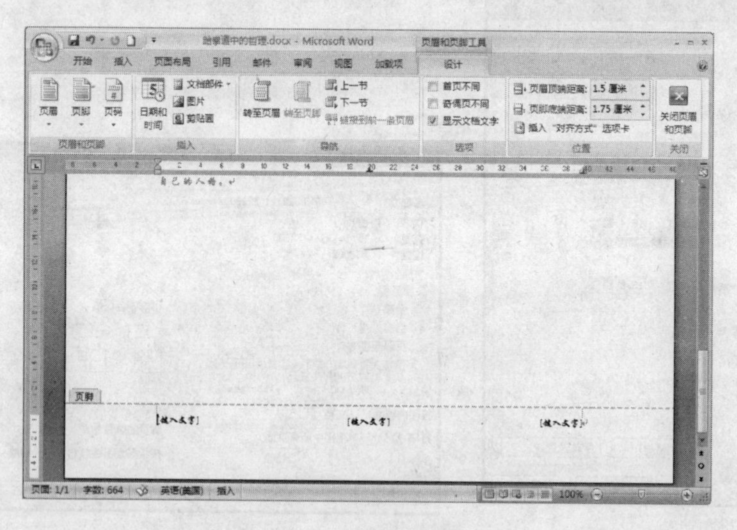

图 5-36　页脚的编辑状态

（5） 单击第一个提示文字块，选择该文字块，在页眉和页脚工具的“设计”选项卡上单击“插入”组中的“日期和时间”按钮。打开“日期和时间”对话框，在“可用”格式列表框中选择“2008-09-10”格式，单击“确定”按钮，如图 5-37 所示。

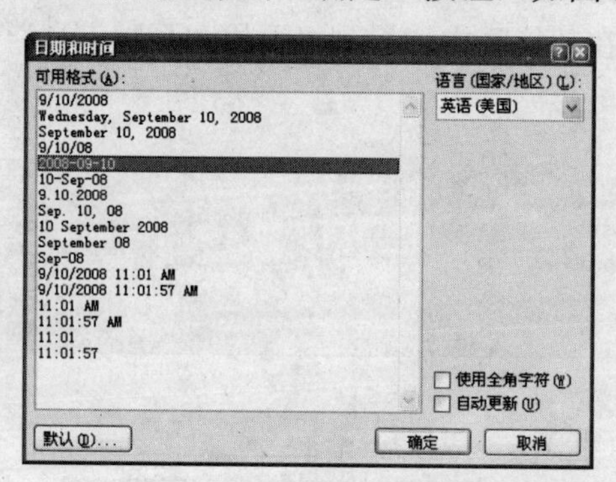

图 5-37　“日期和时间”对话框

（6） 选择第二个提示文字块，输入作者姓名；选择第三个提示文字块，输入作者单位。然后双击正文区域，退出页脚编辑状态。

（7） 在“插入”选项卡上单击“页眉和页脚”组中的“页码”按钮，从弹出菜单中选择“页边距”|“轨道（右端）”页码样式图标，为文档应用该页码样式。

四、实验操作

操作 1

（1） 在新建文件夹中建立一个新 Word 文档，文件名为“T1”。在“T1”中录入下列文字：

从前只有在过年时才吃炒年糕，现在年糕制作方法进步，且用真空包装，使年糕不易腐烂发霉，可以终年食用。年糕是糯米制成的，黏性强，所以切片时不要切太厚，太厚不易入味；但太薄则太软，没有咬劲，所以年糕要炒得好吃，年糕片的大小厚薄有很大的影响。

（2） 将“文字素材\T1-1.docx”文档中蓝色文字复制到文本末尾。

（3） 查找蓝色文字中的“他”并替换为“它”。

（4） 全文设置为字体黑体、字号五号。第一段倾斜，第二段首字下沉。

（5） 最后形成如图 5-38 所示的样文格式，将文件保存。

从前只有在过年时才吃炒年糕，现在年糕制作方法进步，且用真空包装，使年糕不易腐烂发霉，可以终年食用。年糕是糯米制成的，黏性强，所以切片时不要切太厚，太厚不易入味；但太薄则太软，没有咬劲，所以年糕要炒得好吃，年糕片的大小厚薄有很大的影响。

和国内的炒年糕不大一样，韩式炒年糕所用的年糕是一种中指粗细长短的年糕棒而非国内的年糕片，再就是这种所谓的炒年糕并非真正用炒菜的方式爆炒出来的，而是用一种介于辣椒酱和辣椒油之间辣椒胶质慢慢炖煮出来的，最终白白的年糕完全浸在稠稠的辣椒糊里，红白相间煞是好看。炒年糕里一般还要放一种味道类似于鱼肠、形状类似于豆腐皮的叫“哦淀”的东西。韩国的辣椒酱口味都偏甜，所以这种炒年糕的口味是甜辣相间，但又非南方的那种甜水年糕，它不是一味的甜，再加上有了辣的加入，所以吃起来不仅不会腻味，相反还会越吃越想吃。

材料：韩式年糕条 500 克，高丽菜 50 克，红辣 50 克，蒜头 2 瓣，红辣椒、葱各 1 根，韩式辣椒酱，细糖，酱油，水适量。

烹饪：

1．将韩式年糕条切成三等份，成为短圆柱形。

2．预热油锅，加入蒜末、切丝红椒、切段的葱头及切片的高丽菜拌炒。

3．加入酱油、韩式辣椒酱、糖、少量水，调味后，放入年糕拌炒，然后转入小火炖，让年糕吸收汤汁。

图 5-38 操作 1 样文

操作 2

（1） 在新建文件夹中建立一个新 Word 文档，文件名为“T2”。在“T2”中录入下列文字：

我原本不是个爱感动的人，以前看电视剧也好，看情感节目也好，看到别人在电视机内外痛哭流涕，还觉得有些不屑。但是，不知道为什么，随着年龄的渐渐增长，让我感动的事越来越多了，而且往往是在不经意间。

（2） 将“文字素材\T2-2”中蓝色文字复制到文本末尾。

（3） 查找蓝色文字中的“宝宝”并替换为“儿子”。

（4） 全文设置为字体隶书、字号四号。第一段加粗，带波浪线下画线，第二段首字下沉。

（5） 最后形成如图 5-39 所示的样文格式，将文件保存。

我原本不是个爱感动的人，以前看电视剧也好，看情感节目也好，看到别人在电视机内外痛哭流涕，还觉得有些不屑。但是，不知道为什么，随着年龄的渐渐增长，让我感动的事越来越多了，而且往往是在不经意间。

昨晚为了不剩饭，吃撑了，睡下后便觉得胃胀，在床上辗转反侧。终于忍不住想吐，便冲到了洗手间，停留半晌。其间听得轻轻的脚步声在洗手间门外停住，没动静了。凝听片刻，疑是儿子，便将门拉开条缝向外张望，果然。

儿子静静地站在门口，满脸紧张的神色，却不敲门。见门开了，才问："怎么了？"

感动一下子盈满了我的心。我忙作笑颜："没事，你先去睡吧，我马上就过去了。"

儿子听话地返回了卧室。过会儿我回去的时候，却见灯依然亮着，儿子倚着床头等我。

"你怎么还不睡呀？我就是吃多了，没事。"我故做轻松地说着，在儿子身边躺下，关灯。儿子放心地睡了，睡相甜甜的。我轻轻地拉起儿子的手，回味着那份感动。

忽然想起很多感动的事，一直想记下来却无暇动笔的事。其实都很简单，但那份感动却是真挚的，永久的。

图 5-39　操作 2 样文

操作 3

（1） 在新建文件夹中建立一个新 Word 文档，文件名为“T3”。

（2） 将“文字素材\T3-3”文档中所有文字复制到文件“T3”中。

（3） 逐一查找文档中的“他”并替换为“孟德尔”。

（4） 全文设置为字体宋体、字号五号。标题为楷体、三号字，加粗、带双下画线、居中。

（5） 最后形成如图 5-40 所示的样文格式，将文件保存。

1866 年遗传法则

格里戈尔·孟德尔，一位在修道院花园里用了十年时间杂交豌豆作物的奥地利神父，于 1866 年对外界宣称，孟德尔发现了遗传学的基本法则。两年后，做了修道院院长的孟德尔放弃了自己的研究。孟德尔的著作尽管已经出版，却被大多数人忽视。当这本书 1900 年被重新发现时，它使美国人产生了农业改革的兴趣。

孟德尔的观点——认为由植物母本传给下一代的特征，可以精确地加以推断——引导出了使商用农业大大改观的“杂交优势”理论。通过杂交两种近体交配的种子，农民可以获得优于母本中任何一方的后代，结出更为结实、饱满的庄稼。玉米由于现在已经完全采用这种方式来种植，所以被称作是现代遗传学上最伟大的成功范例。20 世纪 60 年代，农学家诺尔曼·鲍劳格正是通过引入一种个体小、产量高的矮生小麦，在饥荒困扰的印度和巴基斯坦，拯救了成千上万人的生命。这是一场发源于孟德尔花园内的绿色革命。

孟德尔的豌豆还结出了植物遗传工程这颗硕果，它主要是寻求农产品活体中更为坚强的品种（防擦伤马铃薯就是其中之一）。但我们还应该为其他外来的杂交作物而感激孟德尔，其中包括橘柚、酸橙、甘蓝花和甜脆豌豆。最近的一项用萤火虫基因和普通烟草做的实验，则在这条路上走得更远（尽管其目的不是为了大众消费）。结果是什么呢？萤火烟草。

图 5-40 操作 3 样文

操作 4

（1） 在新建文件夹中建立一个新 Word 文档，文件名为“T4”。

（2） 将“文字素材\T4-4”文档中的所有文字复制到文档“T4”中。

（3） 将正文设置为字体仿宋体、字号五号、加粗。标题为华文彩云、二号字、居中。

（4） 最后形成如图 5-41 所示的样文格式，将文件保存。

见利反目

有一个读书人出外游历。这天，他来到一个地方，看到一群儿童在拾柴火。于是读书人把那些小孩子叫到跟前来，对他们说："你们在拾柴的时候，谁先看到柴禾就先喊一声，这柴火就归谁，后见到的人就不要去争夺了。你们能做得到吗？"

几个儿童都回答说："我们做得到!"说着就都走开了，互相之间说说笑笑，非常友好，大家都显得很轻松、高兴。

这些孩子走着走着，忽然看到路边横着一些柴草，其中一个就先喊了一声："看！那边有柴火!"接着他便向那柴草跑了过去。可是，这些孩子忘了自己刚才许下的诺言，其余几个孩子也跟着朝那有柴草的地方跑去，结果争抢起来，继而互相之间打起架来，有的还使上了鞭子和棍棒，有几个被打得鼻青脸肿，牙都打出血了。

那个读书人惊恐地看到了这情景，他急切地往回走去。他失望地叹道："儿童为了这一点柴草都会如此争抢，何况天下人呢！天底下比小草大的利益实在太多了。人们在一般情况下，好像还能和睦相处，可是一旦见到有利可图的事，就露出自私的本相，相互争抢打斗，怎能不受伤呢？"

可见有些人平常好像能和睦共事，而一旦利益当前，便一改往日的和善谦恭，反目相争，实在是要不得啊。

图 5-41　操作 4 样文

操作 5

（1） 在 Word 中新建文件"T5"，将"文字素材\诗词-1.docx"文档中的内容，复制到新建文件"T5"中。

（2） 设置：简介部分为仿宋体、五号字、红色；作者与题目为黑体、小三号字、加粗且倾斜；词为隶书、小四号字。

（3） 分栏：将词分为两栏且加分隔线。

（4） 插入页眉："诗词赏析"，并将其设置为楷体、小四号字。

（5） 页面设置：纸张大小为自定义大小，宽度为 22 cm，高度为 30 cm；页边距：上下为 2 cm，左右为 3 cm。

（6） 最后形成如图 5-42 所示的样文格式，将文件保存。

诗词赏析

范仲庵

作者简介：范仲庵[989－1052]，字希文，吴县[江苏苏州]人。大中祥符八年[1015]进士。仕至枢密副使，参加政事，以资政殿学士为陕西四路选宣抚使。存词五首。

苏幕遮

碧云天，黄叶地。
秋色连波，波上寒烟翠。
山映斜阳天接水，
芳草无情，更在斜阳外。
黯乡魂，追旅思。
夜夜除非，好梦留人睡。
明月楼高休独倚，
酒入愁肠，化作相思泪。

图 5-42 操作 5 样文

操作 6

（1） 在 Word 中新建文件“T6”，将“文字素材\诗词-2”文档内容，复制到“T6”中。

（2） 设置：简介部分为幼圆体、小四号字、加粗；作者与题目为楷体、三号字，加粗；词为四号字、仿宋体。

（3） 分栏：将词分为两栏且加分隔线。

（4） 插入页眉：“诗词赏析”，并将其设置为仿宋体、四号字。

（5） 页面设置：纸张大小为自定义大小，宽度为 18 cm，高度为 25 cm；页边距：上下为 2 cm，左右为 2 cm。

（6） 最后形成如图 5-43 所示的样文格式，将文件保存。

诗词赏析

晏殊

作者简介：晏殊[991-1055]，字同叔，临川人。景德二年（1005）以神童召试，赐进士出身。仕至集贤殿大学士，同中书门下平章事兼枢密使。有词集《珠玉词》一卷。

浣溪沙

一曲新词酒一杯，
无可奈何花落去，
去年天气旧亭台。
似曾相识燕归来。
夕阳西下几时回？
小园香径独徘徊。

图 5-43 操作 6 样文

操作 7

（1） 在 Word 中新建文件“T7”，将“文字素材\诗词-3”文档内容，复制到“T7”中。

（2） 设置：简介部分为楷体、小四号字、蓝色；作者与题目为隶书、三号字、加粗且倾斜，词为黑体，四号字。

（3） 分栏：将词分为两栏。

（4） 插入页眉：“诗词赏析”，并将其设置为隶书、五号字。

（5） 页面设置：纸张大小为自定义大小，宽度为 21 cm，高度为 30 cm；页边距：上下为 2 cm，左右为 3 cm。

（6） 最后形成如图 5-44 所示的样文格式，将文件保存。

诗词赏析

宋祁

作者简介：宋祁(998－1061)，字子京，安州安陆人。天圣二年(1024)进士第一名。累仕知制诰、工部尚书、翰林学士承旨。

木兰花

东城渐觉风光好，
縠皱波汶迎客棹。
绿杨烟外晓寒轻，
红杏枝头春意闹。

浮生长恨欢娱少，
肯爱千金轻一笑？
为君持酒劝斜阳，
且向花间留晚照。

图 5-44 操作 7 样文

操作 8

（1） 在 Word 中新建文件“T8”，将“文字素材\诗词-4”文档内容，复制到“T8”中。

（2） 设置：简介部分为仿宋体、五号字、深红色；作者与题目为黑体、小三号字、加粗且加下画线；词为隶书、小四号字。

（3） 分栏：将词分为两栏。

（4） 插入页眉：“诗词赏析”，并将其设置为幼圆体、五号字。

（5） 页面设置：纸张大小为自定义大小，宽度为 18 cm，高度为 25 cm；页边距：上下为 2 cm，左右为 2 cm。

（6） 最后形成如图 5-45 所示的样文格式，将文件保存。

实 验 报 告（实验1）

实验题目：Word 2007 文档的编辑、排版

课程：

姓名		班级		组（机）号		时间	

实验目的： 1. 文字的输入和字符及特殊符号的输入。

2. 文本的选定、插入、复制、移动、粘贴、删除，文档中的查找、替换等基本操作。

3. 掌握项目符号与编号的使用方法。

实验要求： 1. 在新建文件夹里建立一个新 Word 文档，文件名为“T9”，并在“T9”中录入以下文字。

也许有人要问，电视也是使用活动画面和声音来表达和传播信息的，也使用文字，图片和图形来点缀，多媒体和电视机到底有什么不同？

那么，让我们简单地回顾一下计算机和电视机所走过的历程，看看多媒体和电视在技术上的差别。

2. 将“文字素材\T5-5”文档中蓝色文字复制到文本末尾。

3. 查找蓝色文字中的“过度”并替换为“过渡”。最后形成如图 5-46 所示的样文格式，将文件保存。

实验内容与步骤：

实验分析：

实验指导教师		成　绩	

诗词赏析

欧阳修

作者简介：欧阳修（1007－1072），字永叔，号醉翁，晚年号六一居士，庐陵（江西南丰）人，天圣八年（1030）进士。累仕知制诰、翰林学士、参政知事、迁兵部尚书，以太子少师致仕。有词集《欧阳文忠公近体乐府》三卷，另传《醉翁琴趣外篇》六卷。

采桑子

群芳过后西湖好，

狼籍残红。

飞絮濛濛，

垂柳阑干尽日风。

笙歌散尽游人去，

始觉春空。

垂下帘栊，

双燕归来细雨中。

图 5-45 操作 8 样文

也许有人要问，电视也是使用活动画面和声音来表达和传播信息的，也使用文字，图片和图形来点缀，多媒体和电视机到底有什么不同？

那么，让我们简单地回顾一下计算机和电视机所走过的历程，看看多媒体和电视在技术上的差别。

（1） 计算机：是 20 世纪 40 年代的伟大发明，一直沿着数字信号处理技术 的方向发展，而且是沿着数值计算和金融管理发展起来的。60 年代文字进入计算机，70 年代图像、声音进入计算机，80 年代电视进入计算机，进入 90 年代，个人计算机已经能够实时处理数据量很大的声音和图像信息。

（2） 电视：是 20 世纪 20 年代的伟大发明，在 50 年代开发电视技术时用任何技术来传输和再现真实世界的图像和声音都是极其困难的，因此电视技术一直沿着模拟信号处理技术的方向发展，直到 70 年代，才开发数字电视。由于数字技术有许多优越性，而且数字技术发展到足以使模拟电视向数字电视过渡的水平，电视和计算机才开始融合再一起。由于多媒体和电视采用的技术不同，对于同样内容的信息或者节目，它们表现出的特性就很不相同，对于人们所产生的影响也引起了许多有识之士的高度重视。我们现在看到的模拟电视的特性是线性播放，简单地说，就是电视节目是从头到尾播放的，而收看者是最活跃的人。人与电视之间，人是被动者，而电视是主动者。

（3） 多媒体：是有计算机参与的，计算机的一个重要特性是交互性就是人们可以使用像键盘、鼠标器、触摸屏、声卡等设备，通过计算机程序去控制各种媒体的播放。人与计算机之间，人驾驭多媒体，人是主动者，而多媒体是被动者。

图 5-46 实验 1 样文

实 验 报 告（实验 2）

课程：　　　　　　　　　　　　　　实验题目：Word 2007 文档的编辑、排版

<table>
<tr><td>姓名</td><td></td><td>班级</td><td></td><td>组（机）号</td><td></td><td>时间</td><td></td></tr>
<tr><td colspan="8">实验目的：1. 文字的输入和字符及特殊符号的输入。
2. 文件的选定、插入、复制、移动、粘贴、删除，文档中的查找、替换等基本操作。
3. 掌握项目符号与编号的使用方法。</td></tr>
<tr><td colspan="8">实验要求：1. 在新建文件夹中建立一个新 Word 文档，文件名为“T10”，并在“T10”中录入以下文字。
随着多媒体技术的不断进步和发展，多媒体技术的应用领域已十分广泛，不仅覆盖了计算机的绝大部分应用领域，同时还开拓了新的应用领域。例如：教育教学、演示系统、咨询服务、信息管理、宣传广告、电子出版物、游戏与娱乐、广播电视、通信等领域。多媒体技术的应用将会渗透进每一个信息领域，使传统信息领域的面貌发生根本的变化。
2. 将“文字素材\T6-6”中蓝色文字复制到文本末尾。
3. 查找蓝色文字中的“媒体技术”，并替换为“多媒体技术”。最后形成图 5-47 所示的样文格式，将文件保存。</td></tr>
<tr><td colspan="8">实验内容与步骤：</td></tr>
<tr><td colspan="8">实验分析：</td></tr>
<tr><td colspan="2">实验指导教师</td><td colspan="2"></td><td colspan="2">成　绩</td><td colspan="2"></td></tr>
</table>

实 验 报 告（实验 3）

课程：　　　　　　　　　　　　　　　　　　实验题目：Word 2007 文档的编辑、排版

<table>
<tr><td>姓名</td><td></td><td>班级</td><td></td><td>组（机）号</td><td></td><td>时间</td><td></td></tr>
<tr><td colspan="8">实验目的：1. 文件的选定、插入、复制、移动、粘贴、删除。
2. Word 中字符、字体、字号、段落、分栏等格式的设置。
3. 熟悉 Word 页面格式的设置。</td></tr>
<tr><td colspan="8">实验要求：1. 在 Word 文档中新建文件“T11”，将“文字素材\诗词-5”文档中的内容复制到“T11”中。
2. 设置：简介部分为幼圆体、小五号字；作者与题目为隶书、三号字、倾斜、红色；词为黑体、五号字，将词分为两栏。
3. 插入页眉：“诗词赏析”，并将其设置为黑体、五号字。
4. 页面设置：宽度为 18 cm，高度为 25 cm；页边距：上下为 2 cm，左右为 3 cm。最后形成如图 5-48 所示的样文格式，将文件保存。</td></tr>
<tr><td colspan="8">实验内容与步骤：

</td></tr>
<tr><td colspan="8">实验分析：

</td></tr>
<tr><td colspan="2">实验指导教师</td><td colspan="2"></td><td colspan="2">成　绩</td><td colspan="2"></td></tr>
</table>

随着多媒体技术的不断进步和发展，多媒体技术的应用领域已十分广泛，不仅覆盖了计算机的绝大部分应用领域，同时还开拓了新的应用领域。例如：教育教学、演示系统、咨询服务、信息管理、宣传广告、电子出版物、游戏与娱乐、广播电视、通信等领域。多媒体技术的应用将会渗透进每一个信息领域，使传统信息领域的面貌发生根本的变化。

综合来说，计算机多媒体技术主要有以下一些特点。

➢ 集成性：多媒体技术是结合文字、图形、影像、声音、动画等各种媒体的一种应用，并且是建立在数字化处理的基础上的。另外，它具有多种技术的系统集成性，基本上包含了当今计算机领域内最新的硬件技术和软件技术。
➢ 交互性：这是多媒体技术的特色之一。所谓的交互性就是可与使用者进行双向的交互性沟通，这也正是它与传统媒体的最大不同之处。
➢ 非循序性：这是多媒体技术强调的功能之一。多媒体技术的非循序性特点改变了传统循序渐进的读写模式，改善了以往人们依照章、节、页阶梯式的结构；循序渐进获取知识的方式，克服了在查询信息时，用了大部分时间寻找资料及接受重复信息的缺点。
➢ 实时性：此处所谓的实时性是指在多媒体系统中声音及活动的视频图像是强实时的，多媒体系统提供了对这些实际媒体实时处理的能力。
➢ 控制性：多媒体技术是以计算机为中心，综合处理和控制多种媒体信息，并且按操作者的要求以多种媒体形式表现出来，同时作用于人的多种感官。
➢ 非纸张输出形式：多媒体系统应用有别于传统的出版模式，强调无纸输出形式，以光盘为主要的输出载体。

图 5-47 实验 2 样文

诗词赏析

柳永

作者简介：柳永[987 −1057？]，原名三变，崇安（福建）人。景佑元年（1034）进士，受睦州团练使挂官，仕至屯田员外郎。有词集《乐单集》传世。

雨霖铃

寒蝉凄切，对长亭晚，骤雨初歇。
都门账饮无绪，留恋处、兰舟催发。
执手相看泪眼，竟无语凝噎。
念去去、千里烟波，暮霭沉沉楚天阔。

多情自古伤离别，更那堪、冷落清秋节！
今宵酒醒何处？杨柳岸、晓风残月。
此去经年，应是良辰好景虚设。
便纵有千种风情，更与何人说？

图 5-48 实验 3 样文

实 验 报 告（实验 4）

课程：　　　　　　　　　　　　　　　　实验题目：Word 2007 文档的编辑、排版

姓名		班级		组（机）号		时间	

实验目的： 1. 文件的选定、插入、复制、移动、粘贴、删除。

2. Word 中字符、字体、字号、段落、分栏等格式的设置。

3. 熟悉 Word 页面格式的设置。

实验要求： 1. 在 Word 中新建文件“T12”，将“文字素材\诗词-6”文档的内容复制到“T12”中。

2. 设置：简介部分为楷体、五号字、深蓝色；作者与题目为黑体、小四号字、加粗；词为幼圆体、小五号字，将词分为两栏且加分隔线。

3. 插入页眉：“诗词赏析”，并将其设置为黑体、五号字。

4. 页面设置：宽度为 18 cm，高度为 25 cm；页边距：上下为 2 cm，左右为 2 cm。最后形成如图 5-49 所示的样文格式，将文件保存。

实验内容与步骤：

实验分析：

实验指导教师		成　绩	

诗词赏析

王安石

作者简介：王安石[1021－1086]，字介甫，临川人。庆历三年（1042）进士，军官翰林学士、同中书门下平章事、加尚书左仆射兼门下侍郎。晚年退居金陵（南京），自号半山老人。有《临川先生歌曲》一卷，补遗一卷。

桂枝香

登临送目，正故国晚秋，天气初肃。

念往昔、繁华竞逐。

叹门外楼头，悲恨相续。

千里澄江似练，翠峰如簇。

千古凭高对此，漫嗟荣辱。

征帆去棹残阳里，背西风，酒旗斜矗。

六朝旧事随流水，但寒烟衰草凝绿。

彩舟云淡，星河鹭起，画图难足。

至今商女，时时犹唱，《后庭》遗曲！

图 5-49　实验 4 样文

第三部分　Word 2007 表格制作

一、实验目的

掌握在 Word 2007 中创建表格的方法，掌握对表格数据的基本编辑方法。

二、实验要点

◆ 快速创建简单表格。

（1）单击要插入表格的位置。

（2）切换到“插入”选项卡，单击“表格”组中的“表格”按钮，在弹出菜单中的示例表格中拖动鼠标，选定所需的行数、列数，如图 5-50 所示。

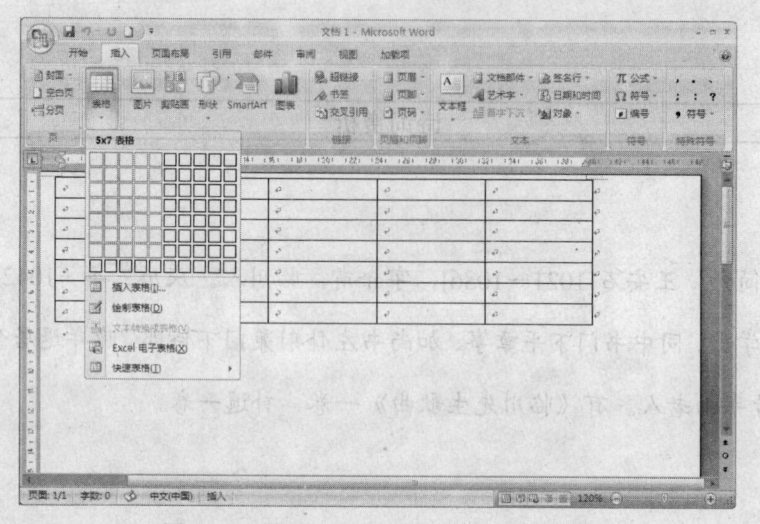

图 5-50　利用示例表格快速创建简单表格

◆ 插入表格。

（1）　单击要插入表格的位置。

（2）　切换到“插入”选项卡，单击“表格”组中的“表格”按钮，在弹出菜单中选择“插入表格”命令，打开“插入表格”对话框，如图 5-51 所示。

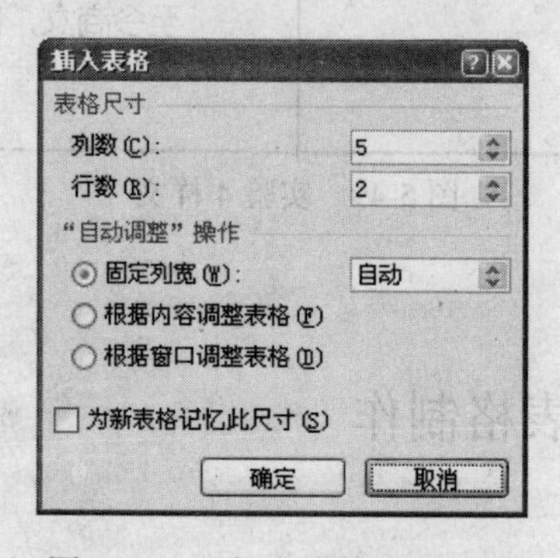

图 5-51　“插入表格”对话框

（3）　在“表格尺寸”选项组中指定表格的行数和列数。在“‘自动调整’操作”选项组中指定调整列宽的依据，例如选择“根据内容调整表格”单选按钮，则当在其中输入内容时，列宽会自动匹配内容的宽度。

（4）　选中“为新表格记忆此尺寸”复选框可记忆当前设置。

（5）　单击“确定”按钮，插入表格。

◆ 创建复杂表格。

（1）　切换到“插入”选项卡，单击“表格”组中的“表格”按钮，从弹出菜单中选择“绘制表格”命令，鼠标指针变成笔形。

（2）　确定表格的外围边框。先绘制一个矩形，然后在矩形内绘制行、列框线。

（3）　如果要清除一条或一组框线，在自动切换到的表格工具的“设计”选项卡上单击“绘图边框”组中的“擦除”按钮，如图 5-52 所示，然后拖过要擦除的线条。

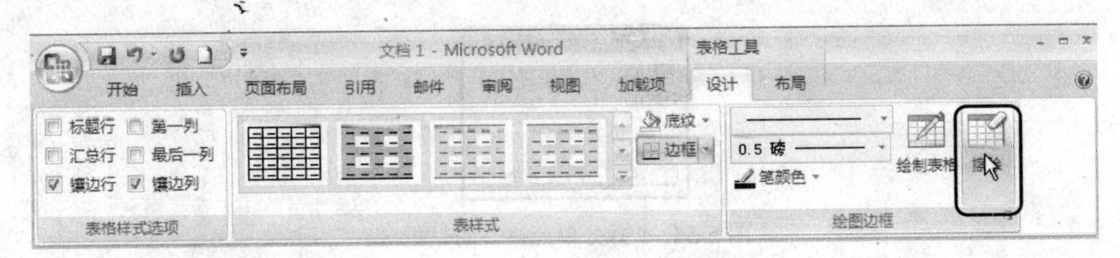

图 5-52　单击“擦除”按钮

（4）　表格创建完毕后，单击其中的单元格，即可输入文字或插入图形。

◆ 修改表格。

（1）　向表格中添加行或列：选定与要插入的行或列相邻的行或列，然后切换到表格工具中的“布局”选项卡，如图 5-53 所示，单击“行和列”组中的“在上方插入”、“在下方插入”、“在左侧插入”或“在右侧插入”按钮。

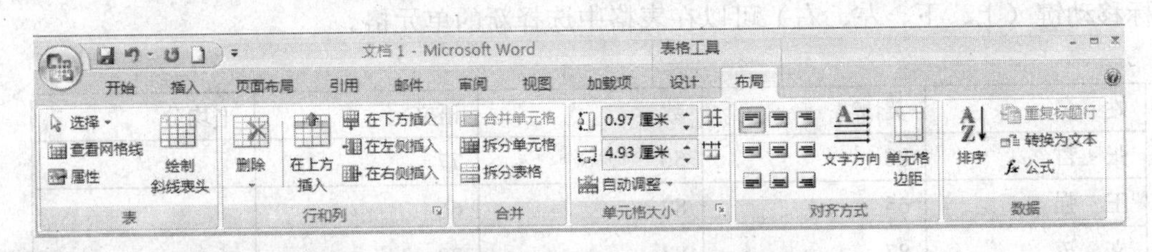

图 5-53　表格工具栏中的“布局”选项卡

（2）　删除行或列：选定行或列，在表格工具的“布局”选项卡上单击“行和列”组中的“删除”命令，从弹出菜单中选择“删除行”或“删除列”命令。

（3）　修改行高和列宽。

① 修改行高：将鼠标指针移到要调整行高的行边框线上，当出现一个改变大小的行尺寸工具“≑”时按住鼠标左键拖动鼠标，此时出现一条水平的虚线，显示行改变后的大小。移到合适位置释放鼠标，行的高度即被改变。

② 修改列宽：将鼠标指针移到要调整列宽的列边框线上，当出现一个改变大小的列尺寸工具+‖+时，按住鼠标左键拖动鼠标，此时出现一条垂直的虚线，显示列改变后的大小。移到合适位置释放鼠标，列的大小被改变。

（4）　移动行或列：选定要移动的行或列，然后按下鼠标左键，将其拖到要移动的行或列。

（5）　合并、拆分单元格。

① 合并单元格：选定要合并的单元格区域，然后在“布局”选项卡中单击“合并”组中的“合并单元格”按钮。

② 拆分单元格：选中要拆分的单元格，在“布局”选项卡上单击“合并”组中的“拆分单元格”按钮，打开“拆分单元格”对话框，在“列数”和“行数”微调框中输入要拆分的列数和行数，如图 5-54 所示，设置后，单击“确定”按钮。

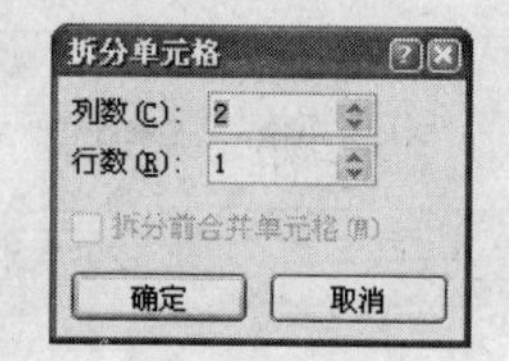

图 5-54 “拆分单元格”对话框

三、实验内容和实验步骤

◆ 利用示例表格创建学生成绩表。

（1） 将插入点置于文档中欲插入表格的位置，切换到“插入”选项卡，单击“表格”组中的“表格”按钮，在示例表格中拖动，当左上角显示 5×7 表格字样时，单击插入表格。

（2） 将插入点放在要输入文本的单元格中，输入所需的数据，如图 5-55 所示。使用光标移动键（上、下、左、右）可以在表格中选择新的单元格。

姓 名	英语	数学	语文	平均分
张 哲	88	56	77	
王 强	65	82	66	
文 涛	87	83	88	
刘 丽	63	59	75	
方 芳	60	68	59	
张国华	84	76	77	

图 5-55 学生成绩表

（3） 将鼠标指针移向表格，然后单击出现在表格左上角的选择表格图标，选择表格，再切换到表格工具中的“布局”选项卡，单击“对齐方式”组中的“水平居中”按钮。

（4） 单击“平均分”列下的第 1 个空单元格，切换到表格工具中的“布局”选项卡，单击“数据”组中的“公式”按钮，打开“公式”对话框，默认情况下，在“公式”文本框中会自动出现“SUM（LEFT）”函数，如图 5-56 所示。

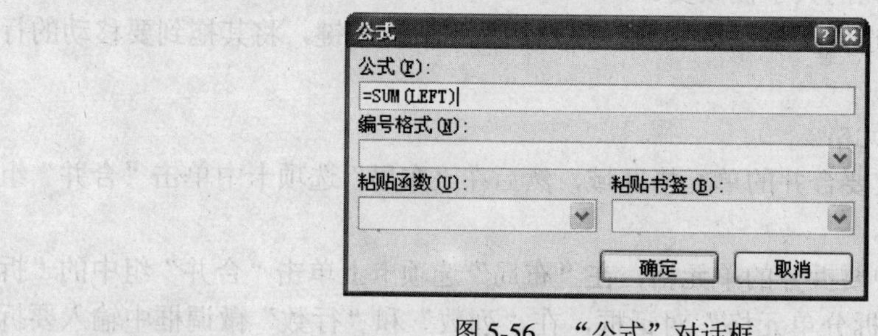

图 5-56 “公式”对话框

（5） 在“公式”文本框中的函数后面输入除法运算符“/”和数字 3，单击“确定”按钮，“张哲”的平均分数则被计算出来并显示在单元格中。

（6） 单击“王强”行的“平均分”单元格，打开“公式”对话框，在“公式”文本框中输入“SUM（LEFT）/3”函数，单击“确定”按钮，得出王强的平均分数。

（7） 参照上一步操作，依次得出其他几人的平均分数，如图 5-57 所示。

姓　名	英语	数学	语文	平均分
张　哲	88	56	77	73.67
王　强	65	82	66	71
文　涛	87	83	88	86
刘　丽	63	59	75	65.67
方　芳	60	68	59	62.33
张国华	84	76	77	79

图 5-57　完成平均分的计算

（8） 单击“平均分”列下的任意单元格，然后在“布局”选项卡上单击“数据”组中的“排序”按钮，打开“排序”对话框，在“主要关键字”选项组中的“主要关键字”下拉列表框中选择“平均分”，并选中“降序”单选按钮，其他使用默认选项，如图 5-58 所示。

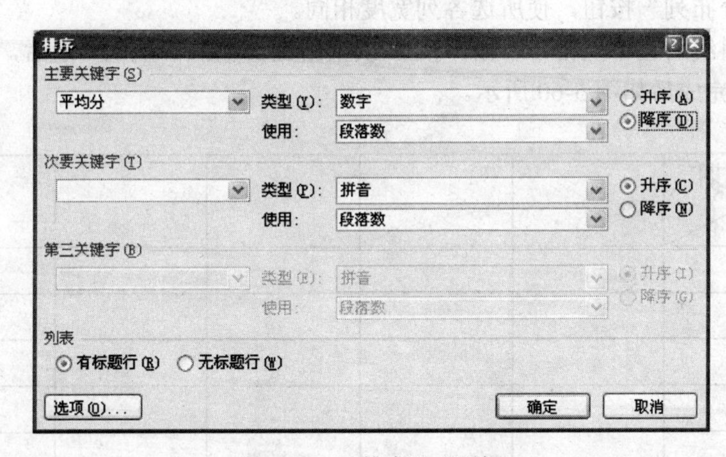

图 5-58　“排序”对话框

（9） 单击“确定”按钮，按平均分从高到低对名单进行降序排序。

◆ 创建复杂表格课程表。

（1） 切换到“插入”选项卡，单击“表格”组中的“表格”按钮，从弹出菜单中选择“绘制表格”命令。

（2） 在页面中拖动笔形指针绘制一个外框，然后在其中绘出 5 条行线和 5 条列线，使之成为一个 6×6 的表格，如图 5-59 所示。

（3） 在第 1 个单元格中绘制一条从左上角至右下角的斜线，得到一个斜线表头。

（4） 切换到表格工具的“设计”选项卡，单击“绘制表格”按钮，使之呈弹起状态，完成表格的绘制。

图 5-59　初步绘制成的表格雏形

（5）将鼠标指针放到第 2 行左侧，当指针箭头变成斜指的空心箭头时，按下鼠标左键拖动到最后一行，选择第 2～6 行。切换到表格工具的“布局”选项卡，单击“单元格大小”组中的“分布行”按钮，使所选各行高度相同。

（6）将鼠标指针放到第 2 列顶部，当指针箭头变成下指的黑色箭头时，按下鼠标左键拖动到最后一列，选择第 2～6 列。切换到表格工具的“布局”选项卡，单击“单元格大小”组中的“分布列”按钮，使所选各列宽度相同。

（7）在斜线所在单元格中单击，按 6 次空格键，输入“星期”之后，按 Enter 键，输入“节次”，完成后如图 5-60 所示。

星期 节次					

图 5-60　输入数据

（8）使用鼠标拖动操作，选择第 1 行除第 1 个单元格之外的其他所有单元格，切换到表格工具的“布局”选项卡，单击“对齐方式”组中的“水平居中”按钮。

（9）选择第 2～6 行的所有单元格，设置单元格对齐属性为“水平居中”。

（10）使用鼠标拖动操作，选中第 1 行所有单元格，切换到表格工具的“设计”选项卡，单击“表样式”组中的“底纹”按钮，从弹出菜单中选择“茶色”。

（11）在其他各单元格中输入所需的内容，如图 5-61 所示。

（12）单击快速访问工具栏上的“保存”按钮，保存操作结果。

星期 / 节次	星期一	星期二	星期三	星期四	星期五
第一节					
第二节					
第三节					
第四节					
第五节					

图 5-61　完成的表格

四、实验操作

操作 1

在新建文件夹中新建一个 Word 文档，命名为“BG1”，按照下述要求制作表格，形成如图 5-62 所示的表格。

<table>
<tr><th colspan="2">日期 / 课时</th><th>星期一</th><th>星期二</th><th>星期三</th><th>星期四</th><th>星期五</th></tr>
<tr><td rowspan="4">上午</td><td></td><td></td><td></td><td></td><td></td><td></td></tr>
<tr><td></td><td></td><td></td><td></td><td></td><td></td></tr>
<tr><td></td><td></td><td></td><td></td><td></td><td></td></tr>
<tr><td></td><td></td><td></td><td></td><td></td><td></td></tr>
<tr><td rowspan="2">下午</td><td></td><td></td><td></td><td></td><td></td><td></td></tr>
<tr><td></td><td></td><td></td><td></td><td></td><td></td></tr>
</table>

图 5-62　操作 1 表格示例

（1） 插入一个 7 行 6 列的表格。

（2） 将第 1 行下框线设置为 0.5 磅的双线，第 1 行第 1 列单元格内加 0.5 磅的斜线。

（3） 输入文字，并将其设置为仿宋体、五号字，将“星期一”至“星期五”水平并垂直居中对齐。

（4） 合并、拆分单元格。

操作 2

在新建文件夹中新建一个 Word 文档，命名为“BG2”，按照下述要求制作表格，形成如图 5-63 所示的表格。

（1） 插入一个 6 行 6 列的表格。

（2） 设置表格外框为 1.5 磅，第 1 行下框线设置为 0.5 磅的双线。

（3） 输入文字，并将其设置为幼圆体、小四号字，设置所有单元格居中对齐。

（4） 合并、拆分单元格。

发货单					
商品编号	名称	出版社	订货数量	单价	发货日期
备注					

图 5-63　操作 2 表格示例

操作 3

在新建文件夹中新建一个 Word 文档，命名为“BG3”，按照下述要求制作表格，形成如图 5-64 所示的表格。

（1）插入一个 9 行 4 列的表格。

（2）设置表格外框为 1.5 磅，第 1 行下框线设置为 0.5 磅的双线。

（3）输入文字，并将其设置为宋体、五号字，水平居中对齐。

（4）合并、拆分单元格。

订货单位		订货者姓名	
地址		邮政编码	
电话		传真	
订货名称			数量
金额	人民币：万 仟 佰 拾 元 角 分		

图 5-64　操作 3 表格示例

操作 4

在新建文件夹中新建一个 Word 文档，命名为“BG4”，按照下述要求制作表格，形成如图 5-65 所示的表格。

（1）插入一个 5 行 5 列的表格。

（2）设置表格外框为无外框线，第 1 行下框线设置为 0.5 磅的双线。

（3）输入文字，并将其设置为隶书，四号字，水平居中对齐。

（4）合并、拆分单元格。

产品				
名称	型号	单价	数量	金额
长虹	2915A			
新飞	210L			
新天利	365M			

图 5-65 操作 4 表格示例

操作 5

在新建文件夹中新建一个 Word 文档，命名为“BG5”，按照下述要求制作表格，形成如图 5-66 所示的表格。

（1） 插入一个 7 行 6 列的表格。

（2） 设置表格为无外框线。

（3） 输入文字，并将其设置为仿宋体、小四号字，首行水平居中对齐。

（4） 合并、拆分单元格。

商品名称	规格	单位	数量	单价	金额
总计金额	佰 拾 万 仟 佰 拾 元 角 分				

图 5-66 操作 5 表格示例

实　验　报　告（实验1）

课程：　　　　　　　　　　　　　　　　　　　　　　　　实验题目：Word 2007表格制作

<table>
<tr><td>姓名</td><td></td><td>班级</td><td></td><td>组（机）号</td><td></td><td>时间</td><td></td></tr>
<tr><td colspan="8">**实验目的：**1. 熟悉各种创建表格的方法。
2. 掌握表格的编辑、修改。
3. 掌握表格的计算及排序等操作。</td></tr>
<tr><td colspan="8">**实验要求：**1. 在新建文件夹中新建一个Word文档，命名为“BG6”。
2. 插入一个6行8列的表格。
3. 设置表格外框线为1.5磅，第2行下框线设置为0.5磅的双线。
4. 输入文字，并将其设置为隶书、五号字、水平居中对齐。
5. 合并、拆分单元格，形成如图5-67所示的表格，将文件保存。</td></tr>
<tr><td colspan="8">实验内容与步骤：</td></tr>
<tr><td colspan="8">实验分析：</td></tr>
<tr><td colspan="2">实验指导教师</td><td colspan="2"></td><td colspan="2">成　绩</td><td colspan="2"></td></tr>
</table>

实　验　报　告（实验 2）

课程：　　　　　　　　　　　　　　　　　　　　实验题目：Word 2007 表格制作

姓名		班级		组（机）号		时间	
实验目的： 1. 熟悉各种创建表格的方法。 2. 掌握表格的编辑、修改。 3. 掌握表格的计算及排序等操作。							
实验要求： 1. 在新建文件夹中新建一个 Word 文档，命名为“BG7”。 2. 插入一个 9 行 5 列的表格。 3. 设置表格无外框线。 4. 输入文字，并将其设置为幼圆体、五号字、水平居中对齐。 5. 合并、拆分单元格，形成图 5-68 所示的表格，将文件保存。							
实验内容与步骤：							
实验分析：							

实验指导教师		成　绩	

实 验 报 告（实验 3）

课程：　　　　　　　　　　　　　　　　　　　实验题目：Word 2007 表格制作

姓名		班级		组（机）号		时间	

实验目的： 1. 熟悉各种创建表格的方法。
2. 掌握表格的编辑、修改，
3. 掌握表格的计算及排序等操作。

实验要求： 1. 在新建文件夹中新建一个 Word 文档，命名为“BG8”。
2. 插入一个 5 行 7 列的表格。
3. 设置表格边框颜色为橙色，底纹颜色为茶色。
4. 设置表格外边框样式为 3.0 磅的花纹边框，第 1 行下边框为 0.5 磅的双线。
5. 输入文字，并将其设置为隶书、小四号字、水平居中对齐。
6. 合并、拆分单元格，形成如图 5-69 所示的表格，将文件保存。

实验内容与步骤：

实验分析：

实验指导教师		成　绩	

姓名		性别		出生年月		政治面貌	
文化程度		专业				英语水平	
学习工作经历							
起始日期	终止日期	所在单位				从事何种工作	

图 5-67　实验 1 表格示例

名次		可口可乐	雪碧	小黑子	康师傅
1995	1994				
1	(1)				
2	(2)				
3	(3)				
4	(4)				
5	(5)				
其他食品					
食品合计					

图 5-68　实验 2 表格示例

		1993	1994	1995	1996	1997
工具	1 号仪表	712.4	76.3	81.6	86.4	90.0
	夹线钳	31.3	33.8	36.8	40.0	50.0
	网线	60.2	63.9	68.7	73.6	80.0
资料费用		190.0	202.7	217.5	235.1	220.0

图 5-69　实验 3 表格示例

实　验　报　告（实验 4）

课程：　　　　　　　　　　　　　　　　　　　　　　实验题目：Word 2007 表格制作

姓名		班级		组（机）号		时间	

实验目的： 1. 熟悉各种创建表格的方法。

2. 掌握表格的编辑、修改。

3. 掌握表格的计算及排序等操作。

实验要求： 1. 在新建文件夹中新建一个 Word 文档，命名为“BG9”。

2. 插入一个 6 行 3 列的表格。

3. 设置表格外框线为 0.75 磅的双线，第 1 行第 1 列的单元格内为 0.5 磅的斜线。

4. 设置底纹颜色为“橙色，强调文字颜色 6，淡色 80%”。

5. 输入文字，除斜线表头中的文字外，其他文字设置为宋体、五号字、水平居中对齐。

6. 合并、拆分单元格，形成如图 5-70 所示的表格，将文件保存。

实验内容与步骤：

实验分析：

实验指导教师		成　绩	

<table>
<tr><td>意义 / 输入</td><td colspan="5">排版结果</td></tr>
<tr><td>PZ</td><td colspan="2">横排
左边串文</td><td colspan="3">竖排
上边串文</td></tr>
<tr><td>PY</td><td colspan="2">右边串文</td><td colspan="3">下边串文</td></tr>
<tr><td>BP</td><td colspan="2">通栏宽</td><td colspan="3">通栏高</td></tr>
<tr><td>默认</td><td colspan="2">左右串文</td><td colspan="3">上下串文</td></tr>
<tr><td>资料费用</td><td>190.0</td><td>202.7</td><td>217.5</td><td>235.1</td><td>220.0</td></tr>
</table>

图 5-70　实验 4 表格示例

第四部分　Word 2007 文档的图文混排

一、实验目的

掌握文本框、艺术字、图形、图片等部件的插入方法，进行插入文字、图形、艺术字和图案等部件的操作实践，最后进行复杂格式文档创建的实践。

二、实验要点

◆ 图形的绘制方法。

Word 中的图形称为自选图形，分为线条、基本形状、箭头总汇、流程图、标注和星与旗帜 6 类，如图 5-71 所示。

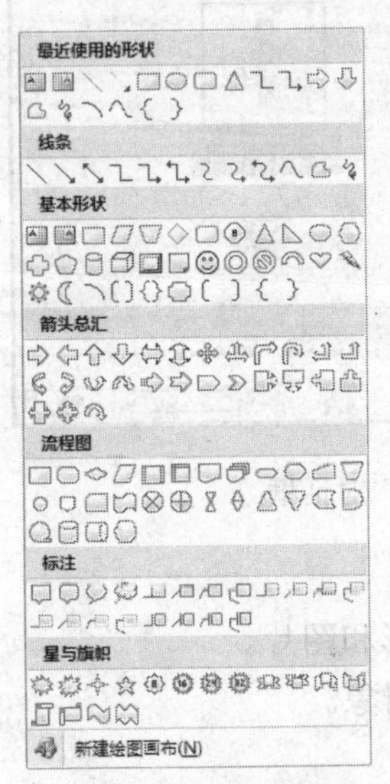

图 5-71　Word 中的图形

切换到“插入”选项卡，单击“插图”组中的“形状”按钮，在弹出菜单中单击与所需形状相对应的图标按钮即可绘出所需的图形。在“形状”在弹出菜单中选择“新建绘图画布”命令，则可在页面上插入一个绘图区域，将图形绘制在画布中可以统一处理其中的所有图形，如图 5-72 所示。

图 5-72　在绘图画布中绘制图形

◆ 有以下 3 种方法插入图片。

（1） 切换到“插入”选项卡，单击“插图”组中的“图片”按钮，打开“插入图片”对话框，选择保存在电脑中的图片文件，如图 5-73 所示。

（2）切换到“插入”选项卡，单击“插图”组中的“剪贴画”按钮，打开“剪贴画”任务窗格，插入媒体剪辑库中的图片，如图 5-74 所示。

（3） 在其他文档或程序中选定图片，将其复制到剪贴板中，将光标移动到文档中要插入图片的位置，再将图片粘贴上去。

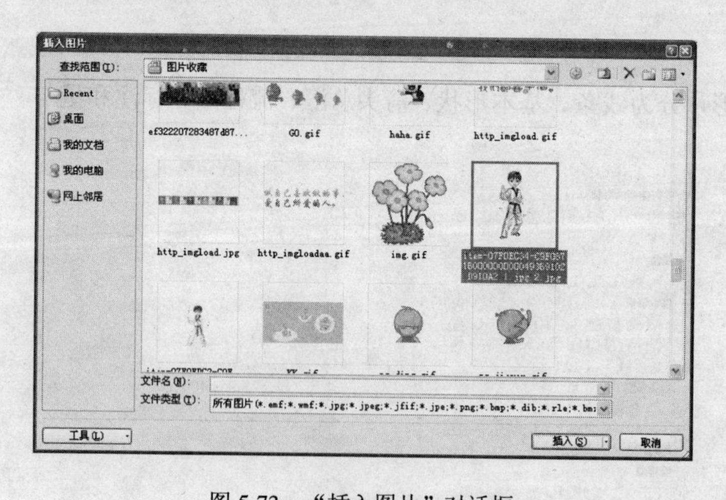

图 5-73　“插入图片”对话框

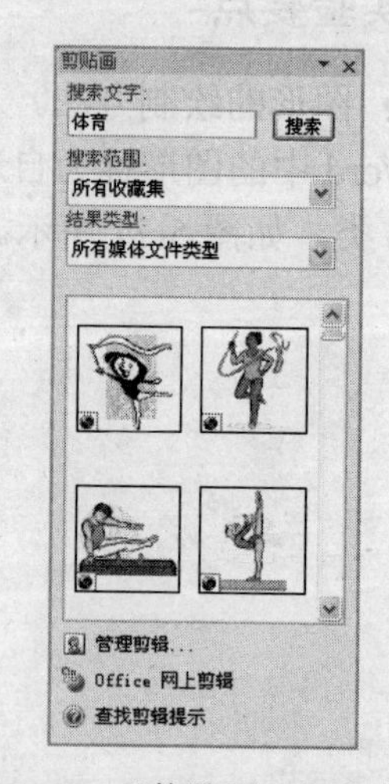

图 5-74　“剪贴画”任务窗格

◆ 编辑图形和图片的方法。

（1） 缩放、移动和删除图形和图片。

（2） 组合与取消组合图形对象。

◆ 图文混排的方法。

在图文混排中，图片和文字的关系主要有 5 种：嵌入型、四周型、紧密型、浮于文字上方型和衬于文字下方型，如图 5-75 所示。

◆ 使用文本框在图片中添加文字。

切换到“插入”选项卡，单击“文本”组中的“文本框”按钮，从弹出菜单中选择预置的文本框样式，或者选择“绘制文本框”或“绘制竖排文本框”（确定文字的排列方向）命令。

◆ 将文字转换为艺术字。

选择要转换为艺术字的文字，切换到“插入”选项卡，单击“文本”组中的“艺术字”按钮，从弹出菜单中选择艺术字样式，如图 5-76 所示。

图 5-75　图片和文字的关系

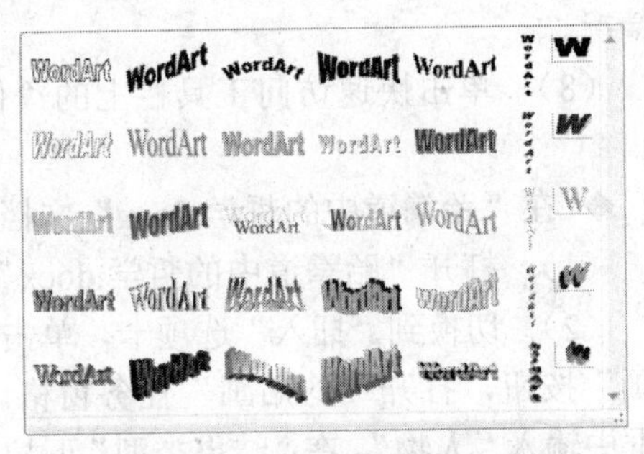

图 5-76　艺术字样式

三、实验内容和实验步骤

◆ 在“跆拳道中的哲学.docx”文档中，插入文本框。

（1）　打开“跆拳道中的哲学.docx”文档。

（2）　切换到“插入”选项卡，单击“文本”组中的“文本框”按钮，在弹出菜单中选择“绘制文本框”命令，鼠标指针变成十字形状。在欲插入文本框的位置按住鼠标左键，向右下方拖动鼠标，到合适位置后，松开鼠标左键即可插入一个新的空文本框。

（3）　在文本框中输入文字内容，再设置字体、字号等，如图 5-77 所示。

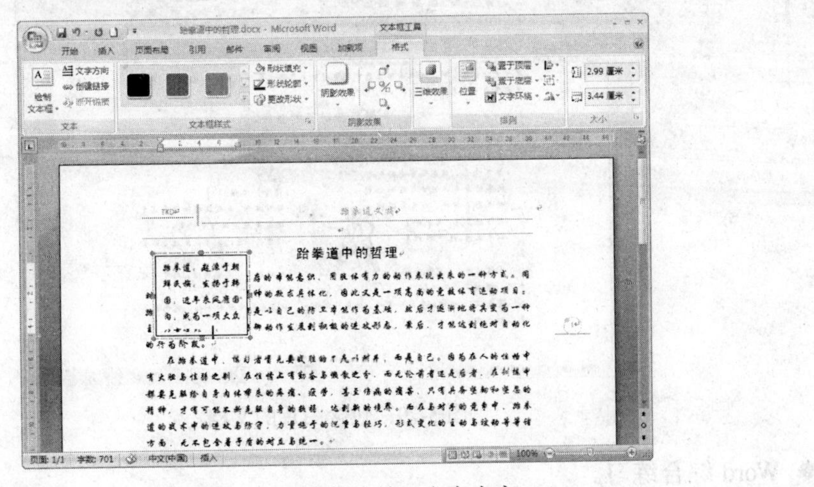

图 5-77　在文本框中输入文字内容

（4） 移动鼠标指针到文本框的边缘，当鼠标指针变成十字箭头形状时，单击鼠标左键，文本框上会出现选择框和 8 个蓝色控制柄。拖动控制柄可调整文本框的大小，拖动边框可调整摆放位置。

（5） 选择文本框，切换到文本框工具的“格式”选项卡，单击“排列”组中的“文字环绕”按钮，从弹出菜单中选择“紧密型环绕”命令，查看版式效果的变化。

（6） 在“格式”选项卡上单击“文本框样式”组中的样式库右下角的“其他”按钮，打开“样式库”，选择“对角渐变，强调文字颜色 2”样式图标，如图 5-78 所示。

（7） 在“格式”选项卡上单击“三维效果”组中的“设置/取消三维效果”按钮，使其呈按下状态，观察文本框的变化情况。

（8） 单击快速访问工具栏上的“保存”按钮，保存文档。

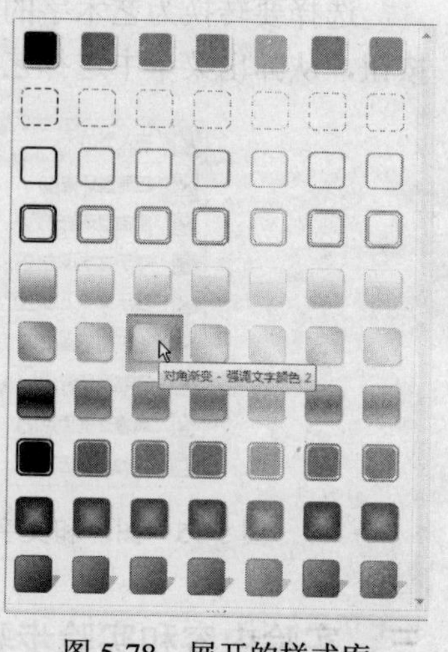

图 5-78　展开的样式库

◆ 在“跆拳道中的哲学.docx”文档中，插入剪贴画。

（1） 打开“跆拳道中的哲学.docx”文档。

（2） 切换到“插入”选项卡，单击“插图”组中的“剪贴画”按钮，打开“剪贴画”任务窗格。在“搜索文字”文本框中输入“人物”，在“结果类型”下拉列表框中清除除“剪贴画”之外的所有复选框；然后单击“搜索”按钮，在搜索结果列表框中显示搜索到的人物剪贴画。

（3） 拖动垂直滚动条查找要使用的剪贴画，找到后将其拖到文档中，此时图片呈选择状态。

（4） 拖动选择框上的控制柄，调整图片的大小。

（5） 单击剪贴画，切换到图片工具的“格式”选项卡。单击“排列”组中的“文字环绕”按钮，从弹出菜单中选择“紧密型环绕”命令，观察版面变化情况，如图 5-79 所示。

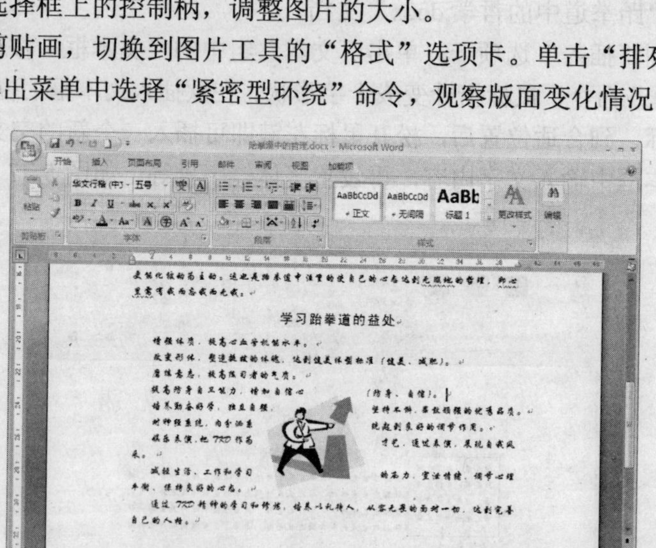

图 5-79　包含图片的文档

◆ Word 综合练习。

（1） 按 Ctrl＋N 组合键，新建一个空白文档。单击快速访问工具栏上的“保存”按钮，将文档保存为“闲话贾宝玉.docx”。

（2） 在“开始”选项卡上的“字体”组中选择楷体、五号，然后输入以下文本：

如果把红楼梦里的人物比成一串珠链的话，那么贾宝玉就是那根串珠的线，作者通过他将红楼梦里各位老少女人串在了一起，并且引发旁枝侧梢。

贾宝玉是红楼梦里唯一一个被正面描写的男人，他是红楼梦这本书里的中心人物。其实，贾宝玉根本就不算个男人，顶多也就是个有着男人身体的女人，甚至可以说连女人都不如。不信你瞧，整天混在脂粉堆里，爱的都是些胭脂水粉，不爱读书也罢了，连一点理想都没有，就想着能一辈子都在姐姐妹妹队伍里混，虽然爱着林妹妹，却还一天到晚金锁麒麟的纠缠不清，老要惹得林妹妹哭；这也叫男人？要真是男人的话，就应该多为自己心爱的女人打算打算，保护好自己的女人，别总是等到人死了才哭！这种男人，哭死都不可惜！

这么说一定会有很多宝迷冲俺扔西红柿了，可是你们想想是不是这个理儿？要把贾宝玉拿到现在来说，那整个儿一废物点心！要学问没学问，要本事没本事，要钱没钱（有也是他老子的，也由不得他花），除了那张漂亮脸蛋儿外，要嘛没嘛。要不是贾母护着他，他连根葱都不是！

（3） 打开“文字素材\闲说宝玉.docx”文档，选择其中的蓝色文字，按 Ctrl＋C 组合键复制，然后切换到“闲话贾宝玉.docx”文档窗口，将插入点置于文档结尾处，按 Ctrl＋V 组合键粘贴文字。

（4） 选择输入文字中的一段，切换到“开始”选项卡，单击“剪贴板”组中的“格式刷”按钮，然后拖动鼠标指针刷过复制过来的文字，使其应用楷体、五号、黑色格式。

（5） 按 Ctrl＋A 组合键选择全部文字，切换到“页面布局”选项卡，单击“页面设置”组中的“分栏”按钮，在弹出菜单中选择“两栏”命令。

（6） 切换到“插入”选项卡，单击“文本”组中的“艺术字”按钮，从弹出菜单中选择“艺术字样式 21（第 2 行第 5 列）”样式图标。打开“编辑艺术字文字”对话框，在“文本”框中输入“闲话贾宝玉”，在“字体”下拉列表框中选择“华文行楷”，在“字号”下拉列表框中选择“40”，如图 5-80 所示。

（7） 单击“确定”按钮，插入如图 5-81 所示的艺术字。

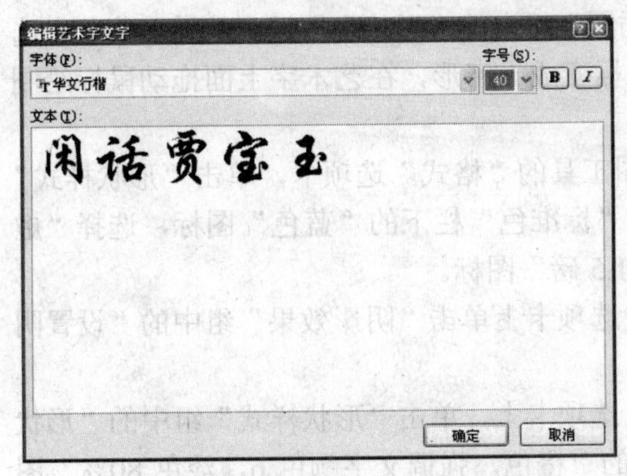

图 5-80 “编辑艺术字文字”对话框

图 5-81 艺术字效果

（8） 在艺术字工具的“格式”选项卡上单击“排列”组中的“文字环绕”按钮，从弹出菜单中选择“四周型环绕”图标，如图 5-82 所示。

图 5-82　指定艺术字的位置

（9） 选择艺术字，将其拖到页面上半部中央位置。

（10） 切换到“插入”选项卡，单击“插图”组中的“图片”按钮，打开“插入图片”对话框，选择“图片素材\TU1.jpg”图片，单击“插入”按钮，在文档中插入图片。

（11） 选择插入的图片，拖动其四周的尺寸控制柄，适当缩小图片。

（12） 在图片的选中状态下，切换到“格式”选项卡，单击“排列”组中的“位置”命令，从弹出菜单中选择“顶端居中，四周型文字环绕”图标。

（13） 在图片的选中状态下，在“格式”选项卡上打开“图片样式”组中的图片样式库，从中选择“柔化边缘椭圆”图标，如图 5-83 所示。

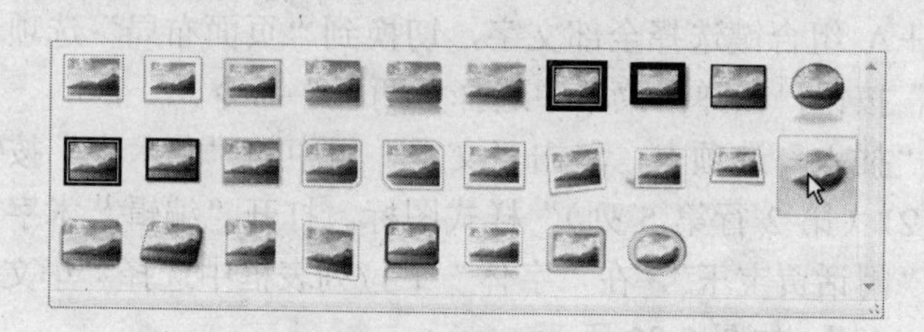

图 5-83　指定图片样式

（14） 切换到“插入”选项卡，单击“插图”组中的“形状”按钮。从弹出菜单中选择“基本形状”栏下的“圆角矩形”图标，光标变成十字形，在艺术字上面拖动鼠标绘制一个刚好覆盖艺术字的圆角矩形。

（15） 选择绘制的圆角矩形，切换到绘图工具的“格式”选项卡，单击“形状样式”组中的“形状轮廓”按钮。从弹出菜单中选择“标准色”栏下的“蓝色”图标，选择“虚线”｜“划线一点”命令，选择“粗细”｜“1.5 磅”图标。

（16） 在图形的选中状态下，在“格式”选项卡上单击“阴影效果”组中的“设置阴影”按钮，为图形设置阴影效果。

（17） 在图形的选中状态下，在“格式”选项卡上，单击“形状样式”组中的“形状填充”按钮。从弹出菜单中选择“主题”栏下的“橙色，强调文字颜色 6，淡色 80%”图标。

（18） 在图形的选中状态下，在“格式”选项卡上，单击“排列”组中的“置于底层”按钮，使其下方的艺术字显示出来。

（19） 按键盘上的方向键，微调图形的位置，使其与艺术字的相对位置更加合理。

（20） 选择图形，然后按住 Shift 键，再单击艺术字，同时选择这两个对象。

（21） 切换到“格式”选项卡，单击“排列”组中的“组合”按钮。从弹出菜单中选择“组合”命令，此时组合对象会自动变为浮于文字上方的环绕方式；单击“排列”组中的“文字环绕”按钮，从弹出菜单中选择“四周型环绕”命令，使组合对象成为四周型文字环绕方式。

（22） 切换到“页面布局”选项卡，单击“页面背景”组中的“页面边框”按钮。打开“边框和底纹”对话框，切换到“页面边框”选项卡，在“艺术型”下拉列表框中选择要使用的页面边框样式，并在“应用于”下拉列表框中选择“整篇文档”，如图 5-84 所示。

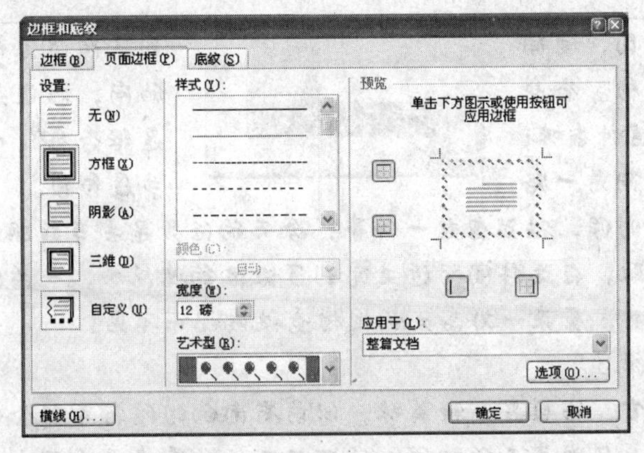

图 5-84　选择艺术型页面边框

（23） 单击“确定”按钮，应用边框效果。

（24） 在“页面布局”选项卡上，单击“页面背景”组中的“水印”按钮。从弹出菜单中选择“自定义水印”对话框，打开“水印”对话框，单击“文字水印”单选按钮；然后在“文字”文本框中输入“版权所有 严禁转载”，在“颜色”下拉列表框中选择红色，其他使用默认参数，如图 5-85 所示。

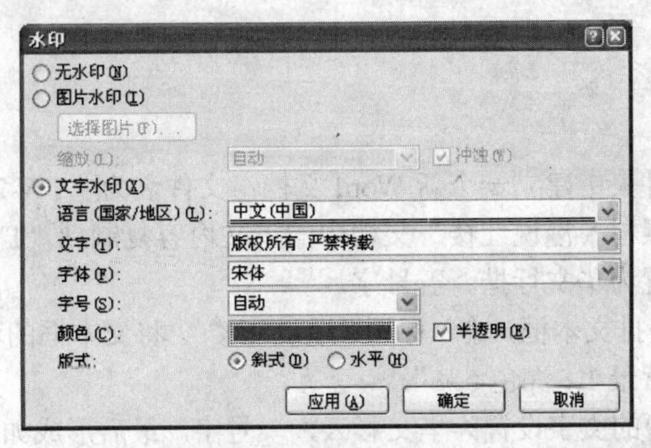

图 5-85　设置文字水印

（25） 单击“应用”按钮，观察页面变化，然后单击“关闭”按钮，关闭对话框。

四、实验操作

操作 1

（1） 在新建文件夹中建立一个新 Word 文档，文件名为“TW-1”。

（2） 将“文字素材\春天的味道”文档的正文内容复制到“TW-1”中。

（3） 将文档中的文本设置为方正舒体、五号字。

（4） 插入一个文本框，输入标题“春天的味道”，将文本框的环绕方式设为四周型，样式为 Word 2007 内置的“对角渐变，强调文字颜色 6”。

（5） 将文本框中的文字设置为绿色，华文琥珀体，四号字，在文本框中居中对齐。最后形成如图 5-86 所示的样文格式，将文件保存。

昨天下午一出楼门，便闻到了阵阵浓郁的槐花香味，放眼观瞧，却不见一棵槐树。有些纳闷，难道是我闻错了？是柳的香？不可能，柳没有这种香味；是银杏香？也不可能，银杏也没有这种香味。一路纳闷着一路步履匆匆。

快到 1 路车站的时候，猛然想起一件事：今天的任务是去车站换票，车票却没带在身上！急匆匆地回头去取，在文轩阁附近又闻到了浓浓的槐花香，一阵微风吹来，几粒槐花正落在地上，猛然抬头，原来一排高大的槐树竟被我视而不见！

口中有些生津，馋了。

槐花不但可以观赏，而且是一种美味，以前有闲的时候每年都会和老公跑得很远去找槐树，采集一些槐花，品尝春天的味道。这两日正忙，看来是出不去了，学校里的树一是高，二是用来观赏的，不宜采摘。

春天总是创造奇迹的时候，昨天突然被一个多年不见的旧友拦住，只是我急事在身，无暇细叙，匆匆打了个招呼便跑掉了。春天也是创造希望的时候，现在我正在做着播种的工作，如果按照一份耕耘一份收获这样的格言来实现的话，我的收获将会很值得期待。春天还是犯困的时候，我却不能懒惰，因为我的希望和欲望都不允许我去懒惰。

图 5-86 操作 1 样文

操作 2

（1） 在新建文件夹中建立一个新 Word 文档，文件名为“TW-2”。

（2） 将“文字素材\漫说红楼”文档中的正文内容复制到“TW-2”中。

（3） 将文本设置为华文行揩、五号字。

（4） 插入一个竖排文本框，输入标题“漫说红楼”，将文本框的环绕方式设为紧密型，底纹颜色为“白色，背景 1，深色 5%”。

（5） 将文本框中的文字设置为华文彩云，一号字。最后形成如图 5-87 所示的样文格式，将文件保存。

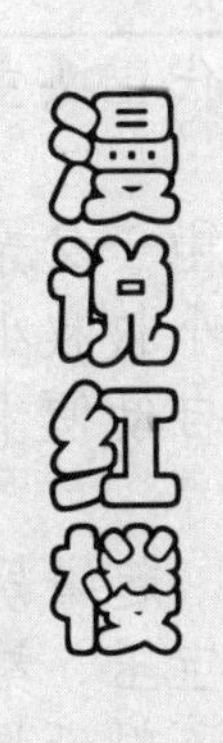

随着年龄的增长，阅读的东西增多，再加上各类新媒体的充斥，能够引起我阅读兴趣的东西越来越少了。很多东西都是读过便丢，丢过便忘，只是偶尔才有一两篇文章会拿来重读。至于长篇小说就更是如此，一想到要废寝忘食地去啃那些大蚂蚁般的文字就觉得发怵。可是，对红楼梦却不是这样。从初二的时候第一次读红楼开始，到现在已有二十多年，书都换了几套，电视剧也看了N遍，戏曲、电影也均有涉猎，但还是意犹未尽，每次打开书，都能够专心地阅读下去，手不释卷。

看得多了，自己也就有了一些体会，虽说有很多大家评红楼，或从情字切入，或于理字深究，但也均不过是一家之言，各执己见，众说纷纭。在这种百花齐放，百家争鸣的形势下，歪歪也不禁心痒，欲将多年来积聚在心的想法吐上一吐，自成一统。只是俺这说法既不从情，也不从理，只是出于一颗女人之心，是那种将自己摆到角色中去的女人之心，凭心而论。

黛玉与宝钗是红楼梦中两个最重量级的人物，这两个人其实是两位一体、不可分割的，可以说无此亦无彼，无彼亦无此。因为两个人的命运是直接关连而且矛盾重重的，构成了整个故事的支架。不信，君可再试读一次红楼，当你读到黛玉之死的时候，你会发现后面的故事其实已经没什么意思了，因为构成冲突的架构坍塌了，后面的事不过是打扫战场而已。黛玉之死是一个高潮，高潮过后势必要走向衰落。

要叫我说，故事写到八十回也就可以了，不管雪芹先生后面那四十回的意境如何，都可以舍去，宝玉和贾府众人结局如何也都可以不必深究。想想也是，黛玉都死了，宝玉纵使活着，又有什么趣味？当然了，雪芹先生写的不仅仅是小说，而是喻示着史实，这就另当别论了。但不管从哪一方面来说，高谔先生都实在是画蛇添足。

这么说高谔先生，高先生在天之灵一定会不高兴吧，不过，俺只是一介小女子，不知天高地厚，目的也只是想阐述一下自己对红楼的看法，让读红楼的人能够略略有些参考而已，并没有贬低高先生的意思。想必高先生这样的大文豪不会跟俺计较吧。

红楼梦是一本描写女人的书，因为书里描写的没有一个真正的男人。红楼梦是一本写给女人看的书，因为它把女人的心态体现得淋漓尽致。由此俺突发奇想：红楼梦的作者别原本就是个女的吧！因为当时女子是不可以抛头露面的，因此之所以贯上曹雪芹的名字也很容易说通。借曹公之口，叙闺阁之事，在当时的情况下也很正常嘛。万事皆有可能，不是吗？呵呵。

图 5-87　操作 2 样文

操作 3

（1）在新建文件夹中建立一个新 Word 文档，文件名为“TW-3”。

（2）将“文字素材\人小鬼大的贾兰”文档的内容复制到“TW-3”中。

（3）将文档设置为仿宋、小四号字。

（4）插入椭圆，并将标题“人小鬼大的贾兰”更改为艺术字，设置紧密型环绕。最后形成如图 5-88 所示的样文格式，将文件保存。

贾兰是宝玉嫡嫡亲亲的侄儿，贾珠和李纨的儿子，荣国府的第四代正头主子。

贾兰是在单亲家庭中长大的，虽然是荣国府的嫡系长重孙，可是由于父亲的早逝，孤母李纨谨小慎微，平时又要照顾那些比自已大不了几岁的小叔叔小姑姑们，很少照顾自已，所以贾兰并不是在溺爱的环境之中长大的，自幼便十分自爱，很知道眼高眉低。

人小鬼大的贾兰

在红楼梦第九回《恋风流情友入家塾 起嫌疑顽童闹学堂》中，金荣要去抓打宝玉、秦钟，他的朋友暗地飞砚相助，不料没打中那二人，却将贾菌的一个磁砚水壶打了个粉碎，贾菌也是个淘气不怕人的，当即抓起砚砖便要打回去。贾兰是贾菌的好朋友，又是宝玉的侄儿，如果也是个淘气的，这时一定会帮拳，可贾却“忙按住砚，极口劝道：‘好兄弟，不与咱们相干。’”及至第二十二回，贾政为了哄贾母高兴，便“设了酒果，备了玩物，上房悬了彩灯”，请家下众人赏灯取乐。众人皆在，却独独少了贾兰。“贾政因不见兰哥，便问：‘怎么不见兰哥？’地下婆娘忙进里间问李氏（李纨），李氏起身笑着回说：‘他说方才老爷并没去叫他，他不肯来。’”从此便可见贾兰的“牛心古怪”。

贾府的当家人是贾母，贾母极其宠爱的是宝玉，因为他在子孙中长得最象她过世的丈夫。所以，即便宝玉不成器，即便宝玉不是长孙，也依然挡不住他成为贾府中的中心人物。在这一点上，对于做为贾府嫡长重孙的贾兰不能不说是不太公平。所以，贾兰要想受人重视，就只有发奋读书，这是使他日后成为贾家子孙中第一个通过科举而取得功名的人的坚实基础。

图 5-88 操作 3 样文

操作 4

（1） 在新建文件夹中建立一个新 Word 文档，文件名为“TW-4”。

（2） 将“文字素材\故事-1”文档的内容复制到“TW-4”中。

（3） 将文本设置为华文细黑、五号、加粗。

（4） 将标题文字“愚蠢的争辩”更改为艺术字，设置为华文中宋、36 磅字，四周型文字环绕。最后形成如图 5-89 所示的样文格式，将文件保存。

甲和乙总爱在一起争论，为了一点小事情他们常常争得面红耳赤。加上这两个人都喜欢摆一点小聪明死钻午角尖，总是谁也说服不了谁。

愚蠢的争辩

一天，甲问乙：“用铜铸成钟，用木头做成棒捶来敲打铜钟，钟就会发出洪亮的声音。你说这声响是由木头引起的呢，还是由铜引起的呢？”

乙想了想说：“这还用问吗？当然是由铜引起的。”

甲说：“何以见得是铜引起的呢？”

乙说：“如果用木棰去敲打墙壁，就不会有这铿锵的声响。敲打铜钟就发出这洪亮的声响，可见这声响是由铜发出的。”

甲不同意乙的看法，他说：“我看不是铜引起的声响。”

乙问道：“那你又凭什么说不是铜引起的呢？”

甲说：“你看，如果用这木棰去敲堆积着的铜钱，就听不到什么声响。这铜钱不也是铜吗？它怎么就不发出声响呢？”

乙反驳说：“那些铜钱堆积在一起，是实心的，当然没有声响。钟是空的，这声音是从空心的器具中发出的。”

甲又不同意乙的说法，甲说：“如果用泥或木头做成钟，就不会发出声音来。你还能说声音是从空心的器具中发出来的吗？”

……

甲和乙就这样没完没了地争个不休，到底声音是从哪里发出来的，他们终究也没理出个头绪来。

其实各种事物的属性，是由多种因素决定的，如果我们只抓住一点，孤立地片面地看问题，并进行简单类比，那只能引出荒唐可笑的结论来。

图 5-89　操作 4 样文

操作 5

（1）在新建文件夹中建立一个新 Word 文档，文件名为“TW-5”。

（2）将“文字素材\故事-2”文档的内容复制到“TW-5”中。

（3）设置标题文字为华文琥珀、二号字，其他文字格式为楷体、小四号、加粗。

（4）插入图片：“图片素材\TU2”，设置环绕方式为“紧密型环绕”。最后形成如图 5-90 所示的样文格式，将文件保存。

贵在认真

封疆官吏出任长梧的地方官。不日，他碰到孔子的学生子牢。三句话不离本行，他与子牢探讨治理地方、管理长梧的方法。

古时封建官吏被百姓尊称为封人。封人和子牢谈得很投机。他讲到自己的治理经验，认为处理政务绝不能鲁莽从事，管理百姓更不可简单粗暴。

从治理之道又谈到种田之道。封人说自己曾种过庄稼。那时，耕地马马虎虎，无所用心，果实结出来稀稀拉拉；锄草粗心大意，锄断了苗根和枝叶；一年干下来，到了收获季节，收成无几。

听了封人的讲叙后，子牢很关心地打听他以后的状况。

封人吃一堑长一智，总结自己种田的教训，第二年便改变了粗枝大叶的态度。他告诉子牢，从此开始深耕细作，认真除草，细心护理庄稼，想不到当年获得好收成，一年下来丰衣足食。

有了种田的失败和成功，封人悟出一条道理，做任何事都贵在认真。现在他出任地方官，便守住这条做人的准则。子牢常常拿封人的事教育他人。

一分耕耘，一分收获。种庄稼是这样，干其他任何事都是这样。

只有认真负责，通过艰苦细致的劳动，才能达到理想的效果。

图 5-90　操作 5 样文

操作 6

（1）在新建文件夹建立一个新 Word 文档，文件名为“TW-6”。

（2）将“文字素材\故事-3”文档的内容复制到“TW-6”中。

（3）将标题设置为宋体、二号、居中，其他设置为宋体、小四号、加粗。

（4）插入图片：“图片素材\TU3”，设置为衬于文字下方，冲蚀效果，并添加 1 磅粗细的橙色边框。最后形成如图 5-91 所示的样文格式，将文件保存。

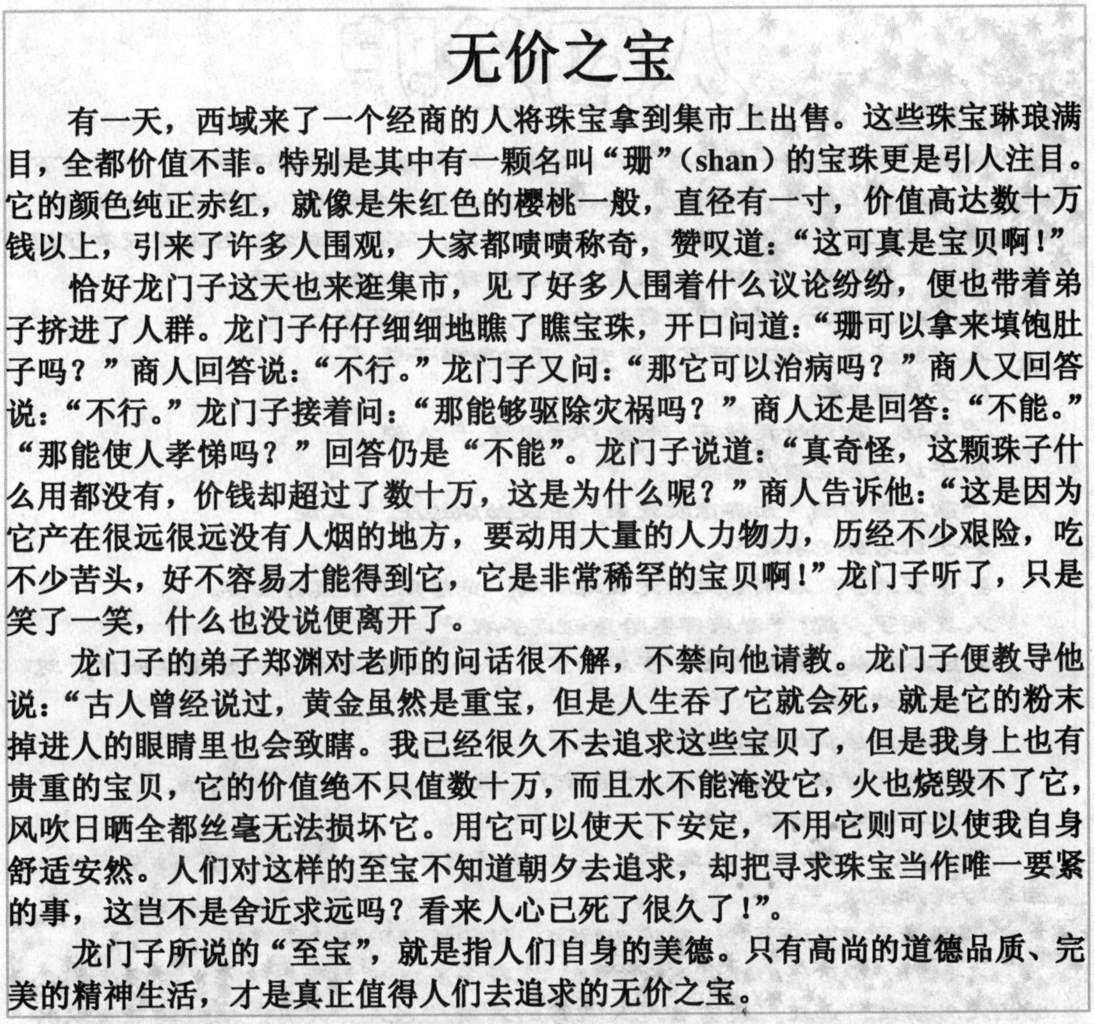

无价之宝

有一天，西域来了一个经商的人将珠宝拿到集市上出售。这些珠宝琳琅满目，全都价值不菲。特别是其中有一颗名叫“珊”(shan)的宝珠更是引人注目。它的颜色纯正赤红，就像是朱红色的樱桃一般，直径有一寸，价值高达数十万钱以上，引来了许多人围观，大家都啧啧称奇，赞叹道：“这可真是宝贝啊！”

恰好龙门子这天也来逛集市，见了好多人围着什么议论纷纷，便也带着弟子挤进了人群。龙门子仔仔细细地瞧了瞧宝珠，开口问道：“珊可以拿来填饱肚子吗？”商人回答说：“不行。”龙门子又问：“那它可以治病吗？”商人又回答说：“不行。”龙门子接着问：“那能够驱除灾祸吗？”商人还是回答：“不能。”“那能使人孝悌吗？”回答仍是“不能”。龙门子说道：“真奇怪，这颗珠子什么用都没有，价钱却超过了数十万，这是为什么呢？”商人告诉他：“这是因为它产在很远很远没有人烟的地方，要动用大量的人力物力，历经不少艰险，吃不少苦头，好不容易才能得到它，它是非常稀罕的宝贝啊！”龙门子听了，只是笑了一笑，什么也没说便离开了。

龙门子的弟子郑渊对老师的问话很不解，不禁向他请教。龙门子便教导他说：“古人曾经说过，黄金虽然是重宝，但是人生吞了它就会死，就是它的粉末掉进人的眼睛里也会致瞎。我已经很久不去追求这些宝贝了，但是我身上也有贵重的宝贝，它的价值绝不只值数十万，而且水不能淹没它，火也烧毁不了它，风吹日晒全都丝毫无法损坏它。用它可以使天下安定，不用它则可以使我自身舒适安然。人们对这样的至宝不知道朝夕去追求，却把寻求珠宝当作唯一要紧的事，这岂不是舍近求远吗？看来人心已死了很久了！”。

龙门子所说的“至宝”，就是指人们自身的美德。只有高尚的道德品质、完美的精神生活，才是真正值得人们去追求的无价之宝。

图 5-91　操作 6 样文

操作 7

（1）　在新建文件夹中建立一个新 Word 文档，文件名为“TW-7”。

（2）　将“文字素材＼故事-4”文档的内容复制到“TW-7”中。

（3）　将正文设置为隶书、小四号、加粗、斜体。标题为华文彩云、初号。

（4）　插入图片：“图片素材＼TU4”，设置为衬于文字下方，并使用艺术样式。最后形成如图 5-92 所示的样文格式，将文件保存。

最初，上帝在同一天创造了人和公驴。两种动物本来是平等的，并无高下的差别。由于上帝的一种兴趣，他在创造各种动物的泥里，加了不同的佐料。在创造人的泥里，他加了智慧和狠毒两种佐料，而在创造公驴的泥里只加了温驯地服从一种佐料。这样，就在两种动物中种下了差别的因素。

人建造了房子，过着较为舒适的生活，驴子却不会。

人对驴子说："住到我这儿来吧，我给你喂干草。"

驴子感激不尽。

"不过，你得给我拉车，给我作为坐骑。"人说。

驴子认为那是理所当然。

"你不得偷懒，如果你敢发犟，我就抽你的皮。"人说。

驴子认为那也不过分。

驴子长大了，后来它无缘无故地烦闷，觉得似乎有某种需要。

人发现了，说："看来需要给你动点手术。"

驴自然服从。如此人把驴子阉割了。驴子尽管很难受，但它还是相信，这肯定是非常必要的。

他们非常协调地生活下去，年年月月。

终于到了时候，人对驴说："辛苦了，伙计！我得给你一个归宿。"

驴洗耳恭听，欣然从命。

他们驾了一部车子，人坐在车上，让驴子拖着，说："去这一趟，你拖着我，回来时我再拖你。"

这无疑是非常公平的。他们出发了，目的地是驴马的屠宰场。

人和驴子的第一出戏就这么结束。这种关系就成为后来他们世世代代相处的固定的模式。如此，既有智慧又狠毒的人就成为人，只有一味温驯地服从的驴子就成了畜牲。

图 5-92　操作 7 样文

操作 8

（1） 在新建文件夹中建立一个新 Word 文档，文件名为"TW-8"。

（2） 将"文字素材＼故事-5"文档的内容复制到"TW-8"中。

（3） 将正文设置为幼圆、五号，加粗，茶色。标题设置为华文琥珀、一号、加粗、黄色。

（4） 插入图片："图片素材＼TU5"，设置为衬于文字下方。最后形成如图 5-93 所示的样文格式，将文件保存。

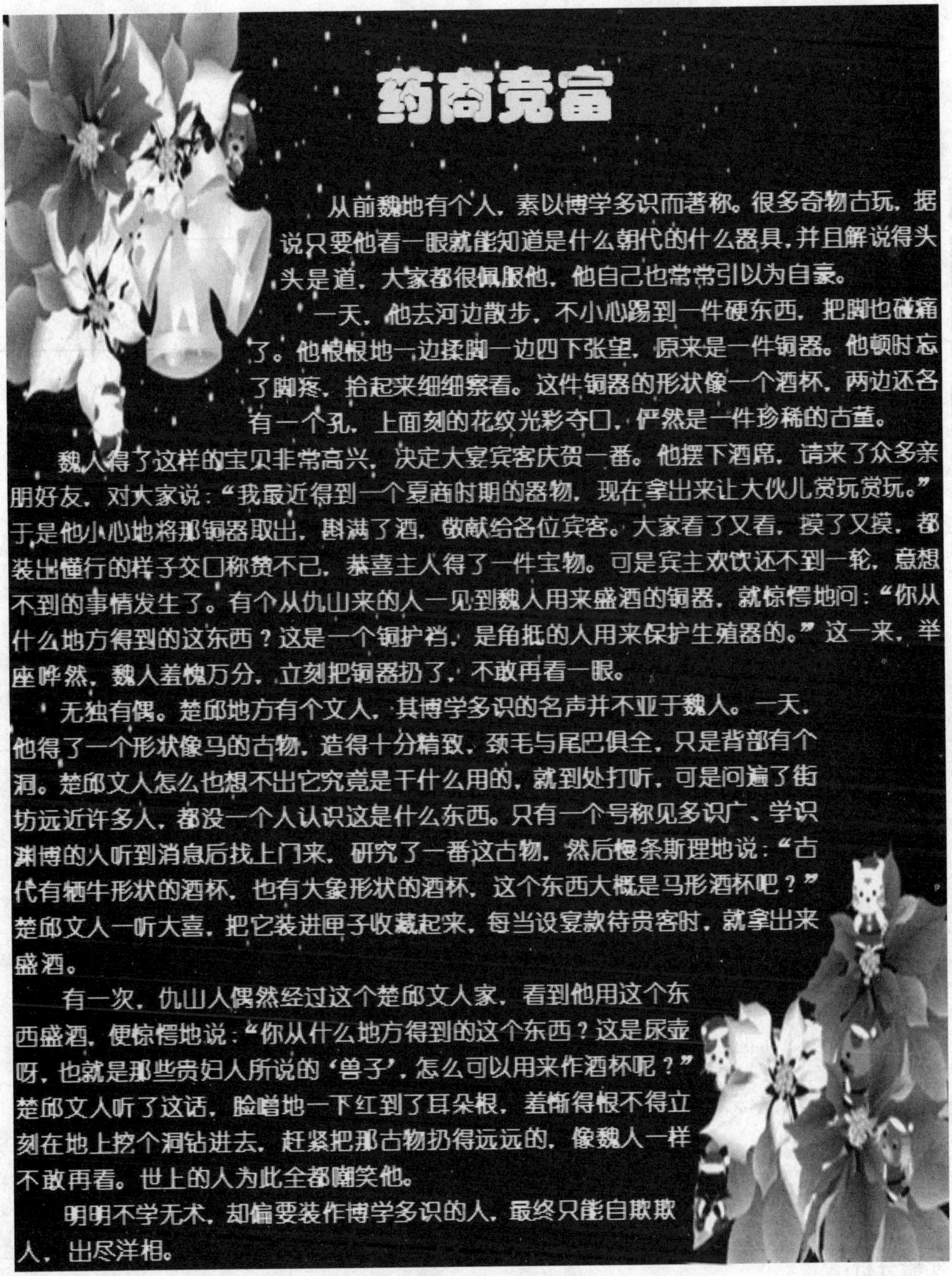

药商竞富

从前魏地有个人，素以博学多识而著称。很多奇物古玩，据说只要他看一眼就能知道是什么朝代的什么器具，并且解说得头头是道，大家都很佩服他，他自己也常常引以为自豪。

一天，他去河边散步，不小心踢到一件硬东西，把脚也碰痛了。他恨恨地一边揉脚一边四下张望，原来是一件铜器。他顿时忘了脚疼，拾起来细细察看。这件铜器的形状像一个酒杯，两边还各有一个孔，上面刻的花纹光彩夺目，俨然是一件珍稀的古董。

魏人得了这样的宝贝非常高兴，决定大宴宾客庆贺一番。他摆下酒席，请来了众多亲朋好友，对大家说："我最近得到一个夏商时期的器物，现在拿出来让大伙儿赏玩赏玩。"于是他小心地将那铜器取出，斟满了酒，敬献给各位宾客。大家看了又看，摸了又摸，都装出懂行的样子交口称赞不已，恭喜主人得了一件宝物。可是宾主欢饮还不到一轮，意想不到的事情发生了。有个从仇山来的人一见到魏人用来盛酒的铜器，就惊愕地问："你从什么地方得到的这东西？这是一个铜护裆，是角抵的人用来保护生殖器的。"这一来，举座哗然，魏人羞愧万分，立刻把铜器扔了，不敢再看一眼。

无独有偶。楚邱地方有个文人，其博学多识的名声并不亚于魏人。一天，他得了一个形状像马的古物，造得十分精致，颈毛与尾巴俱全，只是背部有个洞。楚邱文人怎么也想不出它究竟是干什么用的，就到处打听，可是问遍了街坊远近许多人，都没一个人认识这是什么东西。只有一个号称见多识广、学识渊博的人听到消息后找上门来，研究了一番这古物，然后慢条斯理地说："古代有牺牛形状的酒杯，也有大象形状的酒杯，这个东西大概是马形酒杯吧？"楚邱文人一听大喜，把它装进匣子收藏起来，每当设宴款待贵客时，就拿出来盛酒。

有一次，仇山人偶然经过这个楚邱文人家，看到他用这个东西盛酒，便惊愕地说："你从什么地方得到的这个东西？这是尿壶呀，也就是那些贵妇人所说的'兽子'，怎么可以用来作酒杯呢？"楚邱文人听了这话，脸噌地一下红到了耳朵根，羞惭得恨不得立刻在地上挖个洞钻进去，赶紧把那古物扔得远远的，像魏人一样不敢再看。世上的人为此全都嘲笑他。

明明不学无术，却偏要装作博学多识的人，最终只能自欺欺人，出尽洋相。

图 5-93　操作 8 样文

实 验 报 告（实验1）

课程：

实验题目：Word 2007 图文混排

姓名		班级		组（机）号		时间	

实验目的：1. 熟练掌握插入图片、图片的编辑。

2. 掌握艺术字的使用。

3. 掌握图文混排、页面排版。

实验要求：1. 在新建文件夹中建立一个 Word 文档，文件名为“TW-9”。

2. 输入以下文字：

时下在女性之间有句流行语，叫做“要抓住他的心，先要抓住他的胃”，这句话虽然夸张了点，但也有它一定的道理。下面飞花向大家介绍几种既制作简单又鲜香美味的食品，保管让你的他会误以为你是烹饪高手，对你贴服不已。

3. 将“文字素材＼懒女美食”文档中的“早餐”部分文字复制到“TW-9”中。

4. 将大标题设置为华文琥珀体、三号字，小标题设置为华文楷体、四号、加粗，正文设置为仿宋体、小四号，分为两栏。

5. 插入艺术字“懒女美食”，设置为四周型环绕。

6. 插入“图片素材＼TU6”，设置为嵌入型环绕，放置于文档末尾。最后形成如图 5-94 所示的样文格式，将文件保存。

实验内容与步骤：

实验分析：

实验指导教师		成 绩	

时下在女性之间有句流行语，叫做“要抓住他的心，先要抓住他的胃”，这句话虽然夸张了点，但也有它一定的道理。下面飞花向大家介绍几种既制作简单又鲜香美味的食品，保管让你的他会误以为你是烹饪高手，对你贴服不已。

早餐

茶叶蛋

原料：大小适中的鸡蛋500克（约7、8个），八角、陈皮、桂皮各5克，酱油1/4碗，红茶包1个，盐半勺。

做法：

（1）用清水将鸡蛋洗净放锅中加水煮熟，冷却后将蛋壳稍微敲出裂纹。

（2）将所有的卤料和鸡蛋放入电饭锅中，在保温的状态下卤煮。

提示：

（1）鸡蛋不能太大或太小，太大卤的时间太长，太小则口味会比较咸。

（2）可以在头天晚上把鸡蛋卤上，不必关火，第二天早晨趁热吃（剩下的可放进冰箱，吃时加热）。

图5-94　实验1样文

实　验　报　告（实验2）

课程：　　　　　　　　　　　　　　　　　　实验题目：Word 2007图文混排

姓名		班级		组（机）号		时间	

实验目的：1. 熟练掌握插入图片、图片的编辑。
2. 掌握文本框的使用。
3. 掌握图文混排、页面排版。

实验要求：1. 在新建文件夹中建立一个Word文档，文件名为“TW-10”。
2. 将“文字素材\懒女美食”文档中的“午餐”部分文字复制到“TW-10”中。
3. 将小标题设置为华文楷体、四号、加粗；正文设置为仿宋体、小四号。
4. 为“午餐”添加竖排文本框，设置四周型环绕，使用Word内置样式。
5. 插入“图片素材\TU7”，设置四周型环绕。最后形成如图5-95所示的样文格式，将文件保存。

实验内容与步骤：

实验分析：

实验指导教师		成　绩	

实　验　报　告（实验 3）

课程：　　　　　　　　　　　　　　实验题目：Word 2007 图文混排

姓名		班级		组（机）号		时间	

实验目的： 1. 熟练掌握插入图片、图片的编辑格式化。
2. 掌握绘制简单的图形及格式化。
3. 掌握对象的组合操作。
4. 掌握图文混排、页面排版。

实验要求： 1. 在新建文件夹中建立一个 Word 文档，文件名为“TW-11”。
2. 将“文字素材＼懒女美食”文档中的“晚餐”部分文字复制到“TW-11”中。
3. 将小标题设置为华文楷体、四号、加粗，正文设置为仿宋体、小四号。
4. 插入云形标注图形，设置为茶色，在其中输入“晚餐？”，格式为华文行楷，四号。
5. 插入“图片素材＼TU8”，组合图形和图片，设置四周形环绕。最后形成如图 5-96 所示的样文格式，将文件保存。

实验内容与步骤：

实验分析：

实验指导教师		成　绩	

腊肉糯米饭

原料：糯米 250 克，腊肉 100 克，冬笋 50 克，榨菜 50 克，葱花少许。

调料：猪油少许。

做法：

（1）糯米用清水浸泡 1-2 个小时，腊肉、冬笋切片，榨菜切丁。

（2）以上原料放入电饭煲中，加水、加猪油拌匀煮熟，出锅撒葱花即可。

提示：腊肉和榨菜本身咸味就重，所以饭里不用再放盐。另外，糯米饭一定要放猪油才香。

土豆猪肉饭

原料：土豆 150 克，大米 100 克，猪肉 50 克，精盐 1 克，香油 1 克。

做法：

（1）大米用清水泡上待用。

（2）土豆削皮切块，猪肉洗净切末。

（3）锅烧热，锅底抹上香油，放入肉末微炒，放盐调味。等肉末半熟后放入泡好的大米和土豆，添适量水，旺火煮约 15 分钟。

提示：饭煮熟后放一会，将土豆弄碎与米饭拌匀即可食用。食用时放些调料酱，味道更佳。

图 5-95　实验 2 样文

晚餐

珍珠醪糟

原料：醪糟、汤圆粉、鸡蛋、白糖、桂花。

做法：

（1）将汤圆粉加少量凉水搅拌成类似做疙瘩汤的小碎状。

（2）醪糟放在锅里加热。。

（3）锅中添水烧开，将搅拌后的汤圆疙瘩一把把地撒到锅里，边撒边搅拌，用文火煮 2~3 分钟，待疙瘩完全漂上来后，磕入鸡蛋搅拌，成碎鸡蛋花。

（4）蛋花漂起后关火，撒入桂花、白糖，即可食用。

提示：也可直接在超市购买现成的小汤圆，参照上述方法做成醪糟汤圆。

图 5-96　实验 3 样文

实 验 报 告（实验 4）

课程：　　　　　　　　　　　　　　　　　　实验题目：Word 2007 图文混排

姓名		班级		组（机）号		时间	

实验目的： 1. 熟练掌握插入剪贴画、剪贴画的编辑。
2. 掌握绘制简单的图形及格式化。
3. 掌握艺术字的使用。
4. 掌握图文混排、页面排版。

实验要求： 1. 在新建文件夹里建立一个 Word 文档，文件名为“TW-12”。
2. 将“文字素材＼懒女美食”文档中的“零食”部分中的文字复制到“TW-12”中。
3. 将小标题设置为华文楷体、四号、加粗，正文设置为仿宋体、小四号。
4. 插入椭圆，设置渐变填充，颜色为绿色，样式为浅色变体中心辐射。
5. 在椭圆上方插入一幅西瓜剪贴画，组合图形和剪贴画。
6. 将零食转换为艺术字，穿越型环绕。最后形成如图 5-97 所示的样文格式，将文件保存。

实验内容与步骤：

实验分析：

实验指导教师		成　绩	

实 验 报 告（实验 5）

课程：　　　　　　　　　　　　　　　　实验题目：Word 2007 图文混排

<table>
<tr><td>姓名</td><td></td><td>班级</td><td></td><td>组（机）号</td><td></td><td>时间</td><td></td></tr>
<tr><td colspan="8">实验目的：1. 熟练掌握插入图片、图片的编辑。
2. 掌握艺术字体、文本框的使用。
3. 掌握图文混排、页面排版。</td></tr>
<tr><td colspan="8">实验要求：1. 在新建文件夹里建立一个 Word 文档，文件名为“TW-13”。
2. 将“文字素材＼懒女美食”文档中的“零食”部分文字复制到“TW-13”中。
3. 将小标题设置为华文楷体、四号、加粗，正文设置为仿宋体、小四号。
4. 插入“图片素材＼TU9”，冲蚀效果，衬于文字下方。
5. 将大标题“饮料”转换为艺术字，为小标题添加文本框，最后形成如图 5-98 所示的样文格式，将文件保存。</td></tr>
<tr><td colspan="8">实验内容与步骤：</td></tr>
<tr><td colspan="8">实验分析：</td></tr>
<tr><td colspan="2">实验指导教师</td><td colspan="2"></td><td colspan="2">成　绩</td><td colspan="2"></td></tr>
</table>

鲜果串

原料：柠檬、橙子、奇异果、苹果、草莓、小番茄、无核提子各1—2个，细砂糖适量，竹签适量。

做法：

（1）柠檬榨汁。

（2）将各色水果洗净，该去皮的去皮，该去核的去核，然后切块（橙子分瓣）。

（3）用竹签将水果块相间串成串，放入柠檬汁浸泡一下，然后蘸上细砂糖，即可食用。

提示：也可放入盘、碗或纸杯中用竹签扎着吃。

图 5-97　实验 4 样文

炖双皮奶

饮料

原料：鲜牛奶1千克，鸡蛋清200克，白糖250克。

做法：

（1）牛奶、白糖放入锅中拌匀，用小火煮至白糖充分溶解、奶热而不沸时离火。

（2）将奶液分别倒入几个碗内，静置冷却，等各碗的奶表面上有一层薄奶脂凝成后，用细竹签沿碗边将奶皮挑起一角，将碗倾斜，使奶皮下的奶液流入另一容器，奶皮便留在碗底。

（3）将蛋清放入容器，用捆绑起来的5根筷子顺着一个方向高速搅打，至蛋清呈乳白色胶状泡糊时倒入集中奶液的容器中搅匀，用纱布过滤，去掉杂质，刮去面上的气泡，然后上屉架锅，用中火隔水炖，10分钟后即成。

图 5-98　实验 5 样文

第五部分　练习题

一、填空题

（1）快速访问工具栏中默认显示______________按钮。

（2）Word 2007 的_______代替了传统的菜单栏和工具栏，可以帮助用户快速找到完成某一任务所需的命令。

（3）在 Word 2007 中，单击_________中的_______按钮可以显示或隐藏段落标记和其他隐藏的格式符号。

（4）在普通视图中只显示_________方向的标尺。

（5）当打开一个低版本的 Word 文档时，在标题栏上的文档名称后会显示______字样，并且在 Office 菜单中会出现一个_______命令

（6）在 Word 2007 文档中，要完成修改、移动、复制、删除等操作，必须先________要编辑的区域，使该区域成反相显示。

（7）在 Word 2007 的文档中，文档输入总是从_________开始的。

（8）在 Word 2007 窗口中，单击_________按钮可取消最后一次执行的命令。

（9）在 Word 2007 文档中，若将选定的文本复制到目的处，可以采用鼠标拖动的方法：先将鼠标移到所选定的区域，按住_________键后，拖动鼠标到目的处。

（10）要将当前 Word 2007 文档以文本格式存盘，应执行的操作是_________。

（11）在“替换”对话框中，只要单击_________按钮，系统便将在文档中找到的“计算机”一词全部自动替换成“电脑”。

（12）_________选项卡上“段落”组中的工具主要用于设置段落的缩进和间距，以弥补________选项卡上“段落”组中工具的不足。

（13）在Word 2007中可以直接将文本转换为表格，在转换之前，必须先确定已在文本中添加了________，以便___________。

（14）按_________键，可设置段落右对齐。

（15）在 Word 2007 中，插入点移到文章首部用________键，移到行尾用_______键。

（16）在 Word 2007 中，若要选择整篇文档，可以按_________组合键实现。

（17）在打印文档时，如果不需要进行打印设置，应在 Office 菜单中选择_______命令；如果需要进行打印设置，则应在 Office 菜单中选择_______命令。

二、单项选择题

（1）（　　）视图方式不能显示出页眉和页脚。

A. 普通　　B. 页面　　C. 大纲　　D. 阅读版式

（2）新建 Word 文档的快捷键是（　　）。

A. Ctrl+A　　B. Ctrl+N　　C. Ctrl+O　　D. Ctrl+S

（3）Word 2007 文档文件的扩展名是（　　）。

A. TXT　　B. WPS　　C. DOC　　D. DOCX

（4） 在输入文字的过程中，若要开始一个新行而不是开始一个新的段落，可以使用快捷键（　　）。

A. Enter　　B. Ctrl+Enter

C. Shift+Enter　　D. Ctrl+Shift+Enter

（5） 打开 Word 2007 文档一般是指（　　）。

A. 把文档的内容从磁盘调入内存，并显示出来

B. 把文档的内容从内存中读入，并显示出来

C. 显示并打印出指定文档的内容

D. 为指定文件开设一个新的、空的文档窗口

（6） 在 Word 2007 中想要以最舒适的方式浏览文档内容，可以（　　）。

A. 隐藏功能区　　B. 全屏显示

C. 切换到页面视图方式　　D. 切换到阅读版式视图方式

（7） Word 2007 中可通过（　　）来打开“Word 选项”对话框，修改 Office 菜单中所列出的最近使用过的文件名个数。

A. 从 Office 菜单中单击“Word 选项”按钮

B. 从 Office 菜单中选择“选项”命令

C. 选择“工具”|“选项”命令

D. 单击工具栏上的“选项”按钮

（8） 如果希望在 Word 2007 窗口中显示标尺，应当在“视图”选项卡上（　　）。

A. 单击“标尺”按钮

B. 选中“标尺”复选框

C. 选中“文档结构图”复选框

D. 单击“页面视图”按钮

（9） 使用 Word 编辑文档时，在“开始”选项卡上单击“剪贴板”组中的（　　）按钮，可将文档中所选中的文本移到“剪贴板”上。

A. 复制　　B. 删除　　C. 粘贴　　D. 剪切

（10） 使用 Word 编辑文档时，选择一个句子的操作是，移光标到待选句子中任意处，然后按住（　　）键，单击鼠标左键。

A. Alt　　B. Ctrl　　C. Shift　　D. Tab

（11） 使用 Word 编辑文档时，按（　　）键可删除插入点前的字符。

A. Delete　　B. BackSpace

C. Ctrl+Delete　　D. Ctrl+Backspace

（12） 执行（　　）操作，可恢复刚删除的文本。

A. 撤销　　B. 消除　　C. 复制　　D. 粘贴

（13） 在 Word 2007 文档中，若将选中的文本复制到目的处，可以按住（　　）键，在目的处单击鼠标右键即可。

A. Ctrl　　B. Shift　　C. Alt　　D. Ctrl+Shift

（14） 在“视图”选项卡上单击（　　）按钮，可将打开的窗口全部显示在屏幕上。

A. 新建窗口　　B. 拆分　　C. 全部重排　　D. 并排查看

（15） 在 Word 2007 文档正文中段落对齐方式有左对齐、右对齐、居中对齐、（　　）和分散对齐。

A. 上下对齐　　B. 前后对齐　　C. 两端对齐　　D. 内外对齐

三、多项选择题

（1） Word 2007 工作界面中包括（　　）。

A. 标题栏　　B. 菜单栏

C. 功能区　　D. 快速访问工具栏

E. 状态栏　　F. Office 按钮

（2） Word 2007 的视图有（　　）等种类。

A. 普通视图　　B. Web 版式

C. 页面视图　　D. 大纲视图

E. 备注页视图

（3） 在 Word 2007 中执行（　　）操作，可打开“查找与替换”对话框。

A. 在“开始”选项卡上单击“编辑”组中的“查找”按钮

B. 在“开始”选项卡上单击“编辑”组中的“替换”按钮

C. 单击“选择浏览对象”按钮，从弹出菜单中单击“查找”按钮

D. 单击“选择浏览对象”按钮，从弹出菜单中单击“定位”按钮

（4） Word 2007 充分发挥了状态栏的作用，其中不但显示有页数、节、目前所在的页数以及编辑语言及插入状态，还包含（　　）。

A. 当前使用的主题　　B. 视图切换方式按钮

C. 当前文档的总字数　　D. 显示比例控件

（5） 可以用软键盘进行输入的符号有（　　）。

A. ①②③④　　B. ⊙≌∽∈

C. ▲★◆■　　D. ¶☎☞✂

（6） “插入特殊符号”对话框中包含（　　）选项卡。

A. 数学符号　　B. 单位符号

C. 标点符号　　D. 数字序号

E. 特殊符号　　F. 注音符号

（7） 要移动 Word 2007 文档中选定的文本块，可以（　　）。

A. 直接拖动文本块

B. 按住 Ctrl 键拖动文本块

C. 按 Ctrl+X 组合键，然后在新位置上按 Ctrl+V 组合键

D. 在“开始”选项卡中单击“剪贴板”组中的“剪切”按钮，然后在新位置单击“剪贴板”组中的“粘贴”按钮

（8） 使用“开始”选项卡上的“字体”组中的工具可设置（　　）等选项。

A. 字体　　B. 字符间距

C. 字符行距　　D. 文字效果

（9） Word 2007 提供的字型主要包括（　　）等类型。

A. 常规　　　　　　　　　　　　B. 标准
C. 长型　　　　　　　　　　　　D. 宽型
E. 加粗　　　　　　　　　　　　F. 加粗并倾斜

（10） Word 2007 视图可按（　　）的比例显示文档。
A. 75%到 150%　　　　　　　　B. 页面宽度
C. 整页　　　　　　　　　　　　D. 双页

（11） Word 2007 中“文件”菜单中的“发送”命令可将正在编辑的文档发送到（　　）。
A. 驱动器的软盘中　　　　　　B. 邮件收件人
C. 传真收件人　　　　　　　　D. Exchang 文件夹

（12） 在 Word 2007 文档中插入页码，可以在（　　）中设置。
A. “开始”选项卡
B. “插入”选项卡
C. 页眉和页脚工具的“格式”选项卡
D. 页眉和页脚工具的“设计”选项卡

（13） Word 中的字符包括（　　）作为文本输入的字母、汉字、数字、标点符号，以及特殊符号等。
A. 字母、汉字、数字　　　　　B. 标点符号
C. 特殊符号　　　　　　　　　D. 嵌入的图片
D. 页眉和页脚工具的“设计”选项卡

（14） 打印 Word 2007 文档时，页面选择方式有（　　）。
A. 打印当前页　　　　　　　　B. 打印指定页
C. 打印连续的若干页　　　　　D. 打印不连续的若干页
E. 打印奇数页　　　　　　　　F. 打印偶数页

（15） 在“页面布局”选项卡上的“页面设置”组中可进行的设置有（　　）。
A. 文字方向　　　　　　　　　B. 页边距
C. 纸张方向　　　　　　　　　D. 页面背景
E. 纸张大小　　　　　　　　　F. 分隔符

（16） Word 2007 表格中的单元格中数据垂直对齐方式有（　　）。
A. 顶端对齐　　　　　　　　　B. 分散对齐
C. 两端对齐　　　　　　　　　D. 垂直居中
E. 底端对齐

（17） 使用（　）文字环绕方式的对象不能随文字一起移动。
A. 四周型　　　　B. 紧密型　　　　C. 穿越型　　　　D. 嵌入型

（18） 在打印文档前，可采用（　　）方式查看打印的最终情况。
A. 普通视图　　　　　　　　　B. 大纲视图
C. Web 版式　　　　　　　　　D. 打印预览

（19） 在 Word 2007 中可以插入（　　）表格。
A. 规范表格　　　　　　　　　B. 手工绘制的不规范表格
C. Excel 电子表格　　　　　　D. 具有特定格式的表格

（20） 在 Word 中除了可以在页面中直接输入文字外，还可以在（　　）中直接输入文字。

A. 文本框　　　　　　B. 形状

C. 标注图形　　　　　D. SmartArt 图形

四、判断题

（1） Word 2007 具有图文混排功能，可设置文字竖排和多种绕排效果。（　　）

（2） Word 2007 不仅可以编辑 Word 2007 格式的文档，也可以编辑其他格式的文档。（　　）

（3） Word 2007 文档的复制、剪切，粘贴的操作可以通过菜单命令、工具栏按钮和快捷键来实现。（　　）

（4） 为了方便对文档进行格式化，可以将文档分割成任意部分数量的节。（　　）

（5） 在“页面设置”对话框中，可以指定每页的行数和每行的字符数。（　　）

（6） 在 Word 2007 中，可以为表格、段落或选定的文本的四周或任意一边添加边框。（　　）

（7） Word 2007 表格中的数据，可以按“升序”或“降序”重新排列。（　　）

（8） 按 Ctrl＋A 组合键将选定整个文档。（　　）

（9） 如果打印的页数较多，最好选择“逆序打印”，因为打印完成后直接得到的是排好页码顺序的打印清样，无须再排序。（　　）

（10） 在创建一个新文档后，Word 2007 会自动给它一个临时文件名。（　　）

（11） Word 2007 定时自动保存功能的作用是定时自动为用户保存文档。（　　）

（12） 在使用 Word 2007 制作表格时，同一行中各单元格的宽度可以不同，但高度必须一样。（　　）

（13） 在 Word 2007 中可以直接将普通文字转换为艺术字。（　　）

（14） 艺术字对象实际上就是文字对象。（　　）

（15） 在 Word 2007 中查找操作只能带格式进行。（　　）

（16） 通过拖动标题栏可以来回移动窗口。（　　）

（17） 在 Word 2007 中，单击鼠标可以取得与当前工作相关的快捷菜单，方便快速地选取命令。（　　）

（18） 如果已经打开了多个文档，则选择 Office 菜单中的“另存为”命令能将它们全部存盘。（　　）

（19） 如果已经打开了多个文档，则单击 Office 菜单中的“退出 Word”按钮能将它们全部关闭。（　　）

（20） 将“替换为”文本框留空可以删除查找的内容。（　　）

第 6 章　电子表格软件 Excel 2007 实验

第一部分　Excel 2007 工作表的建立与工作表的格式化

一、实验目的

（1）掌握 Excel 2007 的启动与退出及工作窗口组成。
（2）掌握工作表中的数据输入与编辑。
（3）公式与函数的应用。
（4）掌握数据的编辑修改。
（5）掌握工作表的插入、复制、移动、删除和重命名。
（6）掌握工作表中的数据格式化。
（7）掌握对页面的页眉和页脚等设置。

二、实验要点

◆ Excel 的基本操作。

（1）Excel 的启动与退出。

和大多数应用程序一样，在 Windows XP 中选择“开始”|“所有程序”|“Microsoft Office”|“Microsoft Office Excel 2007”命令，即可进入 Excel，如图 6-1 所示。

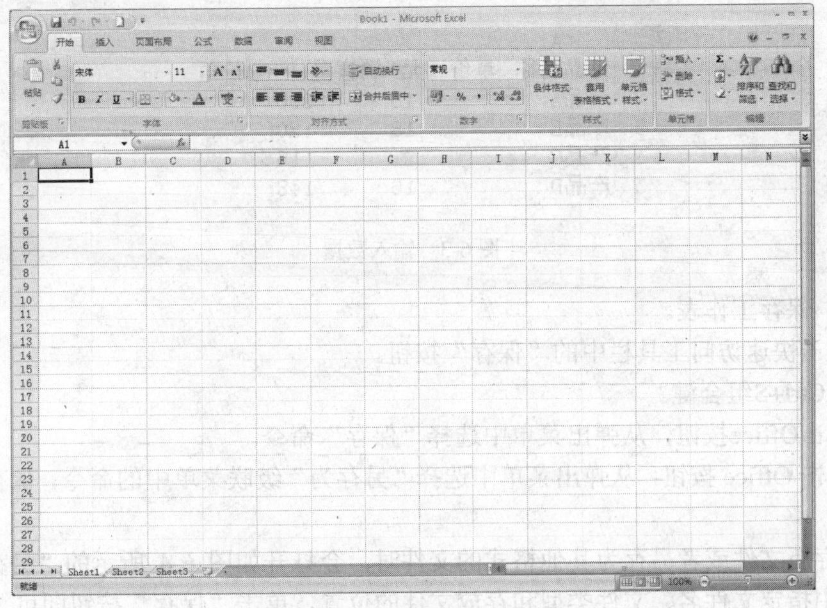

图 6-1　Microsoft Excel 窗口

（2） 新建工作簿。

单击 Office 按钮，从弹出菜单中选择“新建”命令，打开“新建工作簿”对话框，从左面的“模板”列表框中选择模板的来源，从中间的模板列表框中选择模板的类型，然后单击右下角的“创建”按钮即可，如图 6-2 所示。

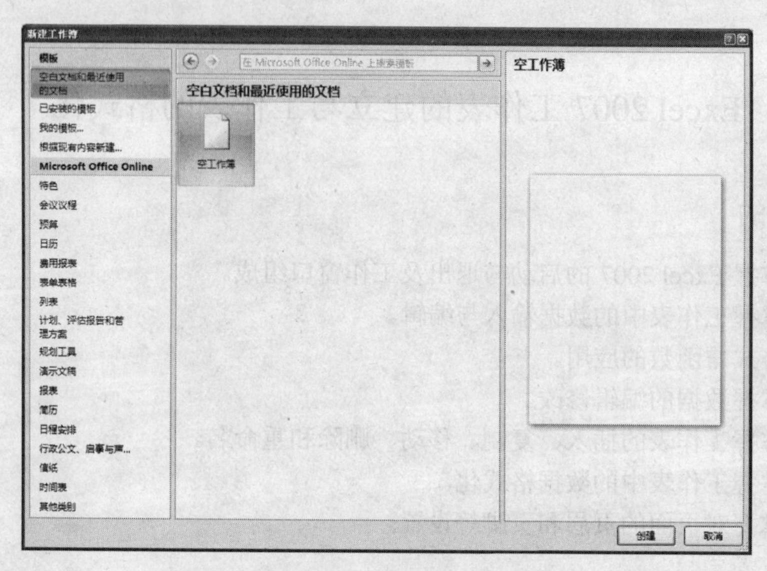

图 6-2 “新建工作簿”对话框

（3） 建立工作表。

① 创建标题栏。

② 分别输入行和列标题。

③ 输入数据，如图 6-3 所示。

	A	B	C	D
1	产品名称	单价（元）	销售量	总价值
2	产品A	15	100	
3	产品B	18	120	
4	产品C	21	115	
5	产品D	16	148	

图 6-3 输入数据

（4） 保存工作表。

① 单击快速访问工具栏中的“保存”按钮。

② 按Ctrl+S组合键。

③ 单击Office按钮，从弹出菜单中选择“保存”命令。

④ 单击 Office 按钮，从弹出菜单中选择“另存为”级联菜单中的命令，保存为其他格式的文件。

在保存新文件或者另存为其他格式的文件时，会打开如图 6-4 所示的“另存为”对话框。在其中指定文件名、文件类型和存放文件的位置，单击“保存”按钮即可。

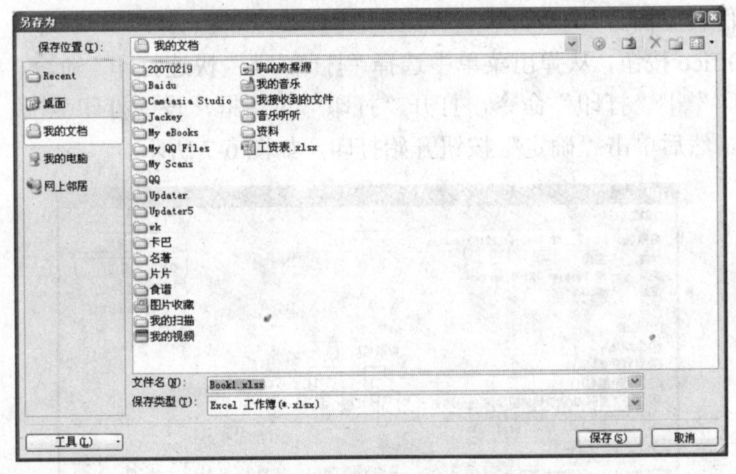

图 6-4 “另存为”对话框

◆ 工作表的编辑方法。

（1） 编辑工作表：双击要编辑的单元格，插入点出现在该单元格内，再对单元格中的内容进行修改。

（2） 插入单元格：将光标置于要插入单元格的位置，在“开始”选项卡上单击“单元格”组中的“插入”按钮，即可在当前位置插入一个空单元格，原有的单元格依次下移。若要插入一行、一列或一个工作表，则可单击“插入”按钮右侧的下拉按钮，从弹出菜单中选择相应的命令，如图 6-5 所示。在“插入”菜单中选择“插入单元格”命令时，会打开一个“插入”对话框，从中可以选择插入单元格的位置，如图 6-6 所示。

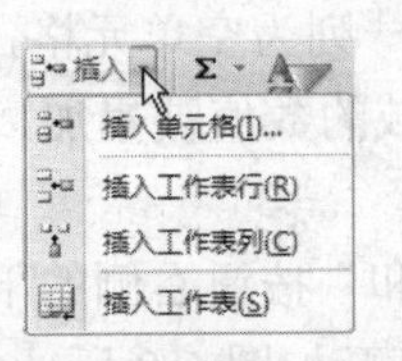

图 6-5 “插入”菜单

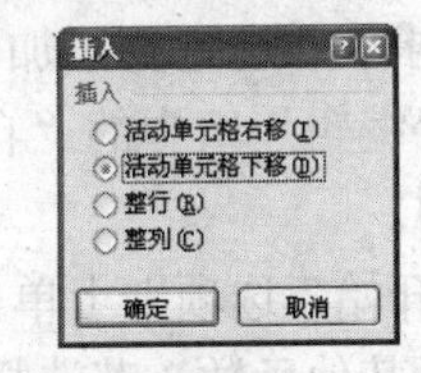

图 6-6 “插入”对话框

（3） 删除单元格：将光标置于要删除单元格的位置，在“开始”选项卡上单击“单元格”组中的“删除”按钮。删除当前单元格后，其下方的单元格会依次上移。若要删除一行、一列、一个表格，或者要指定删除单元格后由哪个方向的单元格替补当前位置，则可单击“删除”按钮右侧的下拉按钮，从弹出菜单中选择相应的命令。

（4） 设置工作表的格式。

① 对工作表的格式设置。

② 调整工作表的列宽。

③ 设置工作表中数据的格式。

（5） 打印工作表。

① 切换到“页面布局”选项卡，使用“页面设置”组中的工具可以进行页面设置，如纸张大小、页面方向、打印区域等。

② 单击 Office 按钮，从弹出菜单中选择“打印”｜“打印预览”命令，切换到打印预

览视图预览工作表文档。

③ 单击 Office 按钮，从弹出菜单中选择“打印”|“快速打印”命令，直接打印文档，或者选择“打印”|“打印”命令，打开“打印”对话框，设置打印范围、打印份数、打印内容等选项。然后单击“确定”按钮开始打印，如图 6-7 所示。

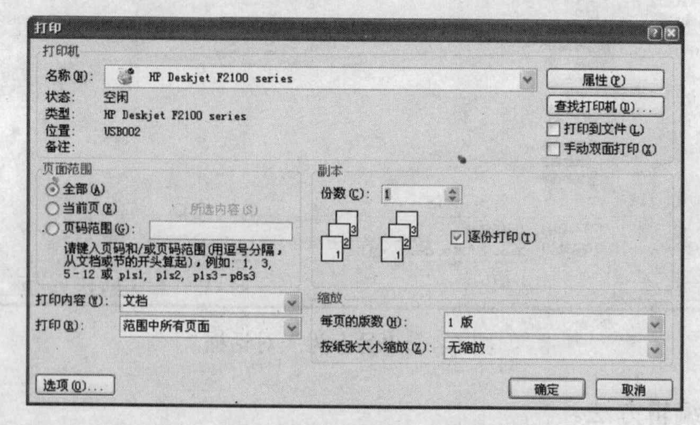

图 6-7 “打印”对话框

◆ 在工作表中应用公式和函数的方法。

（1） 创建运算公式有两种方法。

方法 1：单击要创建公式的单元格，输入“=”号和公式的内容，按 Enter 键确认。

方法 2：使用“公式”选项卡中的工具编辑公式。

（2） 使用函数。

① 输入函数：在单元格计算公式中直接输入运算函数，再按 Enter 键。

② 自动求和。选定要累加的单元格区域，最后一行或一列为空单元格，在“开始”选项卡上单击“编辑”组中的“自动求和”按钮，则选定区域的数值被累加，其结果被放到空行或空列中。

③ 在“开始”选项卡上单击“编辑”组中的“自动求和”按钮右侧的下拉按钮，从弹出菜单中选择其他函数。若选择“其他函数”命令，还可打开如图 6-8 所示的“插入函数”对话框，在“或选择类别”下拉列表框中选择所需的函数类别，在“选择函数”列表框中选择所需的函数，单击“确定”按钮，打开如图 6-9 所示的“函数参数”对话框，输入运算参数。

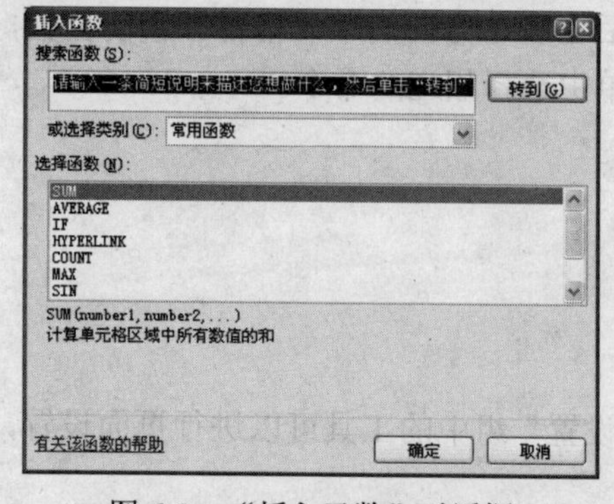

图 6-8 “插入函数”对话框

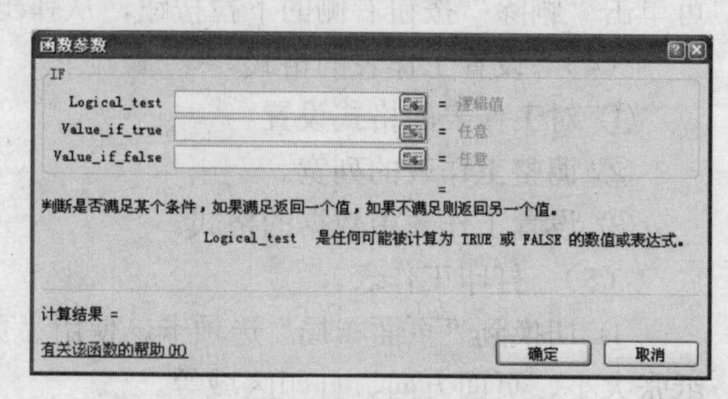

图 6-9 “函数参数”对话框

三、实验内容和实验步骤

1. Excel 2007 工作表的建立

◆ 启动 Excel 2007，在 Book1 的 Sheet1 工作表中输入如图 6-10 所示的数据。

F1 总成绩

	A	B	C	D	E	F	G
1	姓　名	性别	英语成绩	数学成绩	语文成绩	总成绩	
2	张　林	男	88	56	77		
3	王晓强	男	65	82	66		
4	文　博	男	87	83	88		
5	刘冰丽	女	63	59	75		
6	李　芳	女	60	68	59		
7	张红华	男	84	76	77		
8	曹雨生	男	80	81	83		
9	李里芳	女	60	63	60		
10							
11							
12							

图 6-10　数据输入

（1） 在当前单元格输入数据后按 Enter 键，自动选择下一行单元格。按 Tab 键自动选择右边单元格，用鼠标单击编辑框左面的“√”按钮或单击工作表的任意单元格，输入数据即被确定。

（2） 单击编辑框左面的“×”按钮或按 Esc 键可放弃本次数据的输入。

（3） 双击单元格可对已输入的数据进行修改。若要删除某单元格的全部数据，用鼠标单击该单元格再按 Delete 键或 BackSpace 键。

（4） 若要将数值型数据作为文本型数据保存，必须在前面加单引号。

（5） 选择 H1 单元格，输入“填表日期”，选择 I1 单元格，输入日期型数据，年、月、日之间用斜线“/”或连字符“半角、减号”进行分隔。

（6） 输入中文格式日期。选中 I1 单元格，在“开始”选项卡上单击“单元格”组中的“格式”按钮，从弹出菜单中选择“设置单元格格式”命令，打开如图 6-11 所示的“设置单元格格式”对话框。在“数字”选项卡中选择“日期”分类，再选择所需的日期类型，单击“确定”按钮。

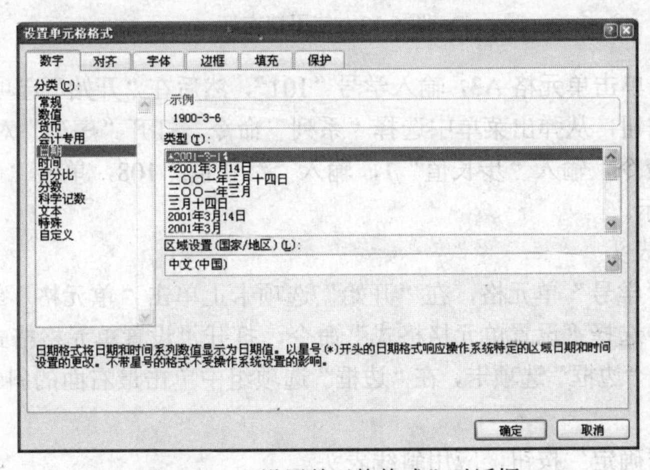

图 6-11　“设置单元格格式”对话框

◆ 单元格及行、列的插入、删除、复制与移动。

（1） 单击某个包含数据的单元格，在“开始”菜单中单击“单元格”组中的“插入”按钮右侧的下拉按钮，从弹出菜单中选择“插入单元格”命令，打开“插入”对话框，选择单元格的移动方向，单击“确定”按钮，观察单元格的变化情况。

（2） 单击某单元格，要求其周围单元格中要包含数据，在“开始”菜单中单击“单元格”组中的“删除”按钮右侧的下拉按钮，从弹出菜单中选择“删除单元格”命令，打开“删除”对话框，选择单元格的移动方向，单击“确定”按钮，观察单元格的变化情况。

（3） 单击某单元格，在“开始”菜单中单击“单元格”组中的“插入”按钮右侧的下拉按钮，从弹出菜单中选择“插入工作表行”、“插入工作表列”命令，观察表格的变化情况。

（4） 单击某单元格，在“开始”菜单中单击“单元格”组中的“删除”按钮右侧的下拉按钮，从弹出菜单中选择“删除工作表行”、“删除工作表列”命令，观察表格的变化情况。

◆ 使用数据的自动填充功能，在表中插入的列中输入学号。

（1）在前面制作的成绩表中插入“学号”列，在A3和A4两个单元格中分别输入“101”和“102”。

（2） 选中这两个单元格，将鼠标指针指向选择框右下角的黑色填充柄，此时鼠标指针变为+号。按住鼠标左键，向下拖动到A10的区域，完成学号的自动填充，如图6-12所示。

	A	B	C	D	E	F	G	H
1		学生成绩表						
2	学号	姓　名	性别	英语成绩	数学成绩	语文成绩	平均成绩	总成绩
3	101	张　林	男	88	56	77	74	
4	102	王晓强	男	65	82	66	71	
5	103	文　博	男	87	83	88	86	
6	104	刘冰丽	女	63	59	75	66	
7	105	李　芳	女	60	68	59	62	
8	106	张红华	男	84	76	77	79	
9	107	曹雨生	男	80	81	83	81	
10	108	李里芳	女	60	63	60	61	
11								

图6-12　使用填充柄

（3） 也可以单击单元格A3，输入学号“101”，然后在“开始”选项卡上单击“编辑”组中的“填充”按钮，从弹出菜单中选择“系列”命令，打开“序列”对话框。选择“列”和“等差数列”命令，输入“步长值”1，输入“终止值”108，单击“确定”按钮完成操作，如图6-13所示。

◆ 绘制斜线表头

（1） 单击“学号”单元格，在“开始”选项卡上单击“单元格”组中的“格式”按钮，在弹出菜单中选择“设置单元格格式”命令，打开“设置单元格格式”对话框。

（2） 切换到“边框”选项卡，在“边框”选项组中单击最右面的斜线按钮，如图6-14所示。

（3） 单击“确定”按钮，应用斜线表头。

（4） 双击“学号”单元格，使其进入编辑状态。

（5） 在“学号”前面输入“类别”，然后按 Alt+Enter 组合键，使其分行。

（6）将插入点放在“类别”前面，按 4 下空格键。

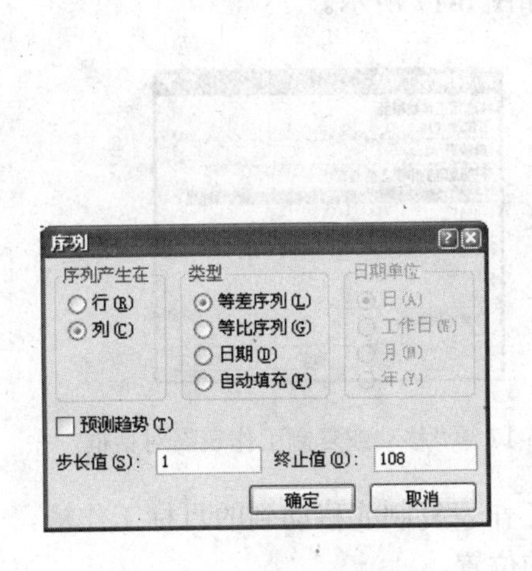

图 6-13 “序列”对话框

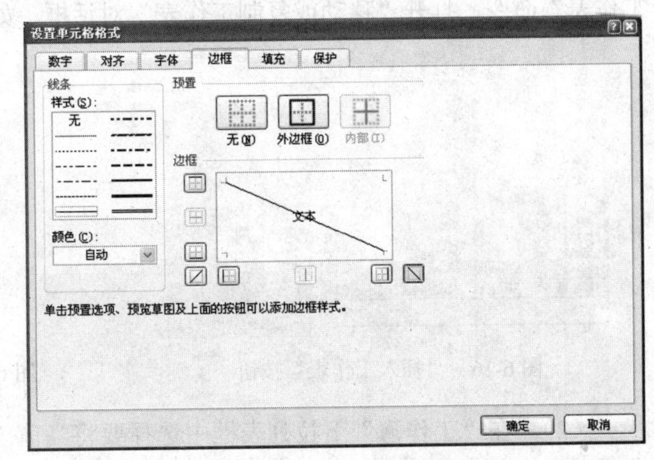

图 6-14 设置斜线表头

◆ 对前面所制作的表格中的 E，F，G 列设置“数据有效性”，使得输入的成绩为 0~100 之间的整数。

（1） 切换到“数据”选项卡，单击“数据工具”组中的“数据有效性”按钮，打开“数据有效性”对话框。

（2） 转到“设置”选项卡，在“允许”下拉列表框中选择“整数”，在“数据”列表框中选择“介于”，在“最小值”文本框中输入 0，在“最大值”文本框中输入 100，如图 6-15 所示。

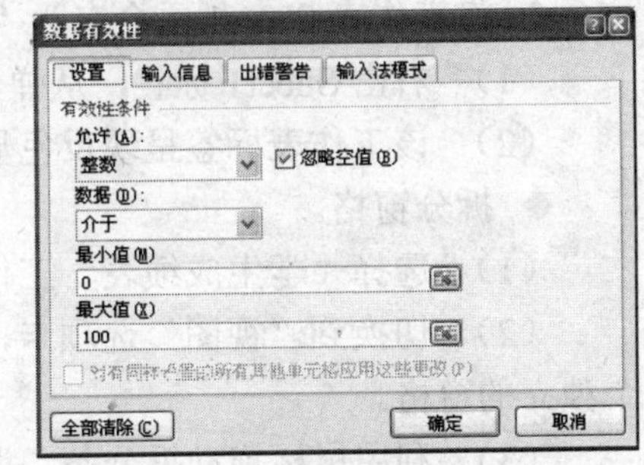

图 6-15 “数据有效性”对话框

（3） 单击“确定”按钮。

◆ 将 Sheet1 的数据复制到 Sheet2 中。

（1） 单击选择工作表 Sheet1。

（2） 拖动鼠标选择 A1~H10 区域，按 Ctrl+C 组合键，或者在“开始”选项卡上单击“剪贴板”组中的“复制”按钮。

（3） 单击工作簿窗口底部的 Sheet2 标签，切换到 Sheet2 工作表。

（4） 单击要粘贴目标左上角的单元格，按 Ctrl+V 组合键，或者在“开始”选项卡上单击“剪贴板”组中的“粘贴”按钮，完成数据的复制操作。

◆ 工作表的插入和删除。

（1） 插入工作表。单击工作表标签右面的“插入工作表”按钮，如图 6-16 所示。也可以按 Shift＋F11 组合键。

（2） 删除工作表。右击要删除的工作表的标签，在弹出的快捷菜单中选择“删除”命令；或者切换到要删除的工作表中，然后在“开始”选项卡上单击“单元格”组中的“删除”按钮，在弹出菜单中选择“删除工作表”命令。

◆ 复制（移动）工作表。

（1） 右击要复制或者移动的工作表的标签，从弹出的快捷菜单中选择“移动或复制工作表”命令，打开“移动或复制工作表”对话框，如图 6-17 所示。

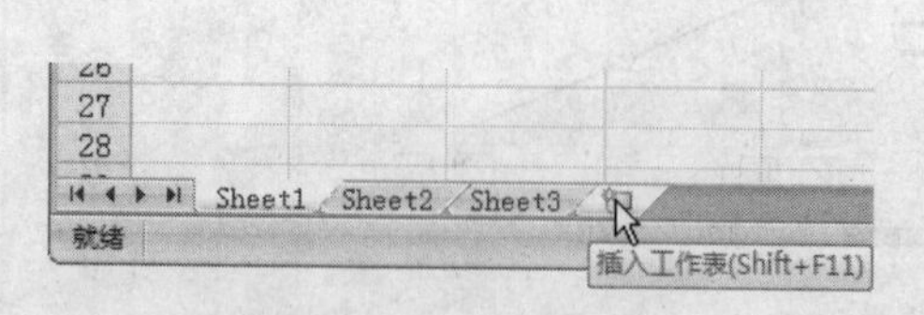

图 6-16 “插入工作表”按钮

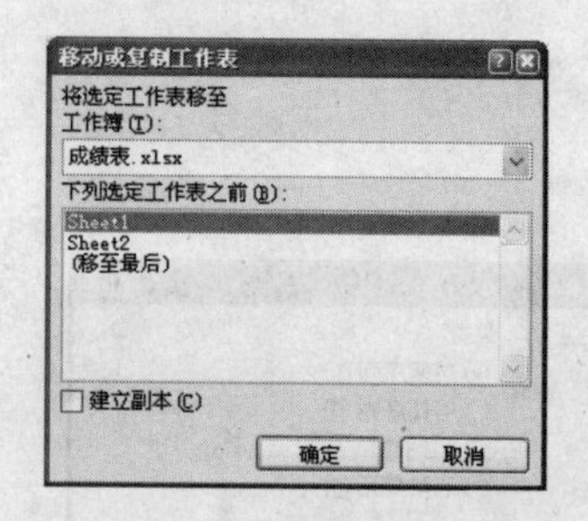

图 6-17 “移动或复制工作表”对话框

（2） 在“工作簿”下拉列表框中选择要将当前工作表复制或移动到的目标工作簿，在“下列选定工作表之前”列表框中选择工作表所处的位置。

（3） 选中“建立副本”复选框，进行复制操作，否则进行移动操作。

（4） 单击“确定”按钮完成工作表的复制或移动。

（5） 也可以利用鼠标拖动进行复制或移动操作。方法是：单击要移动或复制的工作表标签，按住鼠标左键不放，将其拖动到要移动的位置后松开左键，完成工作表的移动。如果要复制，则在拖动的同时按住 Ctrl 键。

◆ 将工作表 Sheet1 重命名为“学生成绩表”。

（1） 右击 Sheet1 标签，从弹出的快捷菜单中选择“重命名”命令。

（2） 该工作表标签呈现反色显示，输入“学生成绩表”。

◆ 拆分窗格。

（1） 选择“学生成绩表”工作表。

（2） 切换到“视图”选项卡，单击“窗口”组中的“拆分”按钮，将工作表分成 4 个独立的窗格。

（3） 利用鼠标拖动拆分条，调整拆分条的位置。

（4） 再次在“视图”选项卡上单击“窗口”组中的“拆分”按钮，可以取消工作表的拆分状态。

◆ 冻结窗格。

（1） 切换到“视图”选项卡，单击“窗口”组中的“冻结窗格”按钮。

（2） 在弹出菜单中选择要冻结的工作表部分，如图 6-18 所示。

（3） 冻结窗格后，再次在“视图”选项卡上单击“窗口”组中的“取消冻结窗格”命令，即可取消窗格冻结。

◆ 保护工作表。

保护工作表是限制用户对工作表中的部分或全部内容的修改，使数据得到保护。

（1） 选择“学生成绩表”工作表。

（2） 切换到“审阅”选项卡，单击“更改”组中的“保护工作表”按钮，打开“保护工作表”对话框，如图 6-19 所示。

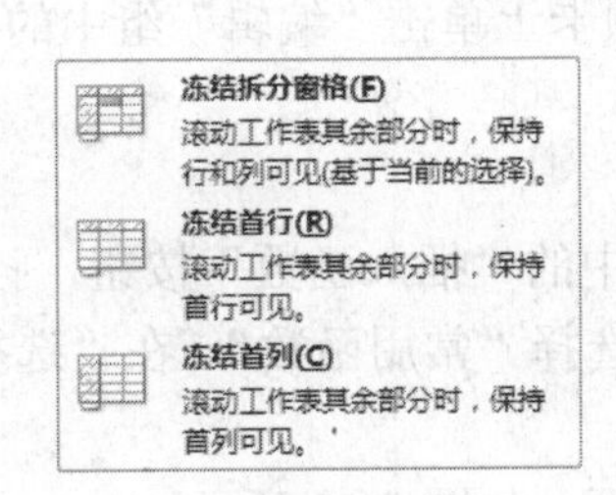

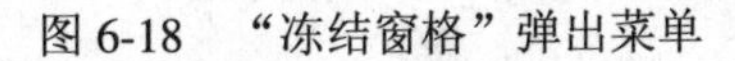
图 6-18 “冻结窗格”弹出菜单

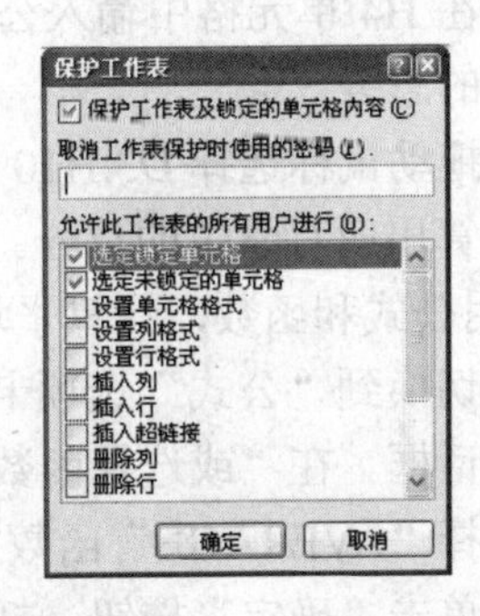

图 6-19 “保护工作表”对话框

（3） 在“允许此工作表的所有用户进行”列表框中选中“编辑对象”和“编辑方案”3 个复选框，在“取消工作表保护时使用的密码”文本框中输入密码。

（4） 检查无误后，单击“确定”按钮，打开“确认密码”对话框，再次输入密码进行确认，完成对工作表的保护。

◆ 将当前工作簿文件 Book1 命名为“学生成绩表”，保存为可以在低版本中打开的工作簿格式。

（1） 单击 Office 按钮，从弹出菜单中选择“另存为” | “Execl 97-2003 工作簿”命令，打开“另存为”对话框，如图 6-20 所示。

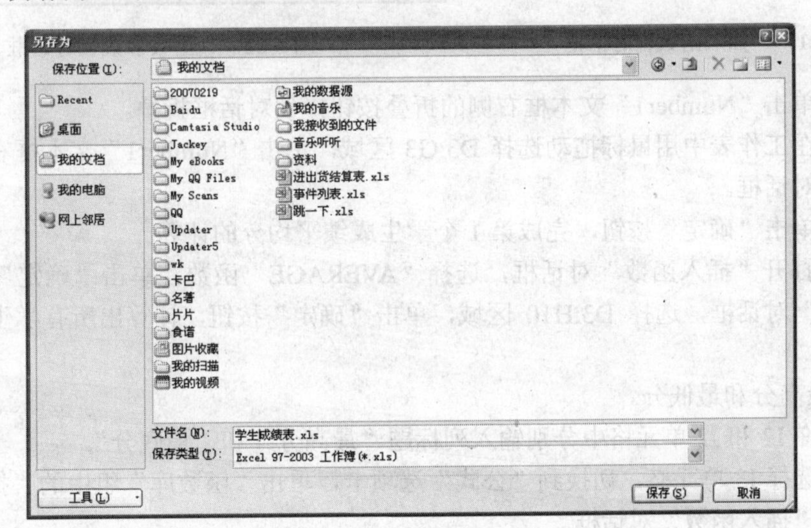

图 6-20 “另存为”对话框

（2） 在“文件名”列表框中输入文件名“学生成绩表”。

（3） 单击“保存”按钮。

2. 公式和函数的使用与工作表的格式化

打开“学生成绩表”工作簿。

◆ 使用公式和函数计算总分。

（1） 选择“学生成绩”工作表。

（2） 在 H4 单元格中输入公式“=D3+E3+F3+G3”或函数“=SUM（D3:G3）”，求出第 1 个学生的总分。

（3） 拖动鼠标选择 D3:H10 区域，在“开始”选项卡上单击“编辑”组中的“求和”按钮Σ，计算出所有学生的总分。

◆ 使用公式和函数，计算平均分。

（1） 切换到“公式”选项卡，单击“函数库”组中的“插入函数”按钮，打开“插入函数”对话框。在“或选择函数类别”下拉列表框中选择“常用函数”，在“选择函数”列表框中选择“AVERAGE”函数，如图 6-21 所示。

（2） 单击“确定”按钮，打开“函数参数”对话框，如图 6-22 所示。

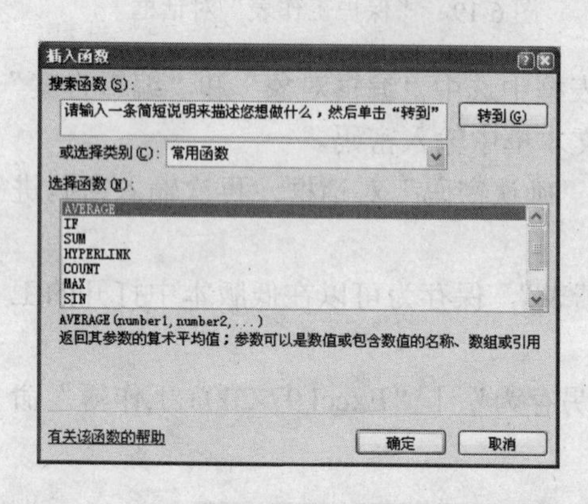

图 6-21 “插入函数”对话框

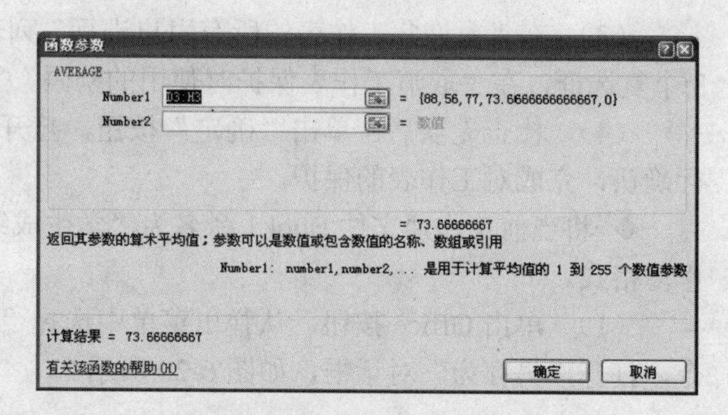

图 6-22 “函数参数”对话框

（3） 单击“Number1”文本框右侧的折叠按钮，使对话框折叠。

（4） 在工作表中用鼠标拖动选择 D3:G3 区域，单击“Number1”文本框右侧的展开按钮，展开对话框。

（5） 单击“确定”按钮，完成第 1 个学生成绩平均分的计算。

（6） 打开“插入函数”对话框，选择“AVERAGE”函数，单击“确定”按钮打开“函数参数”对话框，选择 D3:H10 区域，单击“确定”按钮，计算出所有学生成绩的平均分。

◆ 求最高分和最低分。

（1） 在 I2 和 J2 单元格中分别输入列标题“最高分”和“最底分”。

（2） 选择 I3 单元格，切换到“公式”选项卡，单击“函数库”组中的“插入函数”按钮，打开“插入函数”对话框。

（3）在“或选择函数类别”下拉列表框中选择“常用函数”，在“选择函数”列表框中选择“MAX”函数，单击“确定”按钮。

（4） 打开“函数参数”对话框，用鼠标拖动选择区域。

（5） 单击“函数参数”对话框中的“确定”按钮，完成第一门课最高分的计算。

（6） 鼠标指针指向 I3 单元格的填充柄，按下鼠标左键拖动至单元格 I10 处，计算出每门课的最高分。

（7） 在 J 列中使用 MIN 函数求最低分。可按上述步骤完成。

◆ 利用条件函数“IF”，填写学生的成绩等级。

（1） 在单元格 K2 中输入列表题“等级”。

（2） 单击单元格 K3，在“编辑栏”中，输入公式“=IF（I3<60,"不及格",IF（I3<75,"及格",IF（I3<85, "良好", "优秀")))”。注意：公式中的“双引号”和“逗号”必须是半角字符，按 Enter 键，单元格 K3 中自动填入第一个学生的成绩等级。

（3） 将鼠标指针指向 K3 单元格的填充柄，按下鼠标左键拖动至单元格 K10 处，填出所有学生的成绩等级。

◆ 工作表单元格的移动。

（1） 插入一个新的工作表，将“学生成绩表”工作表的数据复制到新的工作表中并将其命名为“工作表格式化”。

（2） 单击行标号 2，在“开始”选项卡上单击“单元格”组中的“插入”按钮，在“工作表格式化”工作表中插入一个空行。

（3） 选择“填表日期”和日期所在的单元格，即 H1 和 I1，将鼠标指针移向选中的单元格的边界，当指针变为四向箭头时，按下鼠标左键拖动至单元格 H2 和 I2 处，即可将 H1 和 I1 单元格的内容移到 H2 和 I2 单元格。

◆ 设置学生“平均成绩”的数字格式为一位小数。

（1） 拖动鼠标选择 G4:G11 区域。

（2） 在“开始”选项卡上单击“数字”组中的“增加小数位数”按钮。每单击一次该按钮，数据小数位数增加一位。

（3） 在“开始”选项卡上单击“数字”组中的“减少小数位数”按钮。每单击一次该按钮，数据小数位数减少一位。

（4） 单击“单元格”组中的“格式”按钮，从弹出菜单中选择“设置单元格格式”命令，打开“设置单元格格式”对话框。在“数字”选项卡上选择“分类”列表框中的“数值”，再在“小数位数”微调框中输入“1”，单击“确定”按钮。

◆ 设置标题（第 1 行）。

（1） 拖动鼠标选中 A1:K1 区域。

（2） 在“开始”选项卡上单击“对齐方式”组中的“合并后居中”按钮，合并单元格并使标题文字居中对齐。

（3） 在“开始”选项卡上单击“字体”组中的“粗体”和“下画线”按钮，在“字体”下拉列表框中选择字体“楷体”；在“字号”下拉列表框中选择字号“20”，完成标题字体的格式设置。

◆ 设置列标题（第 3 行）。

（1） 单击第 3 行的行标号，选择该行。

（2） 在“开始”选项卡上的“字体”组中的“字体”下拉列表框中选择“黑体”。

（3） 在“字体”组中选择“字号”下拉列表框中的“12”。

◆ 设置工作表中的数据格式。

（1） 拖动鼠标选中 A3:J11 区域，在“开始”选项卡上单击“字体”组中的“垂直居中”和“居中”按钮，选中整个区域中的数据，垂直和水平居中对齐。

（2） 拖动鼠标选中 B4:B11，即“姓名”数据区域，在“开始”选项卡上单击“单元格”组中的“格式”按钮，从弹出菜单中选择“设置单元格格式”命令，打开“设置单元格格式”对话框，转到“对齐”选项卡，在“水平对齐”下拉列表框中选择“分散对齐（缩进）”选项，如图 6-23 所示。

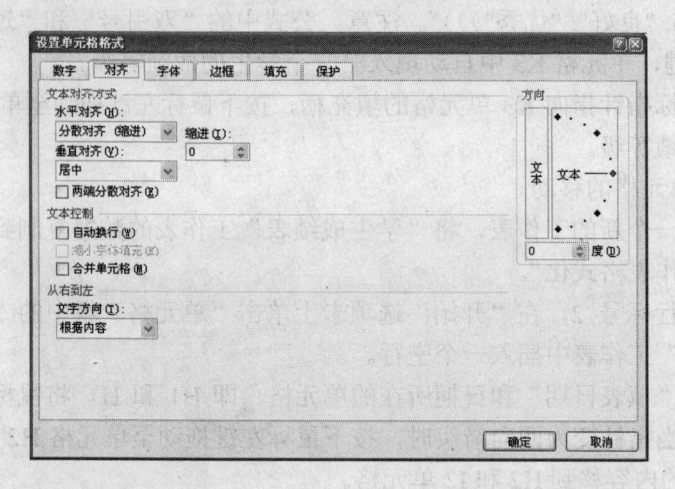

图 6-23　“设置单元格格式”对话框的“对齐”选项卡

◆ 设置学号（A4:A11）为文本型。

（1） 拖动鼠标选中 A4:A11 区域。

（2） 打开“设置单元格格式”对话框，转到“数字”选项卡，在“分类”列表框中选择“文本”选项，单击“确定”按钮，将数值型学号数据改为文本型。

◆ 设置工作表数据区域的边框和底纹。

（1） 拖动鼠标选中 A1:K2 区域，在“开始”选项卡上单击“单元格”组中的“格式”按钮，从弹出菜单中选择“设置单元格格式”命令，打开“设置单元格格式”对话框，转到“填充”选项卡，如图 6-24 所示。

（2） 单击“填充效果”按钮，打开“填充效果”对话框，选中“双色”单选按钮，在“颜色 2”下拉面板中选择“橙色”，再在“底纹样式”选项组中选择水平变体 2（上橙下白），如图 6-25 所示。

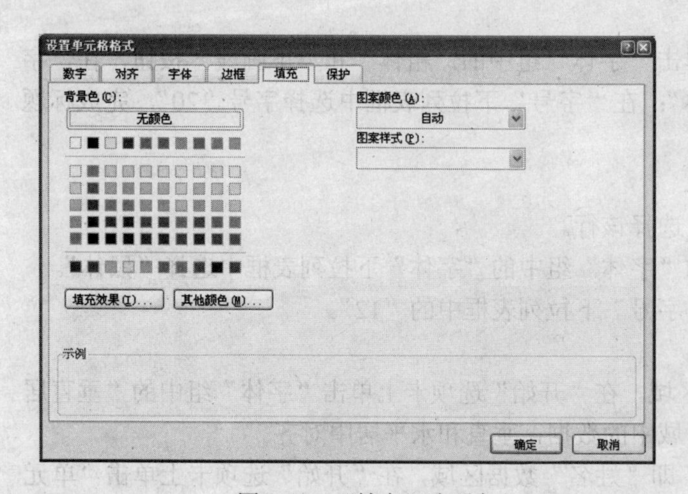

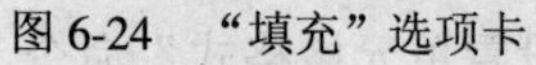
图 6-24　“填充”选项卡

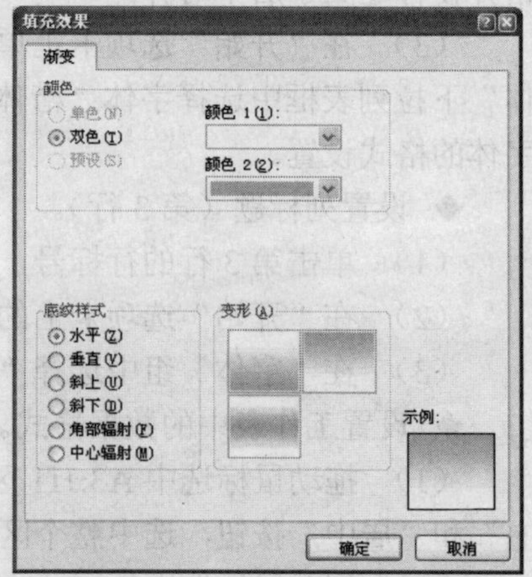

图 6-25　“填充效果”对话框

（3） 单击两次“确定”按钮，关闭对话框。

（4） 拖动鼠标选中 A3:K11 区域，再次打开“设置单元格格式”对话框，转到“边框”选项卡，如图 6-26 所示。

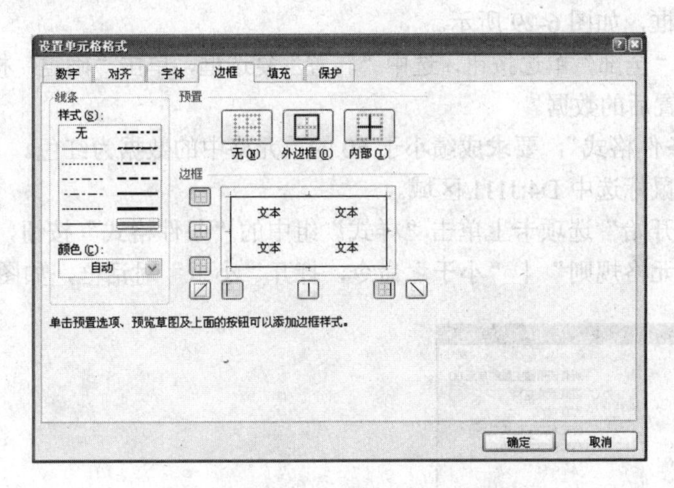

图 6-26 “边框”选项卡

（5） 在“样式”列表框中单击双线，再单击“外边框”按钮。

（6） 在“样式”列表框中单击单实线，再单击“内部”按钮。

（7） 在“颜色”下拉面板中选择“橙色”，单击“确定”按钮。

◆ 设置工作表数据区域的行高。

（1） 拖动鼠标选中 3~11 行。

（2） 在“开始”选项卡上单击“单元格”组中的“格式”按钮，在弹出菜单中选择“行高”命令，打开“行高”对话框，如图 6-27 所示。

（3） 输入行高值“20”，单击“确定”按钮。

◆ 设置工作表数据区域的列宽。

（1） 移动鼠标指针到所要设置列的列编号栏右界，向左或向右拖动鼠标，列宽将随着变化。

（2） 在“开始”选项卡上单击“单元格”组中的“格式”按钮，在弹出菜单中选择“列宽”命令，打开 “列宽”对话框，输入列宽值，如图 6-28 所示。

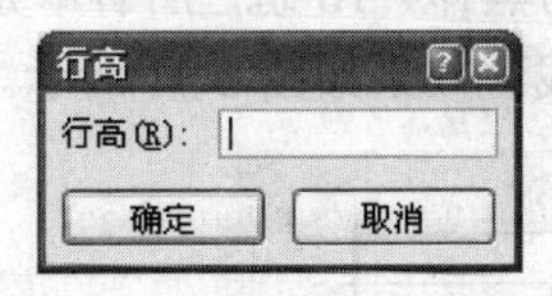

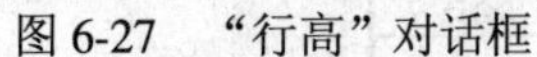

图 6-27 “行高”对话框

图 6-28 “列宽”对话框

（3） 要设置列宽为“最合适的列宽”，单击要调整列的编号栏，在“开始”选项卡上单击“单元格”组中的“格式”按钮，在弹出菜单中选择“自动调整列宽”命令。

◆ 利用“选择性粘贴”，将选中区域的数据“转置”到工作表 Sheet3 中。

（1） 拖动鼠标选中 A3:G11 区域。

（2） 按 Ctrl＋C 组合键复制选中区域。

（3） 切换到工作表 Sheet3 中，选择 A1 单元格，在“开始”选项卡上单击“剪贴板”组中的“粘贴”按钮下方的下拉按钮，从弹出菜单中选择“选择性粘贴”命令，打开“选择性粘贴”对话框，如图 6-29 所示。

（4） 选中“全部”单选按钮，选中“转置”复选框，单击“确定”按钮，则在 Sheet3 工作表中得到转置后的数据。

◆ 设置“条件格式”，要求成绩小于 60 的单元格中的数据为红色。

（1） 拖动鼠标选中 D4:J111 区域。

（2） 在“开始”选项卡上单击“样式”组中的“条件格式”按钮，从弹出菜单中选择“突出显示单元格规则”｜“小于”命令，打开“小于”对话框，如图 6-30 所示。

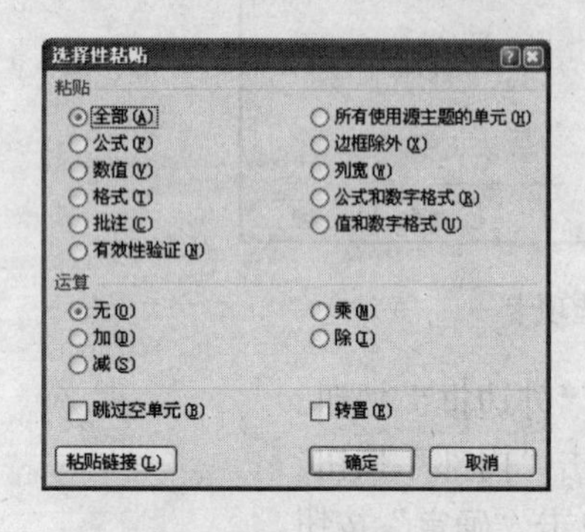

图 6-29 “选择性粘贴”对话框

图 6-30 “小于”对话框

（3） 在左边的文本框中输入“60”，在右边的下拉列表框中选择“红色文本”。

（4） 单击“确定”按钮，完成条件格式的设置。

四、实验操作

操作 1

（1） 新建 Excel 工作簿 Book1。

（2） 在工作表 Sheet1 中输入数据，设置为行高 20，列宽 12，将工作表标签 Sheet1 改名为“销售计划表”。

（3） 设置以下格式：首行合并后居中，字体为黑体、16 磅，所有单元格中数据垂直和水平居中对齐，标题行文字为黑体，设置内外框线。效果如图 6-31 所示。

市场部08年销售计划			
主机	显示器	键盘	合计
51500	340000	49500	
68000	68000	14000	
75000	85500	3500	
151500	144900	9150	

图 6-31 工作簿 Book1 效果

操作 2

（1） 新建 Excel 工作簿 Book2。

（2） 在工作表 Sheet1 中输入数据，设置行高为 22，列宽为 13，将工作表标签 Sheet1 改名为“学生成绩表”。

（3） 设置以下格式：标题行中数据字体加粗，所有单元格内文字数据水平居中，数字数据水平居右，所有单元格垂直居中对齐，设置内外框线和底纹。效果如图 6-32 所示。

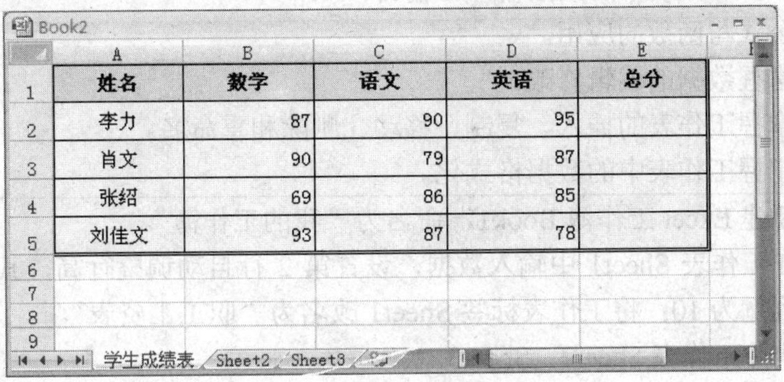

姓名	数学	语文	英语	总分
李力	87	90	95	
肖文	90	79	87	
张绍	69	86	85	
刘佳文	93	87	78	

Book2　学生成绩表　Sheet2　Sheet3

图 6-32　工作簿 Book2 效果

操作 3

（1） 新建 Excel 工作簿 Book3。

（2） 在工作表 Sheet1 中输入数据，设置第 3～9 行高为 22，列宽为 12，将工作表标签 Sheet1 改名为“销售统计表”。

（3） 设置以下格式：首行合并及居中，文字水平居中，数字水平居右，除斜线表头外，所有单元格垂直居中对齐，设置内外框线；标题文字为楷体、加粗、16 磅，文本字体加粗。

（4） 计算各产品的总销售量。效果如图 6-32 所示。

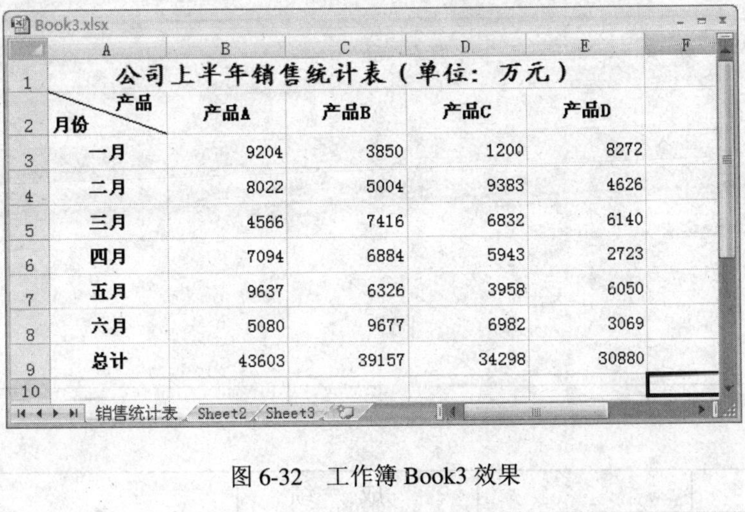

Book3.xlsx

公司上半年销售统计表（单位：万元）				
产品 / 月份	产品A	产品B	产品C	产品D
一月	9204	3850	1200	8272
二月	8022	5004	9383	4626
三月	4566	7416	6832	6140
四月	7094	6884	5943	2723
五月	9637	6326	3958	6050
六月	5080	9677	6982	3069
总计	43603	39157	34298	30880

销售统计表　Sheet2　Sheet3

图 6-32　工作簿 Book3 效果

实 验 报 告（实验 1）

课程：　　　　　　　　　　　　　　　　实验题目：建立、编辑 Excel 2007 工作表

姓名		班级		组（机）号		时间	

实验目的：1. 掌握工作表中的数据输入与编辑。
2. 公式与函数的应用。
3. 掌握数据的编辑修改。
4. 掌握工作表的插入、复制、移动、删除和重命名。
5. 掌握工作表中的数据格式化。

实验要求：1. 新建 Excel 工作簿 Book1，命名为“我的工作簿”。
2. 在工作表 Sheet1 中输入数据，设置第 2 行自动调整行高，其余行高为 18，列宽为 10；将工作表标签 Sheet1 改名为“职工工资表”。
3. 删除工作表 Sheet2、Sheet3。
4. 设置格式：文字水平居中，数字水平居右，所有单元格垂直居中对齐，设置内外框线，标题文字为华文琥珀体、12 磅。效果如图 6-33 所示。

实验内容与步骤：

实验分析：

实验指导教师		成　绩	

实　验　报　告（实验 2）

课程：　　　　　　　　　　　　　　　实验题目：建立、编辑 Excel 2007 工作表

姓名		班级		组（机）号		时间	

实验目的： 1. 掌握工作表中的数据输入与编辑。
2. 公式与函数的应用。
3. 掌握数据的编辑修改。
4. 掌握工作表的插入、复制、移动、删除和重命名。
5. 掌握工作表中的数据格式化。

实验要求： 1. 在 Excel 工作簿“我的工作簿”中插入一个新工作表 Sheet4。
2. 在工作表 Sheet4 中输入数据，设置第 1 行行高为 25，其余行高为 16，列宽为 10，将工作表标签 Sheet4 改名为“学生成绩表”。
3. 设置以下格式：文字水平居中，数字水平居右，所有单元格垂直居中对齐，设置内外框线和底纹，标题文字为楷体、加粗、16 磅。效果如图 6-34 所示。

实验内容与步骤：

实验分析：

实验指导教师		成　绩	

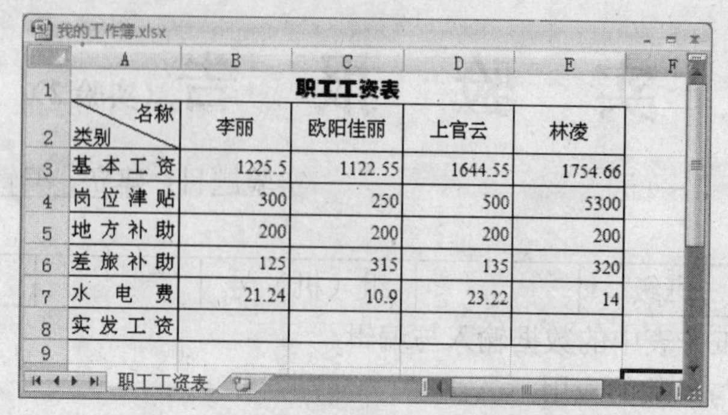

职工工资表

名称 类别	李丽	欧阳佳丽	上官云	林凌
基本工资	1225.5	1122.55	1644.55	1754.66
岗位津贴	300	250	500	5300
地方补助	200	200	200	200
差旅补助	125	315	135	320
水电费	21.24	10.9	23.22	14
实发工资				

图 6-33　实验 1 效果

学生成绩表

姓名	李翰	韩旭	白洁	汪洋
数学	87.5	89	91.5	88.5
物理	83.5	76	65.5	90
化学	56	64	88	78
英语	84	55	88	65.5
平均分				

图 6-34　实验 2 效果

第二部分　Excel 2007 数据图形化

一、实验目的

（1）掌握图表制作的基本方法，理解系列数据产生在行和在列的含义。

（2）掌握图表的不同类型和格式化。

（3）熟悉对图表的移动，复制，调整大小和删除操作。

（4）掌握嵌入式图表和独立图表的不同制作方法。

二、实验要点

◆ 创建图表。

（1）启动 Excel，打开工作簿文件。

（2）选定待显示在图表中的数据所在的单元格。

（3）切换到“插入”选项卡，在“图表”组中单击要使用的图表类型，如“柱形图”，然后从弹出的下拉菜单中选择要使用的图表次类型。

（4）生成图表，并在功能区中显示图表工具，如图 6-35 所示。

（5）利用图表工具设计图表的样式、布局及细节效果。

◆ 编辑图表。

（1）调整嵌入图表的位置和大小。

（2）添加和删除数据。

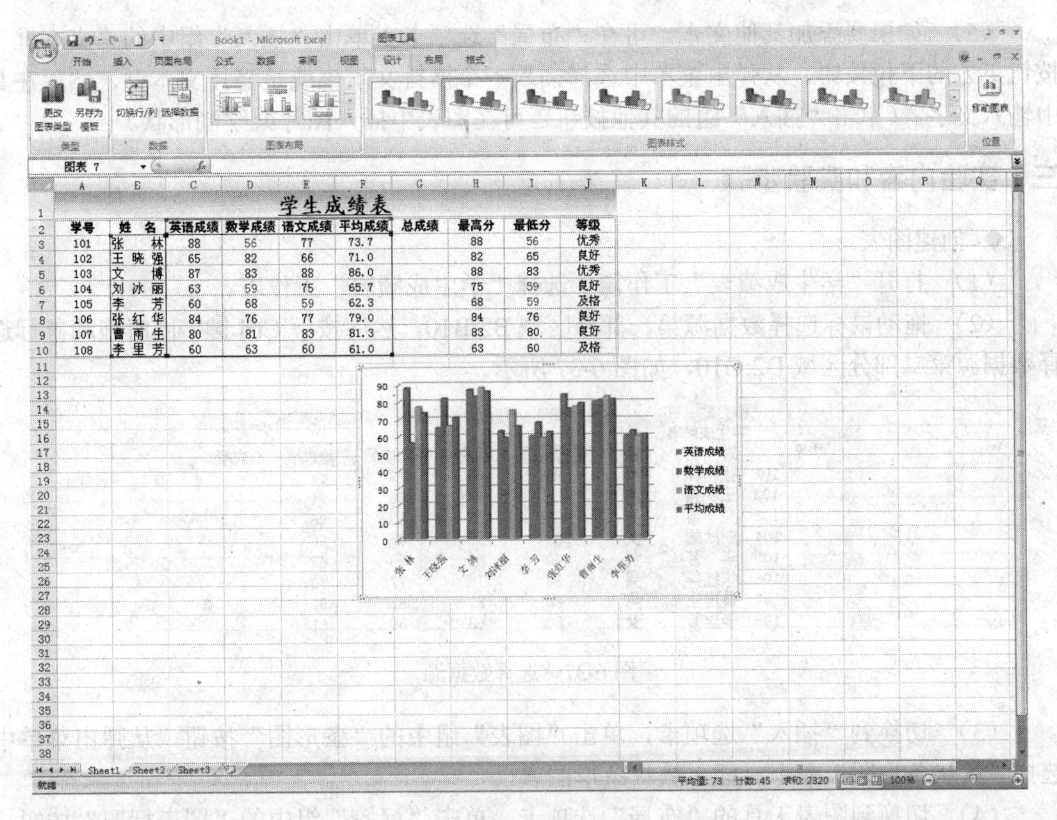

学生成绩表

学号	姓 名	英语成绩	数学成绩	语文成绩	平均成绩	总成绩	最高分	最低分	等级
101	张 林	88	56	77	73.7		88	56	优秀
102	王 晓 强	65	82	66	71.0		82	65	良好
103	文 博	87	83	88	86.0		88	83	优秀
104	刘 冰 丽	63	59	75	65.7		75	59	良好
105	李 芳	60	68	59	62.3		68	59	及格
106	张 红 华	84	76	77	79.0		84	76	良好
107	曹 雨 生	80	81	83	81.3		83	80	良好
108	李 里 芳	60	63	60	61.0		63	60	及格

图 6-35　生成图表

◆ 添加文本和对象。

（1） 单击选定要添加文本的图表，显示图表工具。

（2） 切换到“布局”选项卡，单击“标签”组中的“图表标题”按钮，从弹出菜单中选择图表标题的位置，如“图表上方”，在图表中添加一个标题文本框，如图 6-36 所示。

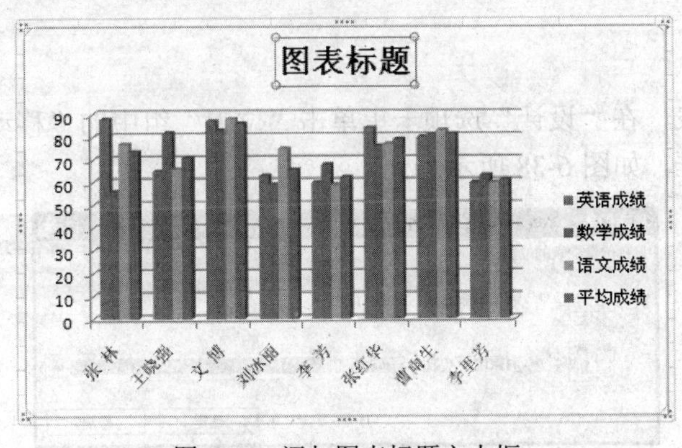

图 6-36　添加图表标题文本框

（3） 选中提示文字“图表标题”，输入需要的文字，替换提示文字。

（4） 通过单击“布局”选项卡上“标签”组中的其他按钮可添加坐标轴标题文字，以及图例、数据标签、数据表等内容。

（5） 如果要添加其他文本，可在“布局”选项卡上单击“插入”组中的“文本框”按钮下方的下拉按钮，从弹出菜单中选择插入一个横排文本框或是竖排文本框，然后在其中输入文字。（单击“插入”组的其他按钮还可在图表中插入图片或绘制形状）

三、实验内容和实验步骤

◆ 创建图表。

（1） 打开“学生成绩表”工作簿，选择“学生成绩表”工作表。

（2） 拖动鼠标选择数据源第一部分区域 B2:B10，然后按下 Ctrl 键，同时拖动鼠标选择数据源第二部分区域 D2:G10，如图 6-37 所示。

	A	B	C	D	E	F	G	H
1		学生成绩表						
2	学号	姓　名	性别	英语成绩	数学成绩	语文成绩	平均成绩	总成绩
3	101	张　林	男	88	56	77	74	
4	102	王晓强	男	65	82	66	71	
5	103	文　博	男	87	83	88	86	
6	104	刘冰丽	女	63	59	75	66	
7	105	李　芳	女	60	68	59	62	
8	106	张红华	男	84	76	77	79	
9	107	曹雨生	男	80	81	83	81	
10	108	李里芳	女	60	63	60	61	

图 6-37　选择数据源

（3） 切换到“插入”选项卡，单击“图表”组中的“条形图”按钮，从弹出菜单中选择“簇状条形图”命令，插入簇状条形图表。

（4） 切换到图表工具的“布局”选项卡，单击“标签”组中的“图表标题”按钮，从弹出菜单中选择“图表上方”命令，插入图表标题文本框，将其中的提示文字更改为“学生成绩示意图”。

◆ 更改图表样式。

（1） 在图表区单击，图表周围出现选择框，表示图表已被选中。

（2） 在图表工具的“设计”选项卡上展开“图表样式”组中的样式库，从中选择“样式 42”。

◆ 移动图表。

（1） 选择图表，在“设计”选项卡上单击“位置”组中的“移动图表”按钮，打开“移动图表”对话框，如图 6-38 所示。

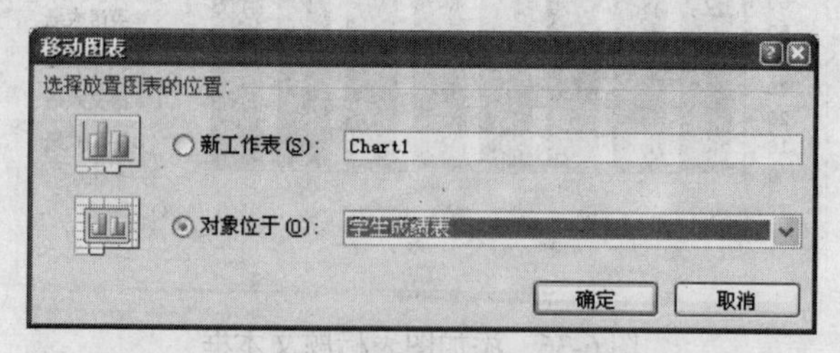

图 6-38　“移动图表”对话框

（2） 选择“新工作表”单选按钮，然后单击“确定”按钮，将图表放在一张新工作表中。新工作表的名称默认为“Chart1”，将其更改为“学生成绩图”，如图 6-39 所示。

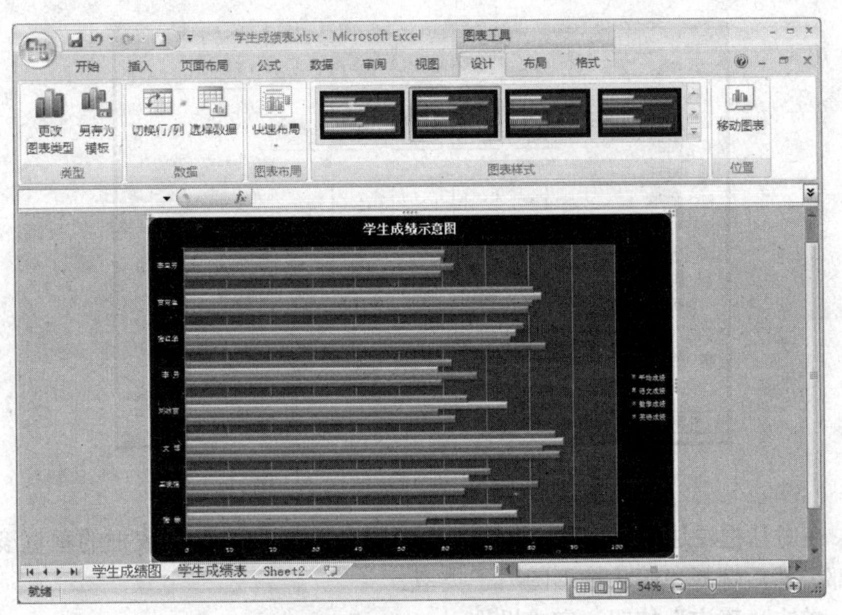

图 6-39　将图表移动到新工作表上

◆ 图表的缩放和移动。

（1） 选择图表，鼠标指针指向右下角的缩放控点并向右下方拖动，可放大图表；鼠标指针指向右下角的缩放控点并向左上方拖动，可缩小图表。

（2） 单击选中图例，图例四周会出现 8 个控点，将鼠标指针指向右下角的控点并向右下方拖动，可放大图例；鼠标指针指向右下角的控点并向左上方拖动，可缩小图例。

（3） 在选中的图例上按下鼠标左键拖动，可移动图例。

◆ 设置图表格式。

（1） 选择图表，然后切换到图表工具的“格式”选项卡，在“形状样式”组中的样式库中选择“细微效果，强调颜色 4”样式，更改图表区的背景。

（2） 单击选择图表区，在“格式”选项卡上单击“形状样式”组中的“形状填充”按钮，从弹出菜单中选择“白色”，将图表区的背景墙更改为白色。

（3） 单击选择图例，在“格式”选项卡上单击“形状样式”组中的“形状填充”按钮，从弹出菜单中选择“纹理”｜“水滴”图标，为图例应用背景纹理。

（4） 选择图表标题文字，在“格式”选项卡上的“艺术字样式”组中选择样式库中的“渐变填充，强调文字颜色 1”样式，然后单击“文本效果”按钮，在弹出菜单中选择“发光”｜“强调文字颜色 5，18pt 发光”效果。

◆ 增加“数据标签”。

（1） 选中图表，切换到图表工具的“布局”选项卡。

（2） 单击“标签”组中的“数据标签”按钮，从弹出菜单中选择“数据标签外”命令，使数据标签显示在条形图的右端。

◆ 修改图表类型。

（1） 选中图表，切换到图表工具的“设计”选项卡，单击“类型”组中的“更改图表类型”按钮，打开“更改图表类型”对话框，如图 6-40 所示。

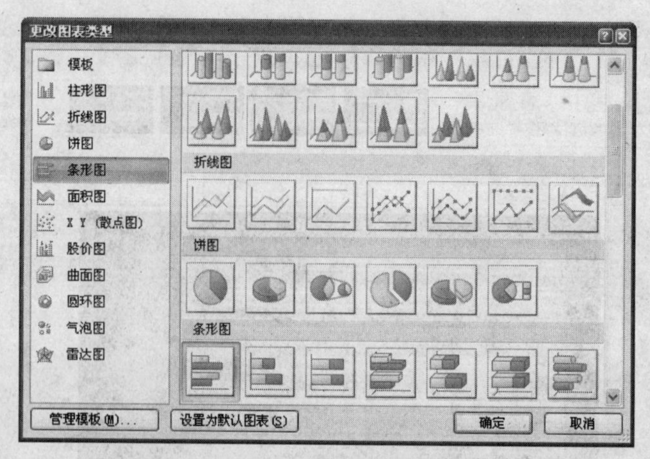

图 6-40 “更改图表类型”对话框

（2） 在对话框左边的列表框中选择“柱形图”，或者将右侧列表框的垂直滚动条向上拖动到顶部，然后选择“簇状柱形图”子类型。

（3） 单击“确定”按钮，完成操作。

◆ 删除工作表中的图表。

（1） 对于与数据表处于同一张工作表中的图表，可在“开始”选项卡上单击“编辑”组中的“清除”命令，从弹出菜单中选择“清除内容”命令。

（2） 对于位于独立工作表中的图表，则可在“开始”菜单上单击“单元格”组中的“删除”按钮，从弹出菜单中选择“删除工作表”命令，将整张工作表连同图表一起删除。

四、实验操作

操作 1

（1） 根据图 6-41 所示内容创建一个工作表。

账 目	预 计 支 出	调 配 拨 款	差 额
110	199000	180000	
120	73000	66000	
140	20500	18500	
201	3900	4300	
311	4500	4250	

图 6-41 操作 1 素材

（2） 生成圆环图类型中的分离形圆环图。

（3） 切换行列数据，得到如图 6-42 所示的图表。

操作 2

（1） 根据图 6-43 所示的内容创建一个工作表。

（2） 在 B6 单元格中输入公式计算现金、银行存款、原材料的合计值，且将此公式复制到 D6 单元格处。

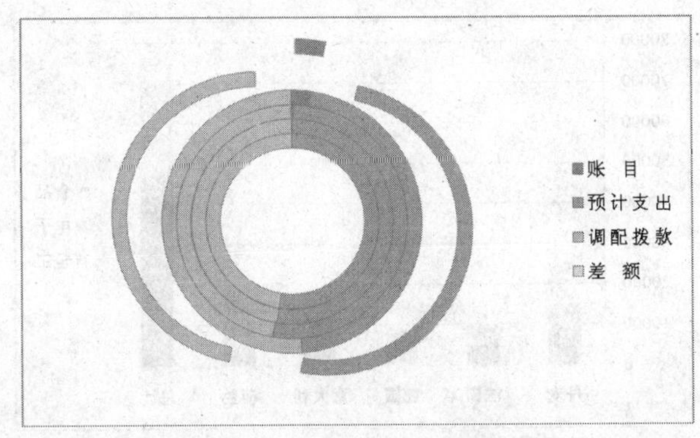

图 6-42　分离形圆环图表示例

财务表			
资产	金额	负债及所有者权益	金额
现金	5000	应付帐款	1800
银行存款	4500	实收资本	6000
原材料	1300	短期借款	3000
合计		合计	

图 6-43　操作 2 素材 1

（3） 在工作表 Sheet2 中输入如图 6-44 所示文字及数据，将工作表标签 Sheet2 改名为“销量表”。

销量表			
销售地	轻工	电子	食品
丹麦	3617	5569	5961
法国	1474	3768	4598
德国	2312	5905	1222
意大利	7243	4588	4988
荷兰	8661	1336	9331
总计			

图 6-44　操作 2 素材 2

（4） 设置 Sheet2 中数据单元格的行高为 18，列宽为 14。

（5） 分别计算轻工、电子、食品各类产品的销售总值。

（6） 根据销量表的数据生成图表，图表类型为堆积柱形图，如图 6-45 所示。

操作 3

根据图 6-46 所示的内容创建一个工作表。

（1） 在 E3 单元格处输入公式计算食品组一月、三月、五月的合计值，且将此公式复制到 E4、E5 单元格处。

（2） 在工作表 Sheet2 中输入如图 6-47 所示的文字及数据，将工作表标签 Sheet2 改名为“利润表”。

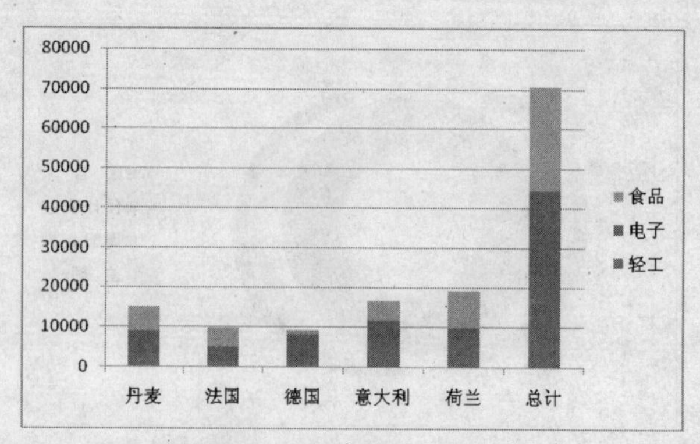

图 6-45　销量表产生的图表

商店销售表

组别	一月	三月	五月	合计
食品组	50000	51000	47000	
服装组	46000	49000	50050	
家电组	49000	54000	50000	

图 6-46　操作 3 素材 1

	1994 年	1995 年	1996 年
彩电	2345000	3000000	3330000
冰箱	2768000	2900000	3200000
录象机	1328000	1600000	2000000
音响	1868000	2100000	2400000
洗衣机	1584000	1800000	2200000
总计			

图 6-47　操作 3 素材 2

（3） 设置行高为 22，列宽为 16，添加内外框线。

（4） 设置文字水平居中，数字水平居右，所有单元格垂直居中对齐。

（5） 根据利润表生成图表，图表类型为数据点折线图，添加图表标题，如图 6-48 所示。

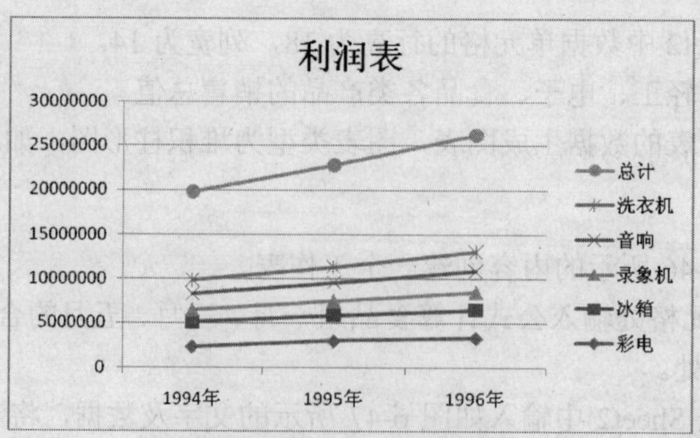

图 6-48　利润表产生的图表

操作 4

（1） 根据图 6-49 所示的内容创建一个工作表。

学生消费表				
姓名	文化程度	一月消费额	二月消费额	三月消费额
李刚	小学	80	90	90
王明	中学	150	180	200
赵伙	大学	290	340	310
平均				

图 6-49 操作 4 素材 1

（2） 设置小数位数为 2，在 C6 单元格处输入公式，计算李刚、王明、赵伙的一月消费额的平均值，且将此公式复制到 D6、E6 单元格处。

（3） 在工作表 Sheet2 中输入如图 6-50 所示的文字及数据，将工作表标签 Sheet2 改名为“生产情况表”。

第一季度生产情况				
	产品 1	产品 2	产品 3	合计
一月	12	16	9	
二月	13	14	10	
三月	10	9	16	

图 6-50 操作 4 素材 2

（4） 设置行高为 16，列宽为 11，文字水平居中，数字水平居右，所有单元格垂直居中对齐，设置内外框线和底纹，标题文字为 16 磅、楷体，标题行自动调整行高。

（5） 根据生产情况表一月份的数据生成图表，图表类型为分离型三维饼图，使用“细微效果，强调文字颜色 6”形状样式，“布局 1”图表布局，如图 6-51 所示。

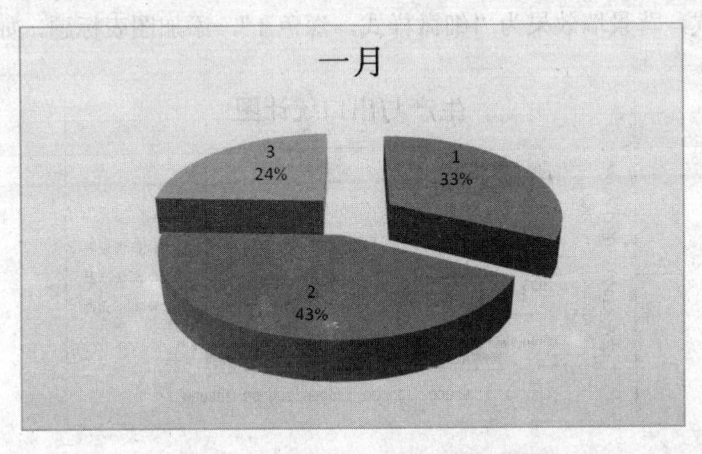

图 6-51 一月份生产情况产生的图表

操作 5

（1） 根据图 6-52 所示的内容创建一个工作表。

各城市旅游消费情况				
	一季度	二季度	三季度	四季度
上海	230	240	290	180
南京	200	280	300	190
北京	180	230	240	150
平均				

图 6-52 操作 5 素材 1

（2） 设置内外边框和底纹，标题为楷体、加粗、16 磅字，数值小数位数为 2。

（3） 在 B6 单元格输入公式，计算上海、南京、北京的一季度的旅游消费平均值，且将此公式复制到 C6、D6、E6 单元格处。

（4） 在工作表 Sheet2 中输入如图 6-53 所示的文字和数据，将工作表标签 Sheet2 改名为“生产与出口的统计表”。

	生产（10 亿元）		出口（10 亿元）	
	1994	1995	1994	1995
电子元件	200082	24657	17451	21918
消费产品	10410	11439	7356	8075
投资设备	7978	9736	5670	6262
总计				

图 6-53 操作 5 素材 2

（5） 设置行高为 20，列宽为 15，所有数据水平垂直居中对齐，设置内外框线。

（6） 根据生产与出口的统计表中的数据生成图表，图标类型为簇状条形图，使用“样式 26”图表样式，背景墙效果为“细微样式，深色 1”，添加图表标题，如图 6-54 所示。

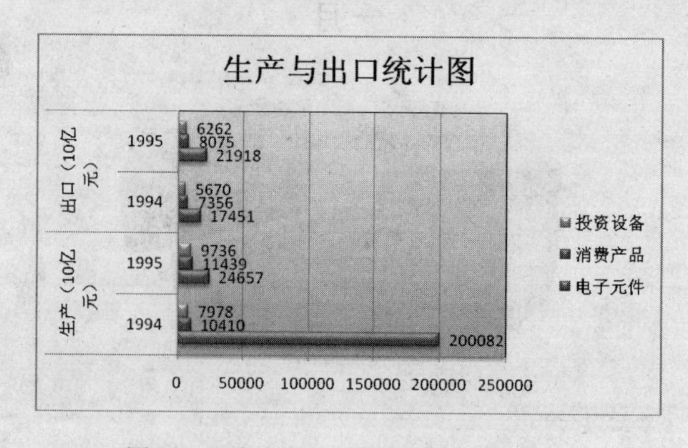

图 6-54 生产与出口统计表产生的图表

实 验 报 告（实验1）

课程：　　　　　　　　　　　　　　　　　实验题目：Excel 2007 数据图形化

姓名		班级		组（机）号		时间	

实验目的： 1. 掌握嵌入图表和独立图表的创建。

2. 掌握图表的整体编辑和对图表中各对象的编辑。

3. 掌握图表的格式化。

实验要求： 1. 根据图 6-55 所示的数据创建一个工作表，在 E3 单元格处输入公式，计算收入减去成本和费用后的利润值，且将此公式复制到 E4、E5 单元格处。

2. 插入 Excel 工作表 Sheet4。在工作表 Sheet4 中输入如图 6-56 所示的文字及数据，设置行高为 25，列宽为 15，将工作表标签 Sheet4 改名为“平均气温表”。

3. 设置格式：首行合并及居中，文字水平居中，数字水平居右，所有单元格垂直居中对齐，设置内外框线。

4. 根据“平均气温表”的内容生成相应图表，图表类型为折线图，如图 6-57 所示。

实验内容与步骤：

实验分析：

实验指导教师		成　绩	

实　验　报　告（实验2）

课程：　　　　　　　　　　　　　　　　　　实验题目：Excel 2007数据图形化

<table>
<tr><td>姓名</td><td></td><td>班级</td><td></td><td>组（机）号</td><td></td><td>时间</td><td></td></tr>
<tr><td colspan="8">实验目的：1. 掌握嵌入图表和独立图表的创建。
2. 掌握图表的整体编辑和对图表中各对象的编辑。
3. 掌握图表的格式化。</td></tr>
<tr><td colspan="8">实验要求：1. 根据图6-58所示的数据创建一个工作表，在D2单元格处输入公式，计算实际产量与单位成本的乘积，即总成本，并将此公式复制到D3、D4、D5单元格处。
2. 在Excel工作表Sheet2中输入如图6-59所示的文字及数据，设置行高为20，列宽为10，将工作表标签Sheet2改名为“部分费用情况表”。
3. 设置格式：首行合并及居中，文字水平居中，数字水平居右，所有单元格垂直居中对齐，设置内外框线。
4. 根据“部分费用情况表”内容生成相应图表，图表类型为圆环图，图表样式为“样式26”，显示数据标签，如图6-60所示。</td></tr>
<tr><td colspan="8">实验内容与步骤：</td></tr>
<tr><td colspan="8">实验分析：</td></tr>
<tr><td colspan="2">实验指导教师</td><td colspan="2"></td><td colspan="2">成　绩</td><td colspan="2"></td></tr>
</table>

利润表				
名称	收入	成本	费用	利润
A	5000	2800	300	
B	4500	3000	200	
C	5500	2500	500	

图 6-55　T5-11.xls 文件的内容

世界主要城市平均气温表						
城市	二月	四月	六月	八月	十月	十二月
北京	4	18	28	30	20	3
东京	6	15	20	19	17	6
伦敦	4	10	15	19	10	4
纽约	1	14	24	22	15	3
平均						

图 6-56　平均气温表

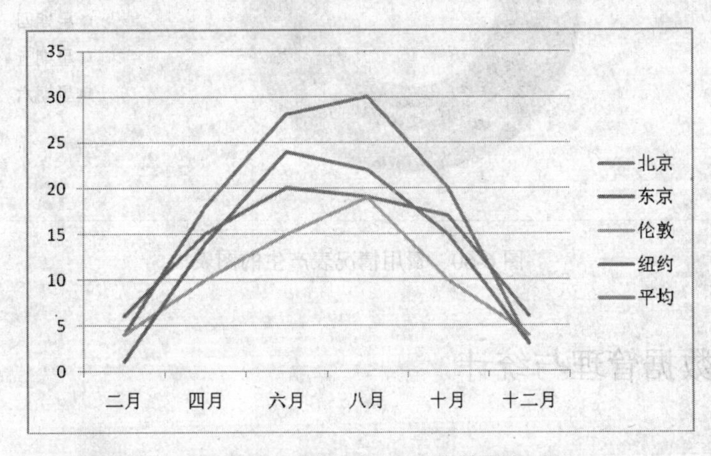

图 6-57　平均气温表产生的图表

产品种类	实际产量	单位成本	总成本
产品 A	15	30	
产品 B	20	40	
产品 C	25	25	
产品 D	16	20	

图 6-58　T5-12.xls 文件的内容

部门费用情况表				
	第一周	第二周	第三周	第四周
星期一	58	69	45	25
星期二	35	49	58	46
星期三	67	64	93	54
星期四	59	52	46	57
星期五	68	54	83	52
星期六	69	48	52	56
合计				

图 6-59　费用情况表

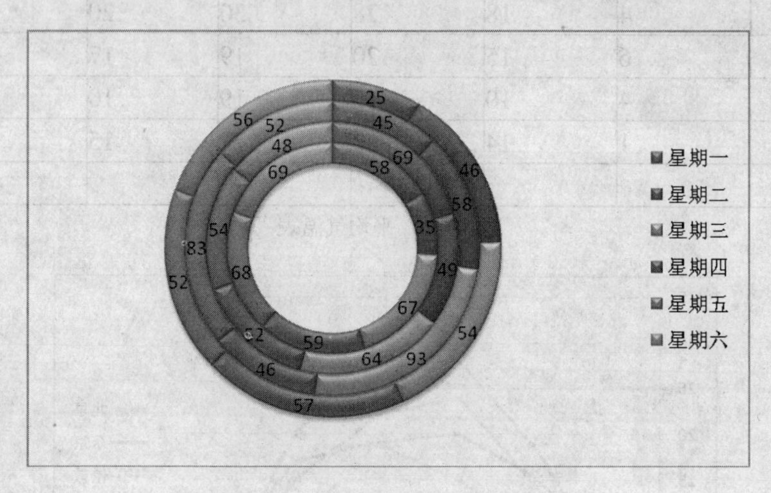

图 6-60　费用情况表产生的图表

第三部分　数据管理与统计

一、实验目的

（1）　掌握数据的排序。

（2）　掌握数据的筛选。

（3）　掌握数据的分类汇总。

二、实验要点

◆ 建立数据清单应遵循以下规则。

（1）　如果按某一列进行排序，则在该列上完全相同的行将保持它们的原始次序。

（2） 被隐藏起来的行不会被排序，除非它们是分级显示的一部分。

（3） 如果按多列进行排序，则主要列中有完全相同的记录行会根据指定的第二列进行排序；如果第二列中有完全相同的记录行时，则会根据指定的第三列进行排序。

（4） 在排序列中有空白单元格的行会被放置在排序的数据清单的最后。

（5） 排序选项中如包含选择的列、顺序和方向等，则在最后列次排序后会被保存下来，直到修改它们或修改选择区域或列标记为止。

◆ 对单列数据排序。

（1） 在数据清单中单击要排序的字段名。

（2） 在"开始"选项卡上单击"排序和筛选"按钮，从弹出菜单中选择"升序"命令或"降序"命令，即可完成排序。

◆ 对多列数据进行排序。

（1） 单击数据清单中的任一单元格。

（2） 切换到"数据"选项卡，单击"排序和筛选"组中的"排序"按钮，打开"排序"对话框，如图 6-61 所示。

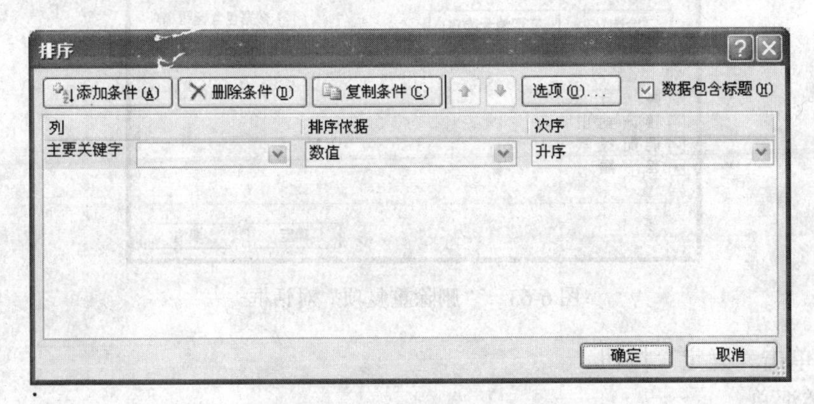

图 6-61 "排序"对话框

（3） 在"主要关键字"下拉列表框中选择字段名称，并在"排序依据"下拉列表框中选择排序的依据（数据、单元格颜色、字体颜色、单元格图标），再在"次序"下拉列表框中选择"升序"或"降序"。

（4） 单击"添加条件"按钮，在"主要关键字"的下方增加一个次要条件项，设置次要关键字、次要排序依据及次要排序次序。可指定多个排序条件。

（5） 全部设置完毕，单击"确定"按钮，即可排序。

◆ 数据的筛选。

（1） 在数据清单中单击。

（2） 切换到"数据"选项卡，单击"排序和筛选"组中的"筛选"按钮，在每个字段的右边都出现一个下拉按钮▾。

（3） 单击下拉按钮，从弹出的筛选菜单中选择筛选条件。

◆ 删除重复项。

（1） 在数据表中单击，切换到"数据"选项卡，单击"排序和筛选"组中的"高级"按钮，打开"高级筛选"对话框，选中"选择不重复的记录"复选框，单击"确定"按钮，如图 6-62 所示。

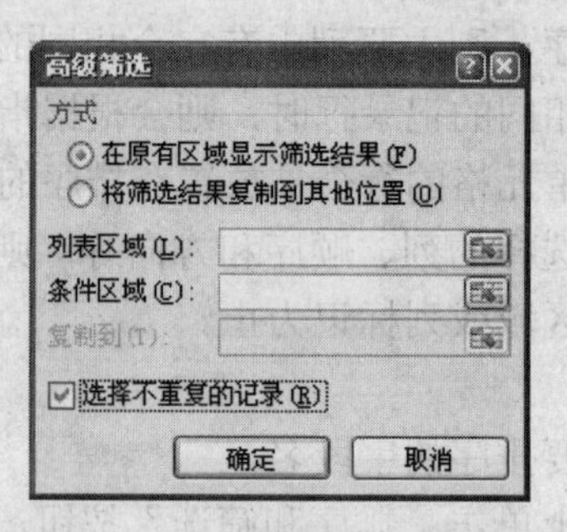

图 6-62 “高级筛选”对话框

（2） 在“数据”选项卡上单击“数据工具”组中的“删除重复项”按钮，打开“删除重复项”对话框，在“列”列表框中选择一个或多个列，如图 6-63 所示。

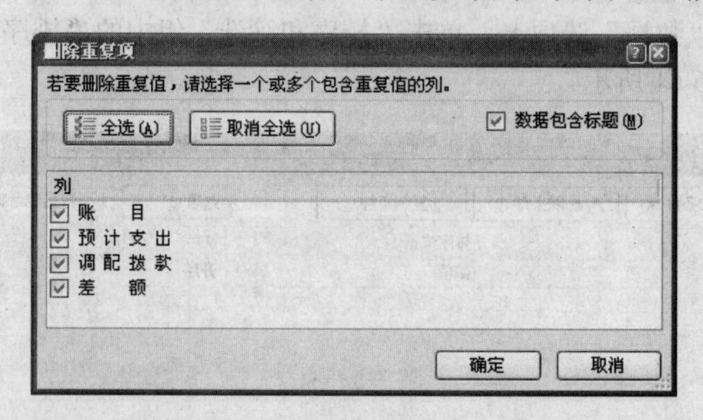

图 6-63 “删除重复项”对话框

（3） 单击“确定”按钮。

◆ 分类汇总。

（1） 对分类汇总的字段进行排序。

（2） 在“数据”选项卡中单击“分级显示”组中的“分类汇总”按钮，打开“分类汇总”对话框，如图 6-64 所示。

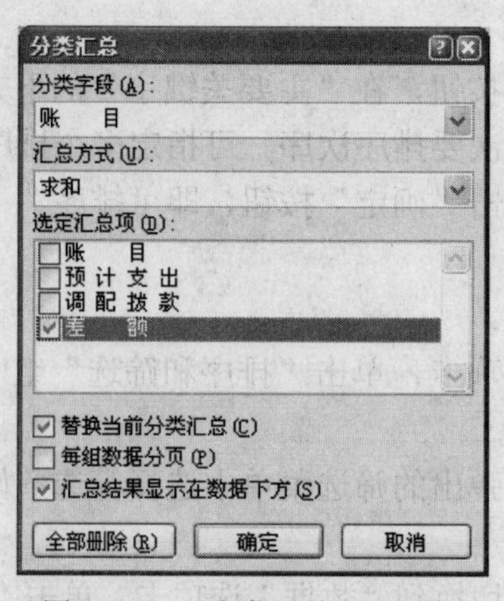

图 6-64 “分类汇总”对话框

（3） 指定分类字段、汇总方式和其他选项，选定汇总项。

（4） 单击“确定”按钮，得到分类汇总的结果。

三、实验内容和实验步骤

◆ 简单排序。

（1） 打开“学生成绩表”工作簿。

（2） 为了操作方便，将A列和C列隐藏，即选定A列；然后按住Ctrl键的同时，选中C列，右击，从弹出的快捷菜单中选择“隐藏”命令。

（3） 拖动鼠标选择参与排序的数据区域，即B2:G10。在“开始”选项卡上单击“编辑”组中的“排序和筛选”按钮，从弹出菜单中选择“自定义排序”命令，打开“排序”对话框。

（4） 在“主要关键字”下拉列表框中选择“平均成绩”，在“次序”下拉列表框中选择排序顺序为“降序”。

（5） 单击“确定”按钮，完成排序。

◆ 多重排序。

（1） 多重排序步骤与简单排序步骤相同，只是在“排序”对话框中的“主要关键字”列表中选择“性别”，在“次要关键字”列表框中选择“平均成绩”，如图6-65所示。

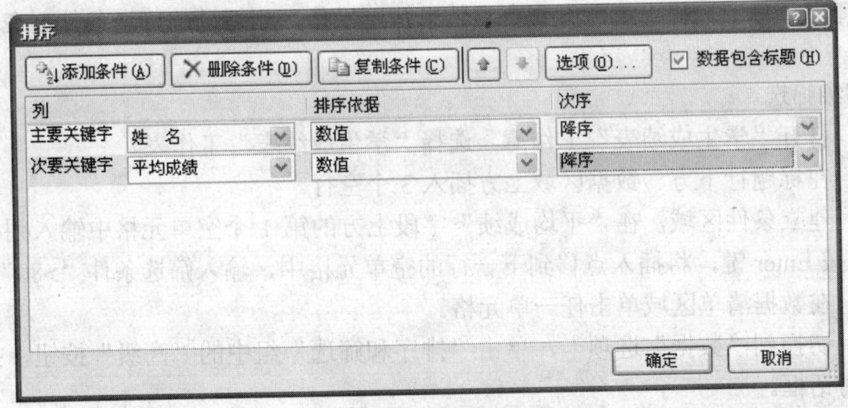

图6-65 多重排序

（2） 选择排序顺序为“递增”或“递减”，单击“确定”按钮，则完成以“性别”为“主要关键字”，“平均成绩”为“次要关键字”的双重排序操作。

◆ 自定义筛选。

（1） 打开“学生成绩表”工作簿，选择“学生成绩表”工作表。

（2） 取消对C列的隐藏，即在B、D列标题栏上拖动，同时选择B、D列，右击，从弹出菜单中选择“取消隐藏”命令。

（3） 切换到“数据”选项卡，单击“排序和筛选”组中的“筛选”按钮，在字段右边出现下拉按钮。

（4） 单击“性别”字段右侧的下拉按钮，从弹出菜单的列表框中设置筛选条件为“男”。

（5）单击“确定”按钮，显示所有男生的信息。

（6）单击“平均成绩”字段右侧的下拉按钮，从弹出菜单中选择“数字筛选”|“自定义筛选”命令，打开“自定义自动筛选方式”对话框。

（7）设置第一筛选条件为“大与或等于”，在右边列表框中输入 60；选择“与”单选按钮，再设置第二筛选条件为“小于或等于”，在右边列表框中输入 80，如图 6-66 所示。

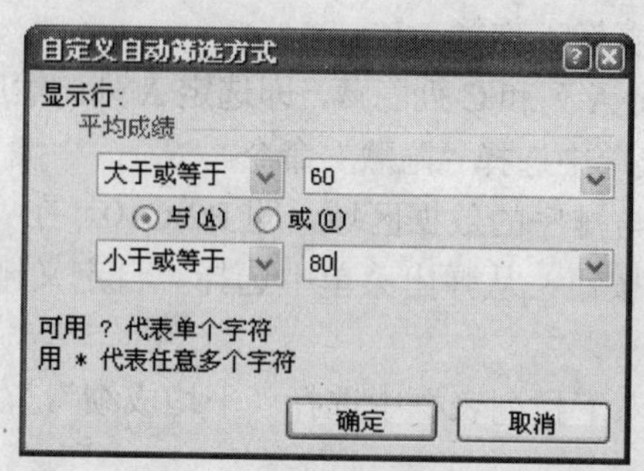

图 6-66 “自定义自动筛选方式”对话框

（8）单击“确定”按钮，完成操作。窗口显示出所有“平均成绩”大于或等于 60、小于或等于 80 的男生名单。

（9）如果要撤销筛选操作，在“数据”选项卡上单击“编辑”组中的“排序和筛选”按钮，从弹出菜单中选择“清除”命令。结束筛选操作，列标题的筛选条件列表框也随之消失。

◆ 高级筛选。

（1）打开“学生成绩表”工作簿，选择“学生成绩表”工作表。

（2）在标题行下方、数据区域上方插入 3 个空行。

（3）建立条件区域，在“平均成绩”字段上方的第 1 个空单元格中输入列标志“平均成绩”，按 Enter 键，将插入点移到下一行的空单元格中，输入筛选条件“>80”。

（4）在数据清单区域单击任一单元格。

（5）切换到“数据”选项卡，单击“排序和筛选”组中的“高级”按钮，打开“高级筛选”对话框。

（6）选择“方式”选项组中的“在原有区域显示筛选结果”单选按钮，此时“列表区域”文本框会被自动填充，如图 6-67 所示。

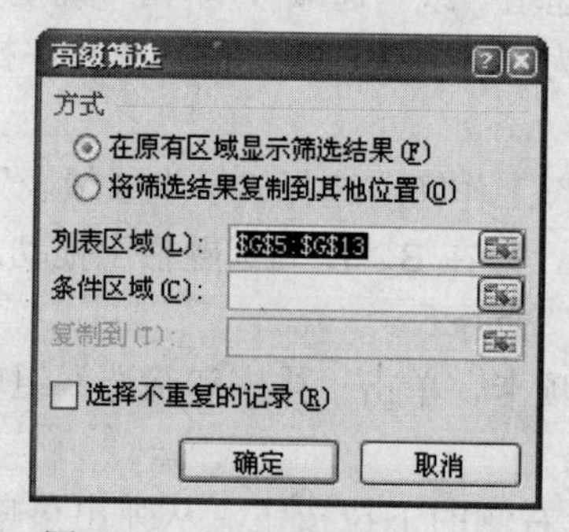

图 6-67 “高级筛选”对话框

（7） 单击“条件区域”右侧的折叠按钮折叠对话框，选择输入的列标志和筛选条件所在的单元格区域。

（8） 再次单击“条件区域”右侧的折叠按钮，展开对话框，单击“确定”按钮，完成高级筛选。

◆ 删除重复项。

（1） 打开“学生成绩表”工作簿，选择“学生成绩表”工作表。

（2） 在数据区域的任意单元格中单击，切换到“数据”选项卡，单击“数据工具”组中的“删除重复项”按钮，打开“删除重复项”对话框。

（3） 在“列”列表框中单击“取消全选”按钮，然后在“列”列表框中选中“语文成绩”复选框，如图 6-68 所示。

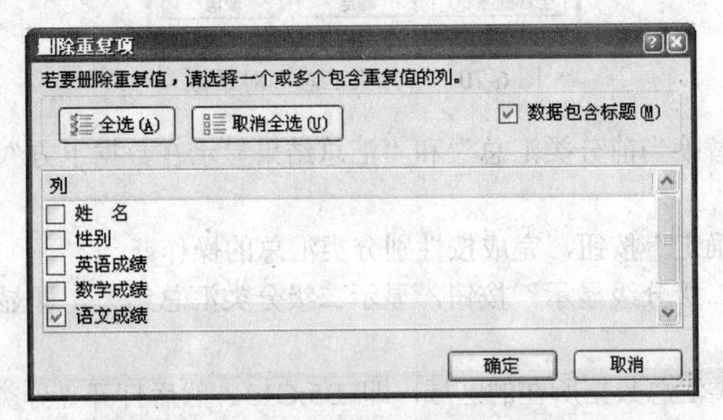

图 6-68 “删除重复项”对话框

（4） 单击“确定”按钮，打开如图 6-69 所示的提示对话框。

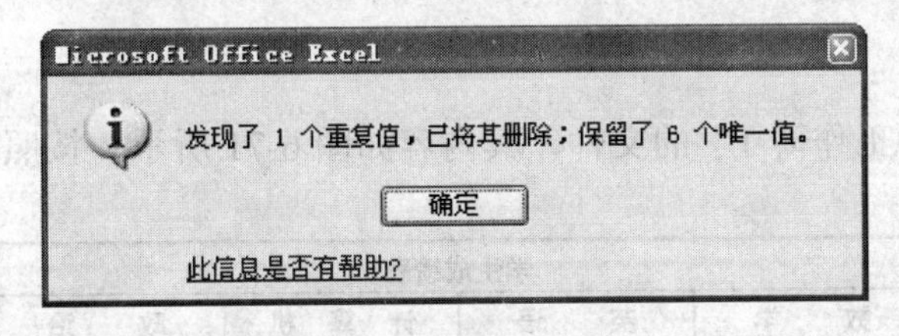

图 6-69 提示对话框

（5） 单击“确定”按钮，完成删除重复项的操作。

（6） 单击快速访问工具栏上的“撤销”按钮，撤销删除重复项的操作。

◆ 分类汇总。

（1） 打开“学生成绩表”工作簿，选择“学生成绩表”工作表。

（2） 在“平均成绩”列中单击鼠标，切换到“数据”选项卡，单击“排序和筛选”组中的“降序”按钮，使数据清单按平均成绩降序排列。

（3） 拖动鼠标选择参与分类汇总的数据区域 B5:G13，在“数据”选项卡上单击“分级显示”组中的“分类汇总”按钮，打开“分类汇总”对话框。在“分类字段”列表框中选择“姓名”，在“汇总方式”列表框中选择“计数”，在“选定汇总项”列表框中选择“性别”，如图 6-70 所示。

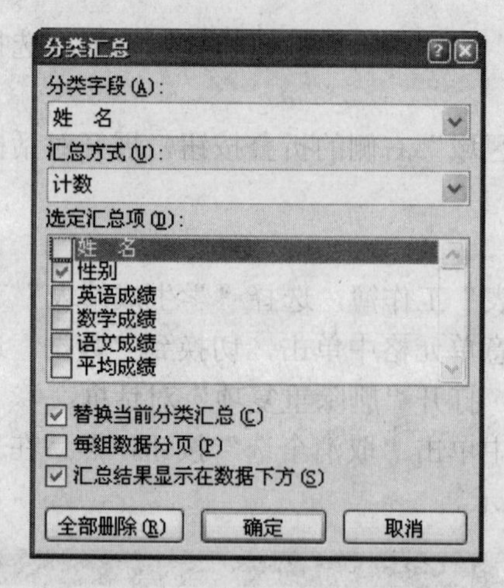

图 6-70 “分类汇总”对话框

（4） 选中“替换当前分类汇总”和“汇总结果显示在数据下方”复选框，使其他数据处于有效状态。

（5） 单击“确定”按钮，完成按性别分类汇总的操作。

（6） 单击“二级分级显示”按钮，显示二级分类汇总结果，即显示总计结果和男女分类计数结果。

（7） 选择分类汇总数据所在的区域，即 B5:G13。然后打开“分类汇总”对话框，单击“全部删除”按钮，完成删除分类汇总的操作。

四、实验操作

操作 1

打开“表格素材\工作簿 1”的文件，其内容如图 6-71 所示，按照下列要求进行操作。

学生成绩表					
姓 名	数 学	英 语	计 算 机	政 治	
何文	92	84	95	68	
彭浩	90	76	82	80	
王建国	94	80	88	76	
张雨平	85	94	88	78	
刘丽	87	78	79	74	
黄帅	96	82	97	70	
马岩	84	70	79	81	

图 6-71 工作簿 1.xlsx 文件的内容

（1） 将学生成绩表分别按“数学”、“英语”“政治”成绩降序排列。

（2） 对“计算机”成绩进行升序排列。

（3） 分别筛选数学成绩在 85~95 分之间、英语成绩在 75-85 分之间、计算机成绩在 85~95 分之间、政治成绩在 70~80 分之间的学生。

操作 2

打开“表格素材\工作簿 2”文件，其内容如图 6-72 所示，按照下列要求进行操作。

（1） 销售统计表按“月份”进行升序排列，分别按“服务器”、“PC 机”、“显示器”、“电源”销售量降序排列。

（2） 分别筛选服务器在 4 500~5 500 元之间、PC 机在 6 500~7 500 元之间、显示器在 5 500~7 500 分之间、电源在 450~550 元之间的销售量。

某公司下半年销售统计

月 份	服 务 器	PC 机	显 示 器	电 源	总 计
七月	4769	6266	5894	520	
八月	4030	5589	5000	369	
九月	4441	7000	5450	500	
十月	4805	7296	6689	580	
十一月	5692	7765	7234	540	
十二月	6000	7302	7850	486	

图 6-72 工作簿 2.xlsx 文件的内容

实　验　报　告（实验1）

课程：

实验题目：数据管理

姓名		班级		组（机）号		时间	

实验目的： 1. 掌握数据列表的排序。
2. 掌握数据列表的筛选。
3. 掌握数据的分类汇总。

实验要求： 打开“表格素材\工作簿3”文件，其内容如图6-73所示。按照下列要求进行操作。

1. 以“单价”为主要关键词进行升序排序。
2. 以分类汇总的方式统计各类商品的数量和总和，结果如图6-74所示。

实验内容与步骤：

实验分析：

实验指导教师		成　绩	

实　验　报　告（实验 2）

课程：　　　　　　　　　　　　　　　　　　　　　　　　实验题目：数据管理

姓名		班级		组（机）号		时间	

实验目的： 1. 掌握数据列表的排序。

2. 掌握数据列表的筛选。

3. 掌握数据的分类汇总。

实验要求： 打开“表格素材\工作簿 4”文件，其内容如图 6-75 所示，按照下列要求进行操作。

1. 按数量对图书进行降序排列。
2. 筛选单价在 20～35 元之间的图书（包含等于 20 元或等于 35 元的图书），如图 6-76 所示。
3. 按类别进行分类汇总，统计出每种类别图书的数量和总额，结果如图 6-77 所示。

实验内容与步骤：

实验分析：

实验指导教师		成　绩	

商品名称	型号	单价	数量	总计
打印机	EPSON	1720	25	43000
电脑	联想	8880	28	248640
电脑	海尔	9860	14	138040
打印机	联想	1430	30	42900
电脑	TCL	9999	10	99990

图 6-73　工作簿 3.xlsx 文件的内容

	A	B	C	D	E	F
1	商品名称	型号	单价	数量	总计	
2	打印机	联想	1430	30	42900	
3	打印机	EPSON	1720	25	43000	
4	**打印机 汇总**				85900	
5	电脑	联想	8880	28	248640	
6	电脑	海尔	9860	14	138040	
7	电脑	TCL	9999	10	99990	
8	**电脑 汇总**				486670	
9	**总计**				572570	
10						

图 6-74　分类汇总结果

图书名称	类别	单价	数量	总价
红楼梦	小说	20.8	38	790.4
唐诗鉴赏	诗词	35	50	1750
西游记	小说	18.5	26	4810
宋词鉴赏	诗词	22	13	286
VB 详解	教材	41	36	1476

图 6-75　工作簿 4.xlsx 文件的内容

	A	B	C	D	E	F
1	图书名称	类别	单价	数量	总价	
2	红楼梦	小说	20.8	38	790.4	
4	唐诗鉴赏	诗词	35	50	1750	
5	宋词鉴赏	诗词	22	13	286	
7						

图 6-76　筛选结果

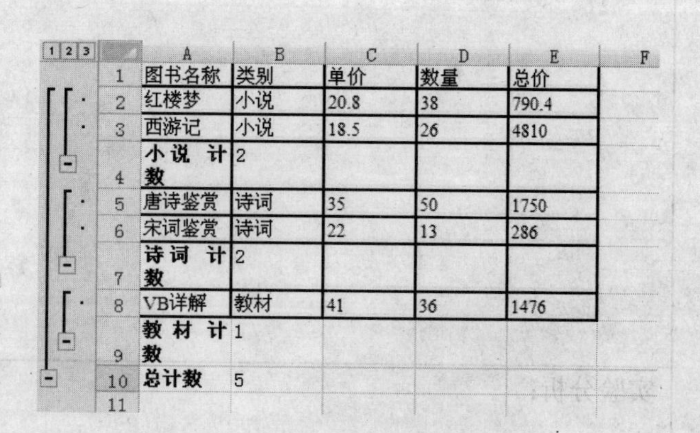

	A	B	C	D	E	F
1	图书名称	类别	单价	数量	总价	
2	红楼梦	小说	20.8	38	790.4	
3	西游记	小说	18.5	26	4810	
4	**小说 计数**	2				
5	唐诗鉴赏	诗词	35	50	1750	
6	宋词鉴赏	诗词	22	13	286	
7	**诗词 计数**	2				
8	VB详解	教材	41	36	1476	
9	**教材 计数**	1				
10	**总计数**	5				
11						

图 6-77　按类别分类汇总的结果

第四部分　练习题

一、填空题

（1） Excel 2007 工作簿使用的默认扩展名为________。

（2） 在 Excel 2007 中，工作簿名称放置在工作窗口顶端的________中。

（3） 工作表中的行以________进行编号，列以________进行编号。

（4） 在 Excel 2007 窗口中新建的工作簿自动以“________+________”的方式命名。

（5） 在 Excel 中，若要将光标向右移到下一个单元格中，可按________键；若要将光标向下移到下一个单元格中，可按________键。

（6） 如果 A1 单元格的内容为“＝A3*2”，A2 单元格为一个字符串，A3 单元格为数值 22，A4 单元格为空，则函数 COUNT（A1:A4）的值是________。

（7） 在 Excel 中，若活动单元格在 F 列 4 行，其引用的位置以________表示。

（8） 假设在 E6 单元格内输入公式＝E3+$C8，再把该公式复制到 A5 单元格，则在 A5 单元格中的公式实际是________；如果把该公式移到 A5 单元格，则在 A5 单元格的公式实际是________。

（9）如果在工作表中已经填写了内容，现在需要在 D 列和 E 列之间插入 3 个空白列，首先要选取的列名称是________。

（10） 在 Excel 中，若想输入当天日期，可以通过________键快速完成。

（11） 在 Excel 中，被选中的单元格称为________。

（12） 在 Excel 工作表中，如未特别设定格式，则文字数据会自动________对齐。

（13） 在 Excel 中，单元格内最多可输入________个字符。

（14） 由于________会永久删除重复值。因此，在执行该操作之前，最好先将原始单元格区域或表复制到另一个工作表或工作簿，以备不时之需。

（15） 在进行自动分类汇总之前，必须对数据清单进行________，并且数据清单的第一行里必须________。

（16） 筛选唯一值只是________，而不是删除值。

二、单项选择题

（1） 下列描述中，属于 Excel 核心功能的是（　　）。

A. 在文稿中制作出表格

B. 以表格的形式进行计算处理

C. 有很强的表格修饰能力

D. 有很强的表格打印能力

（2） 一个 Excel 文档就是（　　）。

A. 一个“工作表”

B. 一个“工作表”和一个统计图

C. 一个“工作簿”

D. 若干个“工作簿”

（3） 在Excel窗口的编辑栏中，最左边有一个“名称框”，里面显示的是当前单元格的（　　）。

A. 填写内容　　　　　　B. 值

C. 位置　　　　　　　　D. 名称或地址

（4） 在工作表中选中了一个单元格区域后，在状态栏中有时会显示以下信息：“平均值：？计数：？求和：？”这是Excel的（　）功能。

A. 显示状态　　　　　　B. 自动计算

C. 提示信息　　　　　　D. 自动计数

（5） 当直接启动Excel而不打开一个已有的工作簿文件时，Excel主窗口中（　　）。

A. 没有任何工作簿窗口

B. 自动打开最近一次处理过的工作簿

C. 自动打开一个空工作簿

D. 询问是否打开最近一次处理的工作簿

（6） 要使一个单元格区域合并为一个大单元格，且其中的数据居中对齐，应该执行的操作是（　）。

A. 先合并单元格，然后单击按钮

B. 先合并单元格，然后单击按钮

C. 直接单击“合并后居中”按钮

D. 以上三种操作都可以，它们的结果是相同的

（7） 如果一个工作簿中含有若干个工作表，在该工作簿的窗口中（　）。

A. 只能显示其中一个工作表的内容

B. 只能同时显示其中3个工作表的内容

C. 能同时显示多个工作表的内容

D. 可同时显示内容的工作表数目由用户设定

（8） 为了复制一个工作表，用鼠标拖动该工作表标签到达复制位置的同时，必须按下（　）键。

A. Alt　　　　　　　　B. Ctrl

C. Shift　　　　　　　D. Shift+Ctrl

（9） 通过“窗口拆分”操作，可以在一个文档窗口中同时看到（　　）。

A. 不同工作簿的内容

B. 同一工作簿中的不同的工作表的内容

C. 同一工作表的不同部分

D. 以上3个选项都对

（10） “视图”选项卡上的“新建窗口”按钮的功能是在主窗口中（　）。

A. 新建一个文档窗口，在其中打开一个新的空工作簿

B. 新建一个文档窗口，在其中打开的仍是当前工作簿

C. 在当前文档窗口中关闭当前工作簿而打开一个新工作簿

D. 在当前文档窗口中为当前工作簿新建一个工作表

（11） 要删除一个选中的单元格及其中的数据，可执行以下操作（　　）。

A. 按 Del 键

B. 在“开始”选项卡上单击“单元格”组中的“删除”按钮

C. 在“开始”选项卡上单击“编辑”组中的“清除”按钮

D. 在“开始”选项卡上单击“剪贴板”组中的“剪切”按钮

（12） 在 Excel 中，所有数据的输入及计算都是通过（　　）来完成的。

A. 工作表

B. 活动单元格

C. 文档

D. 工作簿

（13） 在斜线表头输入文字时，按（　　）键可使文字在一个单元格中换为两行。

A. Enter　　B. Shift+Enter

C. Ctrl+ Enter　　D. Alt+ Enter

（14） Excel 中工作簿的默认名是（　　）。

A. Book1　　B. Excel1

C. Docunent1　　D. Sheet1

（15） Excel 中工作表的默认名是（　　）。

A. DBF5　　B. Book3

C. Sheet4　　D. Document3

（16） 在 Excel 中，不能在单元格中直接输入的常量类型是（　　）。

A. 字符型　　B. 数值型

C. 备注型　　D. 日期型

（17）如果在工作表的 A5 单元格中存有数值 24.5，那么当在 B3 单元格中输入“=A5*3”后，默认情况下该单元格显示（　　）。

A. A53　　B. 73.5

C. 3A5　　D. A5*3

（18） 在 C3 单元格中输入了数值 24，那么公式“=C3>=30”的值是（　　）。

A. 24　　B. 30

C. -6　　D. FALSE

（19） 在输入公式时，必须以（　　）作为开始。

A. 等于号　　B. 数字

C. 函数　　D. 运算符号

（20） 在对文本以及包含数字的文本按升序排序时，排在最后的是（　　）。

A. 数字　　B. 字符

C. 文本　　D. 字母

（21） 要在多个单元格中填充相同的数据，可在输入数据后按（　　）组合键。

A. Alt+ Enter　　B. Shift+Enter

C. Ctrl+ Enter　　D. Ctrl+Alt+ Enter

三、多项选择题

（1） Excel 2007 可对数据进行（ ）排序。

A. 按升序　　B. 按降序

C. 单个字段　　D. 多个字段

（2） Excel 2007 的编辑栏由（ ）等部分组成。

A. 单元格名称框　　B. 单元格

C. 操作按钮　　D. 编辑区

（3） Excel 2007 数据填充功能具有按（ ）序列方式填充数据功能。

A. 等差　　B. 等比

C. 日期　　D. 自定义序列

（4） Excel 的（ ）可以计算和存储数据。

A. 工作表　　B. 工作簿

C. 工作区　　D. 单元格

（5） 在单元格中输完数据后，（ ）即可结束输入。

A. 按 Enter 键

B. 按 Tab 键

C. 在工作表的其他位置单击

D. 在活动单元格外任意位置单击

（6） 在Excel 2007中排序的依据有（ ）。

A. 数据

B. 单元格颜色

C. 字体颜色

D. 单元格图标

（7） （ ）都是自动筛选。

A. 按列表值筛选

B. 按格式筛选

C. 按条件筛选

D. 高级筛选

（8） 编辑栏中的操作按钮包括（ ）。

A. “取消”按钮

B. “输入”按钮

C. “插入函数”按钮

D. “确定”按钮

E. 翻页按钮

F. 折叠/展开按钮

（9） 保存工作簿正确的方法是（ ）。

A. 单击快速访问工具栏中的“保存”按钮

B. 选择 Office 菜单中的“保存”命令

C. 按 Ctrl＋S 组合键

D. 按 Ctrl＋N 组合键

（10） 想要编辑单元格内的数据，可行的方法是（ ）。

A. 直接双击目标单元格

B. 按 F4 键

C. 直接用鼠标选中目标单元格

D. 选中目标单元格后再单击编辑栏

（11） 字符型数据包括（ ）。

A. 汉字

B. 英文字母

C. 数字

D. 空格及键盘能输入的其他符号

（12） 公式中使用的运算符包括（ ）。

A. 运算符　　B. 数学

C. 比较　　D. 文字

E. 引用

（13） Excel 提供的函数包括（ ）函数等。

A. 日期与时间　　B. 逻辑

C. 数据库工作表　　D. 财务

（14） 单元格引用包括（ ）。

A. 相对引用　　B. 绝对引用

C. 混合引用　　D. 只有 A 和 B 两种

（15） Excel 2007 中可对数据清单中的数据进行（ ）等各种数据管理和统计的操作。

A. 排序　　B. 筛选

C. 分类汇总　　D. 有效性

（16） （ ）属于“单元格格式”对话框中的内容。

A. 数字　　B. 字体

C. 保护　　D. 对齐

E. 边框　　F. 图案

（17） 在打印工作表时，可选择的打印内容有（ ）。

A. 整个工作簿　　B. 部分工作表

C. 活动工作表　　D. 选定区域

四、判断题

（1） 在 Excel 工作表中准备输入单元格内容时，状态栏中会显示“就绪”字样。（ ）

（2） Excel 工作表的顺序和表名可由用户指定。（ ）

（3） 删除单元格的操作只能清除单元格中的信息，而不能清除单元格本身。（ ）

（4） 在 Excel 公式中可以对单元格或单元格区域进行引用。（ ）

（5）“分类汇总”指将表格的数据按照某一个字段的值进行分类，再按这些类别求和，求平均值等。（　　）

（6）数据透视表与图表类似，它随数据清单中的数据的变化而变化。（　　）

（7）在 Excel 中，若希望在同一屏幕上显示同一工作簿下的多个工作表，可单击“视图”菜单中的“新建窗口”按钮。（　　）

（8）Excel 工作簿中既有一般工作表又有图表，当选择 Office 菜单中的“保存”命令时，Excel 将工作表和图表保存到不同的两个文件中。（　　）

（9）Excel 2007 的图表建立有两种方式：在原工作表中嵌入图表；在新工作表中生成图表。（　　）

（10）任一时刻所操作的单元称为当前单元格，又叫活动单元格。（　　）

（11）默认情况下新建的工作簿中只包含 3 个工作表，可以在“Excel 选项”对话框中更改工作簿中所包含的工作表数。（　　）

（12）如果要删除某个区域的内容，可以先选定要删除的区域，然后按 Delete 键或 Backspace 键。（　　）

（13）Excel 2007 工作表中当前活动单元格在 C 列 16 行上，用绝对地址方式表示是 C15。（　　）

（14）默认情况下，工作表以 Sheet1、Sheet2 和 Sheet3 命名，且不能改名。（　　）

（15）设置了“自动保存”后 Excel 将每隔一定时间间隔为用户自动保存工作簿。默认时间间隔为 10 分钟。（　　）

（16）Excel 2007 工作簿文件的后缀是“.xls”。（　　）

（17）按 Ctrl+S 组合键可以保存工作簿。（　　）

（18）在某单元格中单击即可选中此单元格，被选中的单元格边框以黑色粗线条突出显示，且行、列号以高亮显示。（　　）

（19）数值型数据只能进行加、减、乘、除和乘方运算。（　　）

（20）执行“粘贴”操作时，只能粘贴单元格的数据，不能粘贴格式、公式和批注等其他信息。（　　）

（21）Excel 2007 能直接通过剪贴板中引入外部数据。（　　）

（22）Excel 2007 工作表的基本组成单位是单元格，用户可以向单元格中输入数据、文本、公式，还可以插入小型图片等。（　　）

（23）在 Excel 中进行筛选时，第二次筛选将在第一次筛选的基础上进行，而不是在全部数据中进行筛选。（　　）

（24）Excel 2007 和 Word 2007 一样提供了设置主题的功能。（　　）

第 7 章　电子演示软件 PowerPoint 2007 实验

第一部分　幻灯片的建立与设置

一、实验目的

掌握建立、打开和修改演示文稿的一般方法；利用母版和模板快速建立和修改演示文稿；掌握 PowerPoint 2007 演示文稿的美化技巧；掌握幻灯片的动画设计技巧，进行文字与图片元素的动画设置和幻灯片切换设置的实践。

二、实验要点

◆ PowerPoint 的基本操作。

（1） Excel 的启动与退出。

选择“开始”|“所有程序”|“Microsoft Office”|“Microsoft Office PowerPoint 2007”命令，启动 PowerPoint 2007 程序，并自动生成一个空白演示文稿，如图 7-1 所示。

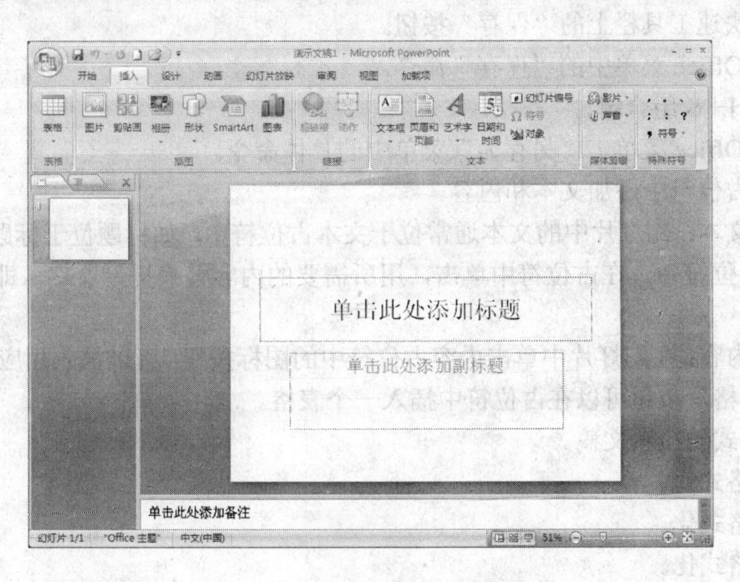

图 7-1　PowerPoint 2007 程序主界面

单击程序窗口右上角的“关闭”按钮，或者在 Office 菜单中单击“退出 PowerPoint”按钮，即可退出 PowerPoint 2007。

（2） 新建演示文稿。

单击 Office 按钮，从弹出菜单中选择“新建”命令，打开如图 7-2 所示的“新建演示文稿”对话框。在左侧的“模板”列表框中选择一种模板类型，然后在中间的列表框中选择具体的模板，单击“创建”按钮即可基于模板创建一个演示文稿。根据模板创建的演示文稿继承模板演示文稿的外观和格式，用户可通过修改其中的提示文字来快速得到精美和专业的演示文稿。

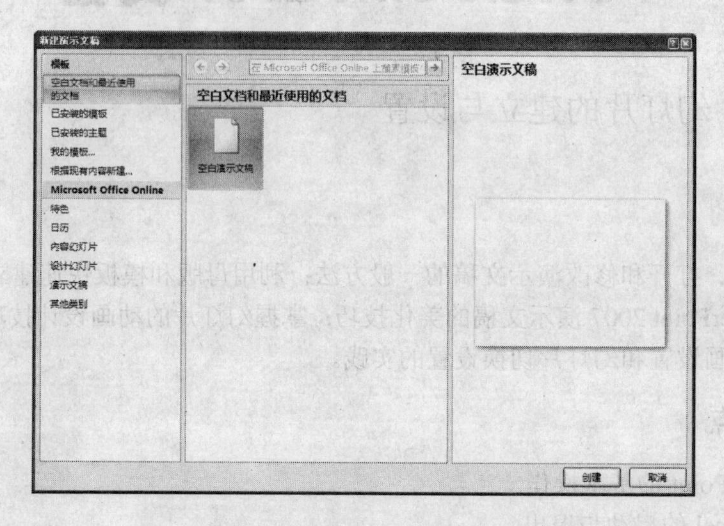

图 7-2 “新建演示文稿”对话框

（3） 保存演示文稿。

① 单击快速工具栏上的“保存”按钮。

② 选择 Office 菜单中的“保存”命令。

③ 按 Ctrl＋S 组合键。

④ 选择 Office 菜单｜“另存为”菜单中的具体命令。

（4）在占位符中添加文本和内容。

① 添加文本：幻灯片中的文本通常位于文本占位符中，如标题位于标题占位符中，正文位于正文占位符中。在占位符中单击，用所需要的内容替换提示文字，即可在幻灯片中添加文本。

② 添加内容：在幻灯片中单击内容占位符中的图标按钮，可以插入相应的内容。例如，单击“插入表格”按钮可以在占位符中插入一个表格。

（5） 格式化演示文稿。

① 字符格式化。

② 段落格式化。

③ 对象格式化。

◆ 幻灯片的修饰和编辑。

（1） 插入幻灯片。

① 插入新幻灯片。

② 插入其他演示文稿中已有的幻灯片。

（2） 删除幻灯片。

选择要删除的幻灯片，然后在“开始”选项卡上单击“幻灯片”组中的“删除”按钮。

（3） 应用母版。

切换到“视图”选项卡，单击“演示文稿视图”组中的“幻灯片母版”按钮，转到幻灯片母版视图，如图 7-3 所示。根据提示修改母版上的各个元素，即可更改每张幻灯片中的相应格式。

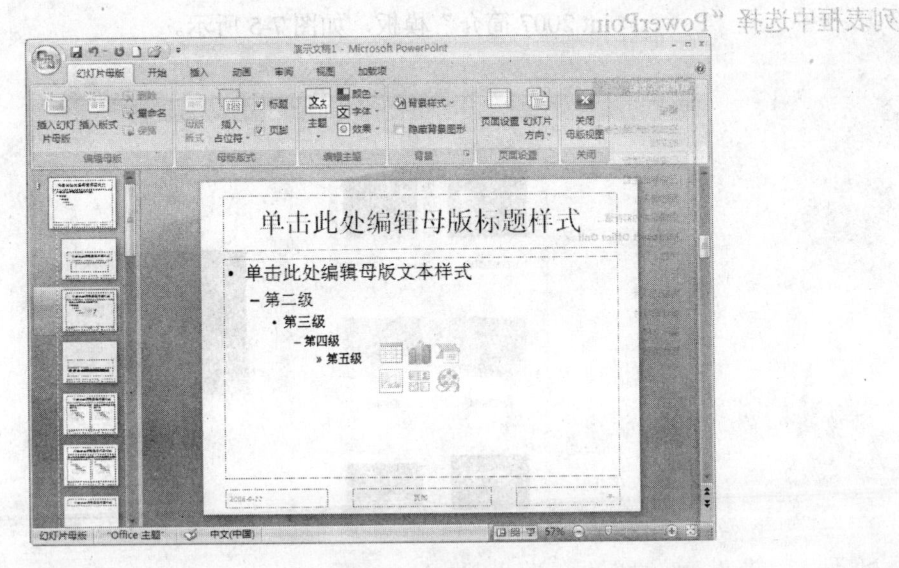

图 7-3 幻灯片母版视图

（4） 应用主题。

切换到“设计”选项卡，在“主题”组的样式库中单击某一主题样式图标，即可将该主题应用到当前演示文稿中。

◆ 在幻灯片中插入对象。

（1） 插入形状、图片、剪贴画、SmartArt 图形。

（2） 插入文本框、艺术字。

（3） 创建相册。

◆ 幻灯片的切换效果。

切换到“动画”选项卡，使用“切换到此幻灯片”组中的工具，设置幻灯片的切换样式、切换效果、切换声音、切换速度和换片方式。

◆ 幻灯片的动画效果。

方法 1：切换到“动画”选项卡，在“动画”组的“动画”下拉列表框中选择所需的选项，即可为所选元素应用相应的动画效果。

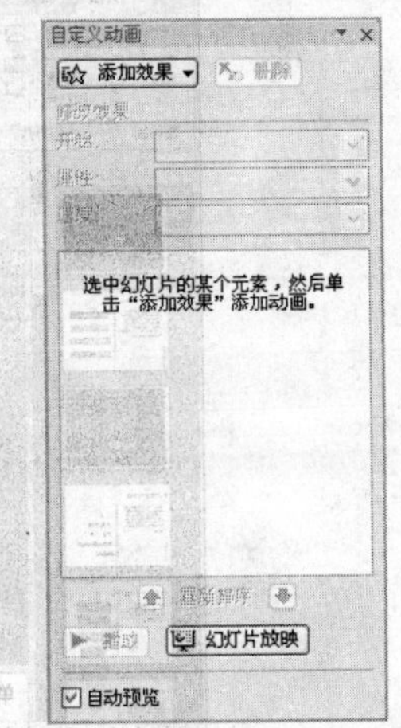

图 7-4 “自定义动画”任务窗格

方法 2：切换到“动画”选项卡，单击“动画”组中的“自定义动画”按钮，显示如图 7-4 所示的“自定义动画”任务窗格。单击“添加效果”按钮，从弹出菜单及其子菜单中选择所需的命令。

三、实验内容和实验步骤

◆ 创建演示文稿。

（1）启动 PowerPoint 2007 程序，自动生成一个空白演示文稿。

（2）单击 Office 按钮，从弹出菜单中选择“新建”命令，打开“新建演示文稿”对话框，从左侧的“模板”列表框中选择“已安装的模板”。然后在中间的“已安装的模板”列表框中选择“PowerPoint 2007 简介”模板，如图 7-5 所示。

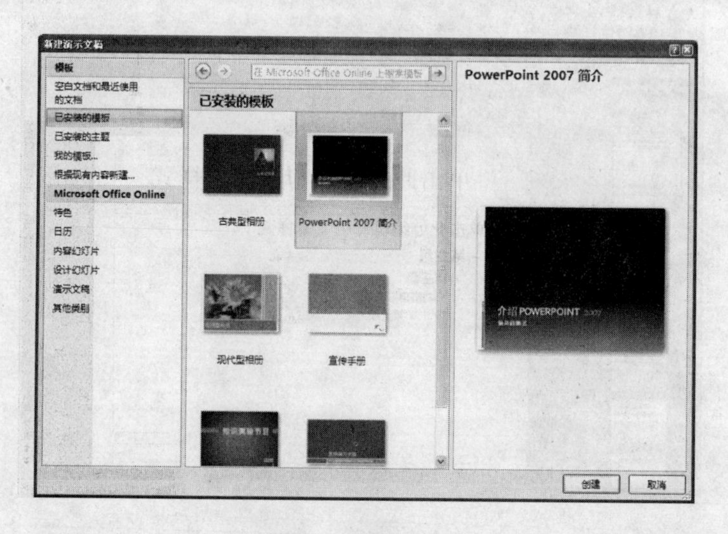

图 7-5　选择模板

（3）单击“创建”按钮，创建介绍 PowerPoint 2007 的演示文稿，如图 7-6 所示。

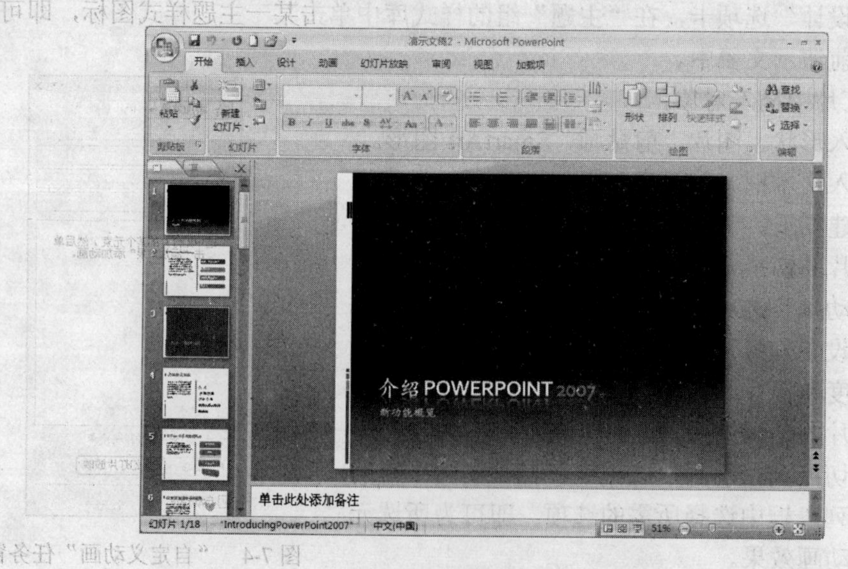

图 7-6　根据模板创建演示文稿

（4）在左侧的幻灯片选项卡中单击某个幻灯片缩略图，可以在右面的幻灯片窗格中查看和编辑该幻灯片。

◆ 应用幻灯片视图创建标题幻灯片。

（1） 新建一个空白幻灯片后，其中只包含一个标题幻灯片，幻灯片中包含标题和副标题两个占位符，单击位于幻灯片上部的标题占位符，可以看到插入光标在占位符内闪烁。

（2） 输入文本标题“成绩汇报”。

（3） 单击位于幻灯片下部的副标题占位符，输入副标题“2008 年”，如图 7-7 所示。

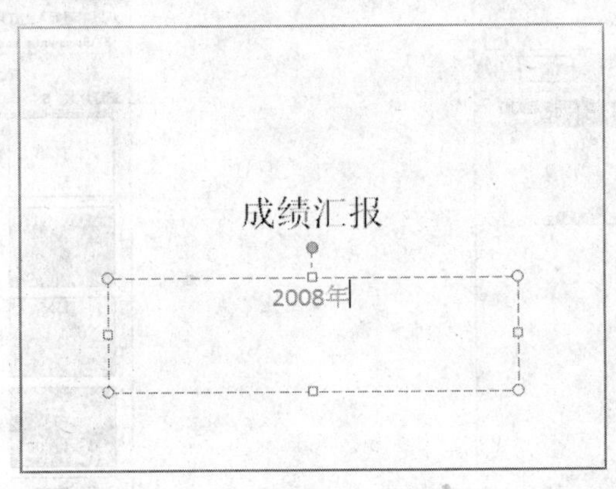

图 7-7　完成的标题幻灯片

◆ 添加新的幻灯片。

（1） 在“开始”选项卡上单击“幻灯片”组中的“新建幻灯片”按钮，插入一个默认的“标题和内容”版式的幻灯片。

（2） 单击标题占位符，输入“校内荣誉”；单击正文占位符中的提示文字，输入“荣获 2007－2008 年度第二学期‘爱心标兵’称号”，如图 7-8 所示。

（3） 在“开始”选项卡上单击“幻灯片”组中“新建幻灯片”按钮下方的下拉按钮，从弹出菜单中选择“两栏内容”版式的幻灯片，插入一个相应版式的幻灯片。

（4） 在“两栏内容”版式幻灯片中的标题占位符中输入“校外业绩”；在左边的内容占位符中输入“参加《快乐星球》剧组小演员训练营”，按 Enter 键创建一个新段落，输入“参加迎奥运千人葫芦丝合奏”；在右边的内容占位符中输入“获得跆拳道 5 级证书”，按 Enter 键创建一个新段落，输入“参加 2008 年度跆拳道省高水平馆校赛”，如图 7-9 所示。

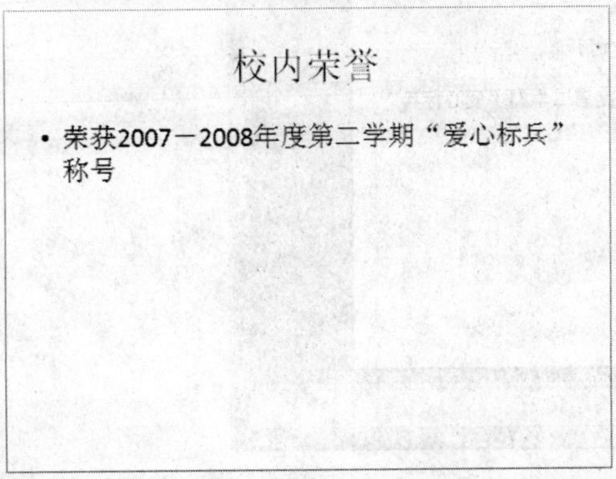

校内荣誉

• 荣获2007－2008年度第二学期“爱心标兵”称号

图 7-8　“标题和内容”版式的幻灯片

校外业绩

• 参加《快乐星球》剧组小演员训练营
• 参加迎奥运千人葫芦丝合奏

• 获得跆拳道5级证书
• 参加2008年度跆拳道省高水平馆校赛

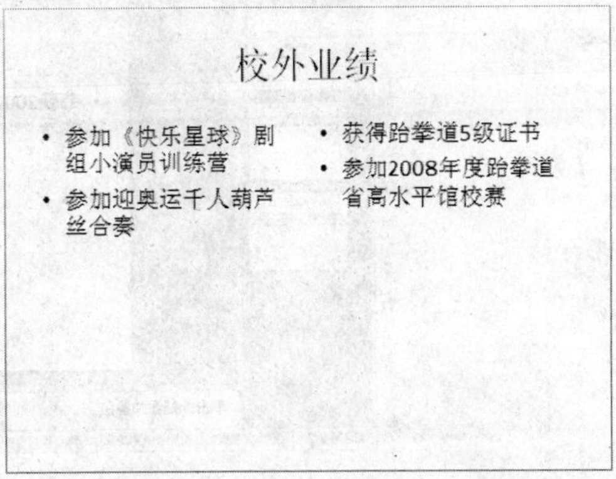

图 7-9　“两栏内容”版式的幻灯片

（5） 在“开始”选项卡上单击“幻灯片”组中“新建幻灯片”按钮下方的下拉按钮，从弹出菜单中选择“重用幻灯片”命令，显示“重用幻灯片”任务窗格，如图 7-10 所示。

（6） 单击“浏览”按钮，从弹出菜单中选择“浏览文件”命令，打开“浏览”对话框，选择“演示文稿素材\相册.pptx”文件。然后单击“打开”按钮，在“重用幻灯片”任务窗格中显示“相册”演示文稿中的幻灯片，如图 7-11 所示。

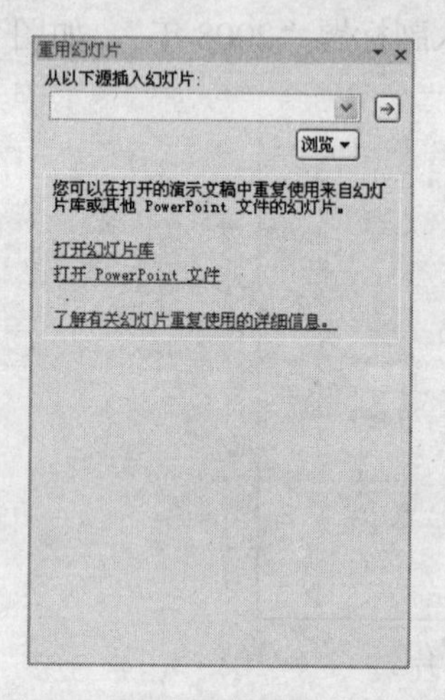

图 7-10 “重用幻灯片”任务窗格

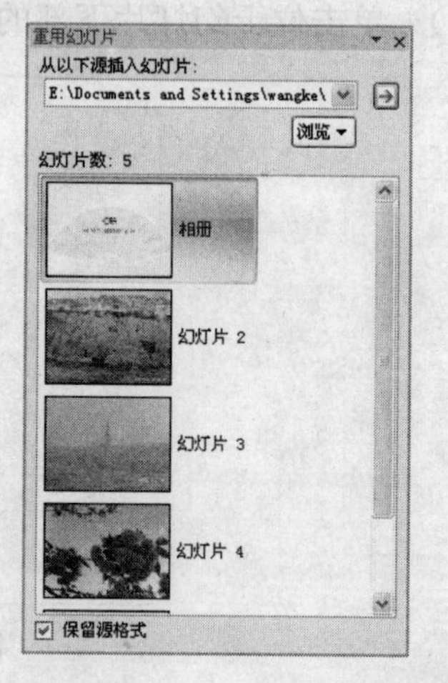

图 7-11 打开“相册”演示文稿

（7）选中“保留源格式”复选框，然后单击该幻灯片将其插入到当前演示文稿中。

（8） 单击“重用幻灯片”任务窗格右上角的“关闭”按钮，关闭此任务窗格。

◆ 更改已有幻灯片的版式。

（1） 在程序窗口左侧的幻灯片选项卡上单击第 2 个幻灯片的缩略图，在幻灯片窗格中显示“校内荣誉”幻灯片，可以看到此幻灯片采用的是“标题和内容”版式，如图 7-12 所示。

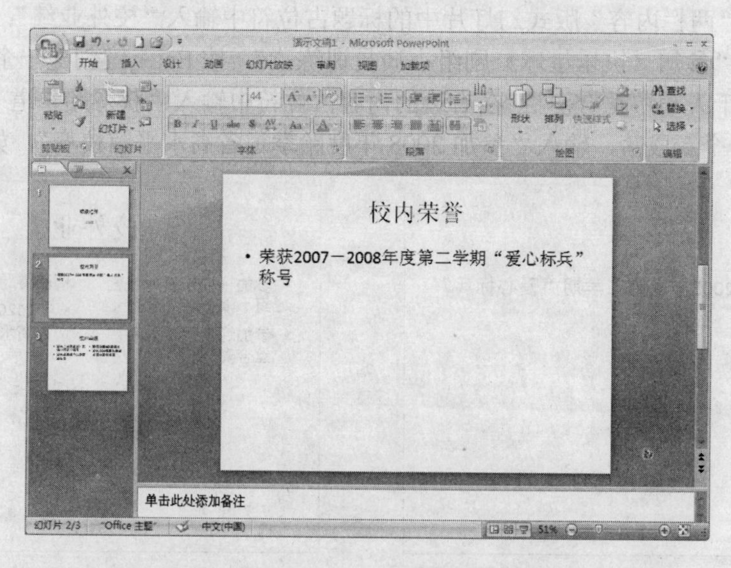

图 7-12 通过单击幻灯片选项卡上的缩略图转到相应幻灯片

（2） 在“开始”选项卡上单击“幻灯片”组中“版式”按钮，从弹出菜单中选择“两栏内容”图标，更改其版式，如图 7-13 所示。

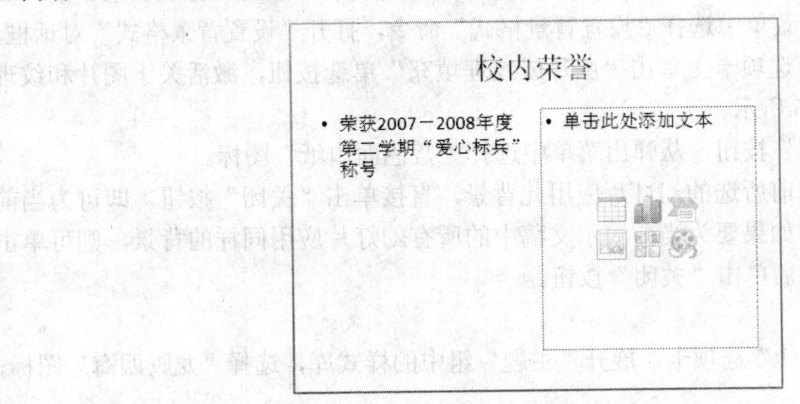

图 7-13 更改幻灯片的版式

◆ 更改项目符号。

（1） 选择演示文稿中的第 3 张幻灯片，单击左边内容占位符的边框，选择该占位符。

（2） 在“开始”选项卡上单击“段落”组中的“编号”按钮，将该占位符中文本段落前面的项目符号更改为编号。

（3） 选择右边的内容占位符，在“开始”选项卡上单击“段落”组中的“项目符号”按钮右侧的下拉按钮，在弹出菜单中选择“带填充效果的钻石形项目符号”图标，更改项目符号的样式，如图 7-14 所示。

◆ 设置文本和占位符的格式。

（1） 转到第 1 张幻灯片，选择副标题占位符中的文字，在“开始”选项卡上的“字体”组中选择“字体”下拉列表框中的“楷体”选项，选择“字号”下拉列表框中的“36”。

（2） 转到第 2 张幻灯片，选择标题占位符，在“开始”选项卡上的“字体”组中选择“字体”下拉列表框中的“楷体”选项，单击“加粗”和“阴影”按钮，并且单击“段落”组中的“右对齐”按钮，使标题文字在占位符中居右对齐。

（3） 在第 2 张幻灯片中的标题占位符的选中状态下，在“开始”选项卡上单击“绘图”组中的“快速样式”按钮，在弹出菜单中选择“细微效果-强调颜色 2”图标，如图 7-15 所示。

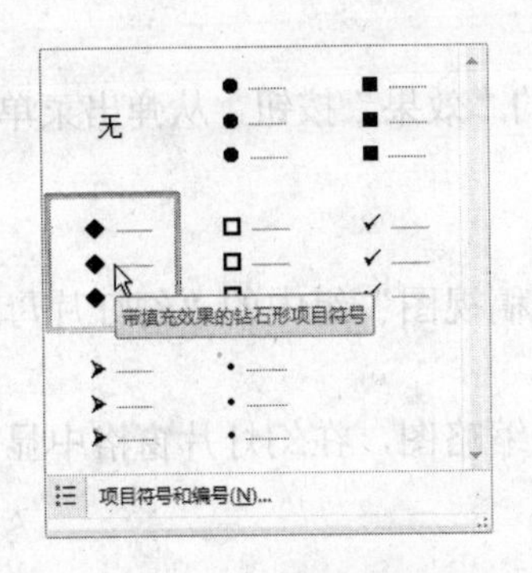

图 7-14 更改项目符号

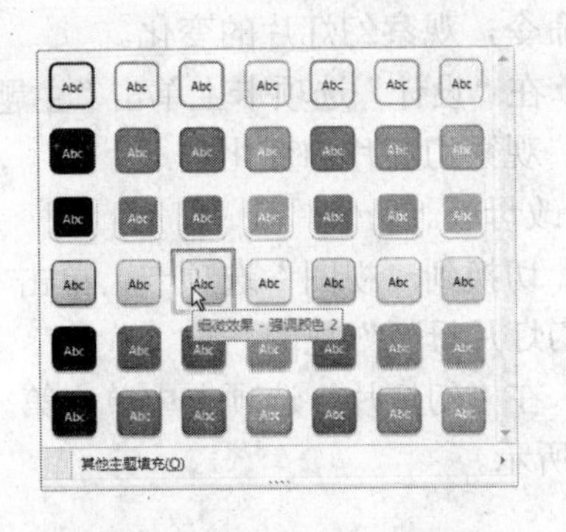

图 7-15 选择占位符样式

◆ 设置幻灯片背景。

（1） 选择要设置背景的幻灯片，切换到“设计”选项卡，单击“背景”组中的“背景样式”按钮，从弹出菜单中选择“设置背景格式”命令，打开“设置背景格式”对话框。

（2） 在“填充”选项卡上单击“图片或纹理填充”单选按钮，激活关于图片和纹理填充的选项，如图 7-16 所示。

（3） 单击“纹理”按钮，从弹出菜单中选择“蓝色面巾纸”图标。

（4） 如果只为当前所选的幻灯片应用此背景，直接单击“关闭”按钮，即可为当前幻灯片应用背景效果；如果要为当前演示文稿中的所有幻灯片应用同样的背景，则可单击“全部应用”按钮，然后单击“关闭”按钮。

◆ 应用主题。

（1） 切换到“设计”选项卡，展开“主题”组中的样式库，选择“龙腾四海”图标，如图 7-17 所示。

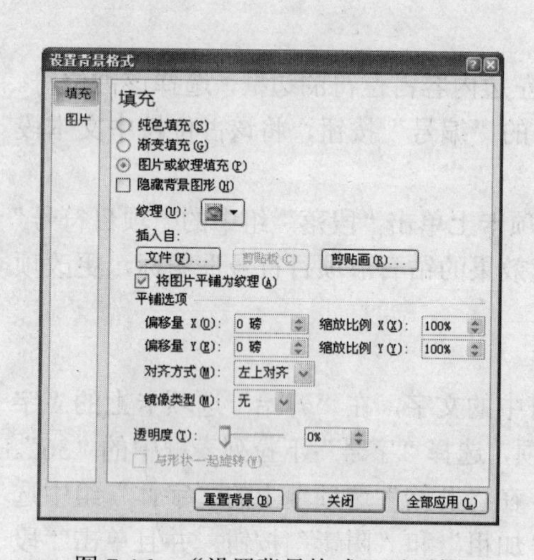

图 7-16 “设置背景格式”对话框

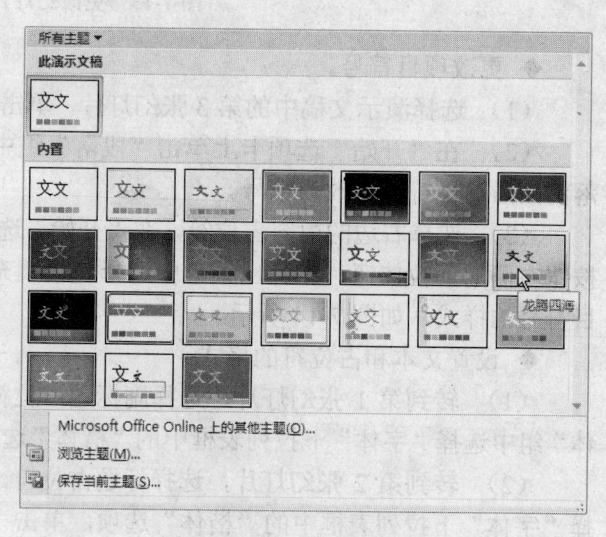

图 7-17 展开的主题样式库

（2） 在“设计”选项卡上单击“主题”组中的“颜色”按钮，从弹出菜单中选择“中性”命令，观察幻灯片的变化。

（3） 在“设计”选项卡上单击“主题”组中的“字体”按钮，从弹出菜单中选择“行云流水”命令，观察幻灯片的变化。

（4） 在“设计”选项卡上单击“主题”组中的“效果”按钮，从弹出菜单中选择“视点”命令，观察幻灯片的变化。

◆ 修改母版。

（1） 切换到“视图”选项卡，单击“演示文稿视图”组中的“幻灯片母版”按钮，切换到“幻灯片母版”视图。

（2） 在“幻灯片”选项卡中单击第 1 个母版缩略图，在幻灯片窗格中显示该母版，如图 7-18 所示。

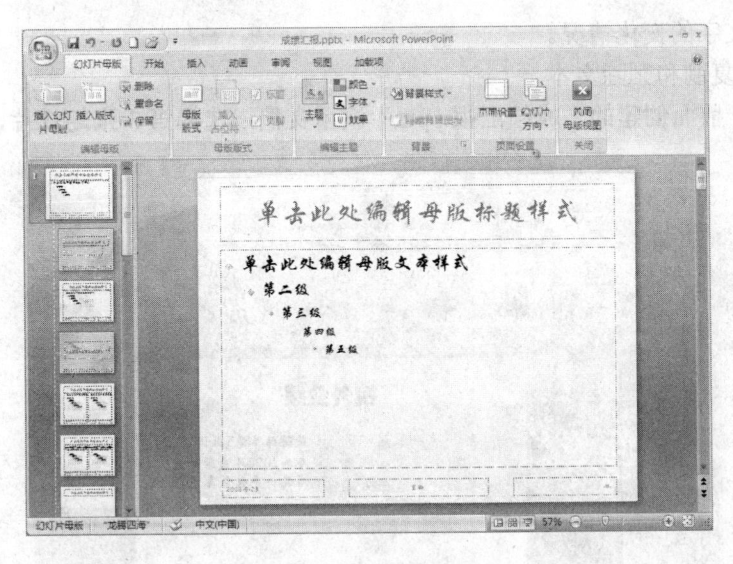

图 7-18　选择要修改的母版

（3）切换到“开始”选项卡，选择标题占位符中的文字，将其格式设置为 44 磅，华文琥珀体，紫色。

（4）选择内容占位符中的一级文本，将其格式设置为 32 磅，楷体，蓝色。

（5）单击“段落”组中的“项目符号”按钮右边的下拉按钮，从弹出菜单中选择“项目符号和编号”命令，打开“项目符号和编号”对话框的“项目符号”选项卡，如图 7-19 所示。

（6）单击“图片”按钮，打开“图片项目符号”对话框，选择想要使用的图片，如图 7-20 所示。

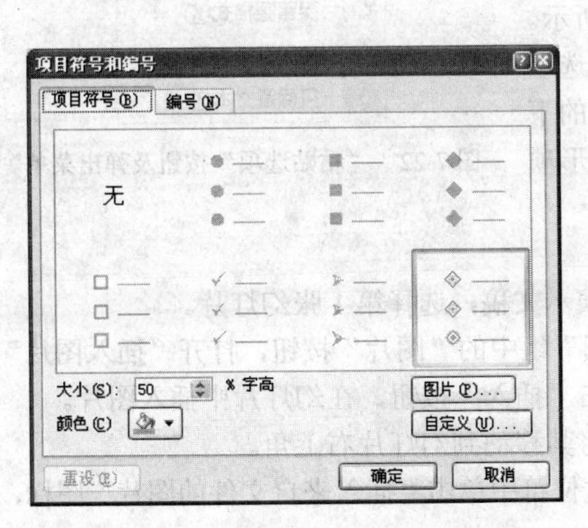

图 7-19　“项目符号和编号”对话框

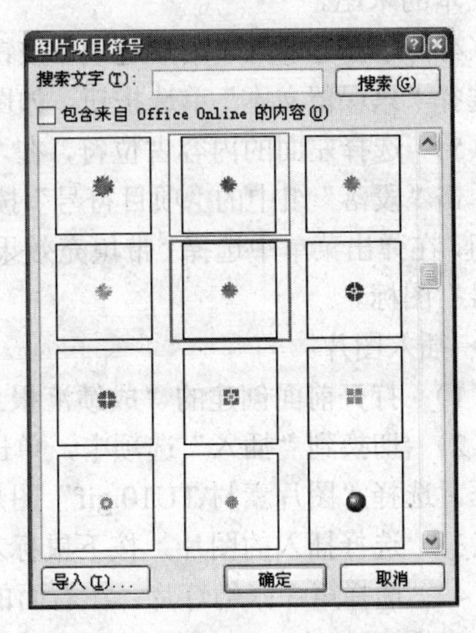

图 7-20　“图片项目符号”对话框

（7）单击“确定”按钮，应用图片项目符号。

（8）切换到“幻灯片母版”选项卡，单击“关闭母版视图”按钮，切换回普通视图，查看幻灯片中文字的变化情况。

◆ 移动、复制和删除文本

（1） 打开前面创建的“成绩汇报.pptx”演示文稿，选择第3张幻灯片，如图7-21所示。

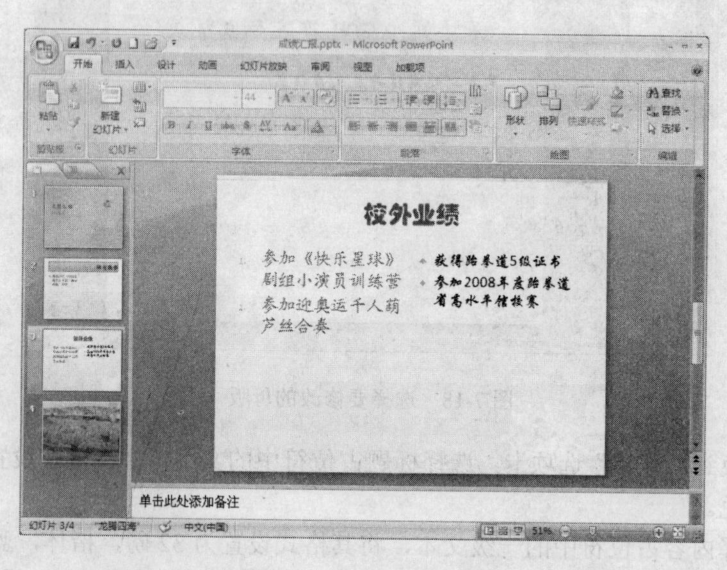

图7-21 选择要编辑的幻灯片

（2） 在右面内容占位符中单击，进入编辑状态，按Ctrl＋A组合键，再按Ctrl＋X组合键剪切全部文本。

（3） 在左面内容占位符中的文本下方单击，按Ctrl＋V组合键将剪切的文本粘贴到原有文本的末尾。

（4） 单击显示的“粘贴选项”按钮，从弹出菜单中选择“只保留文本”单选按钮，如图7-22所示。

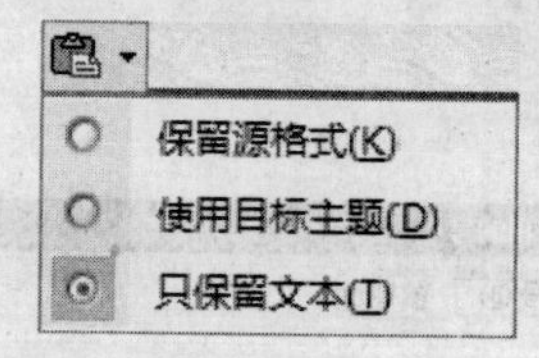

图7-22 “粘贴选项”按钮及弹出菜单

（5） 选择左面的内容占位符，在“开始”选项卡上单击“段落”组中的“项目符号”按钮右侧的下拉按钮，在弹出菜单中选择“带填充效果的钻石形项目符号”图标。

◆ 插入图片。

（1） 打开前面创建的“成绩汇报.pptx”演示文稿，选择第1张幻灯片。

（2） 切换到“插入”选项卡，单击“插图”组中的“图片”按钮，打开“插入图片”对话框，选择“图片素材\TU10.gif”图片，单击“插入”按钮，在幻灯片中插入图片。

（3） 选择插入的图片，按下鼠标左键，将其移动到幻灯片右上角。

（4） 选择第3张幻灯片，在右面的内容占位符中单击“插入来自文件的图片”图标，如图7-23所示。

（5） 打开“插入图片”对话框，选择“图片素材\TKD.gif”图片，单击“插入”按钮插入图片。

（6） 选择插入的图片，向外拖动选择框角部的尺寸控点放大图片。

（7） 在图片工具的“格式”选项卡上展开“图片样式”组中的样式库，选择“映像圆角矩形”样式，如图 7-24 所示。

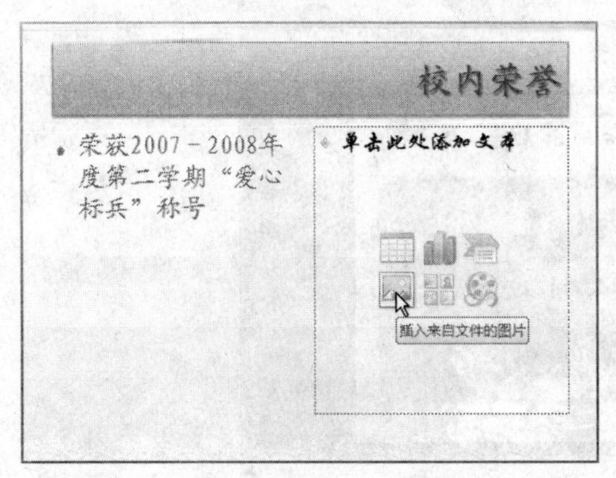

图 7-23 单击“插入来自文件的图片”图标

图 7-24 选择图片样式

（8） 选择“TKD.jpg”图片，将其移动到合适位置。

◆ 应用 SmartArt 图形。

（1） 在程序窗口左侧的“幻灯片”选项卡中的幻灯片缩略图底部空白处单击，显示一条闪烁的横线，指示幻灯片的插入位置。

（2） 插入一个“标题和内容”版式的新幻灯片，设定标题也就是 SmartArt 图形的名称为“校外活动示意图”。

（3） 在内容占位符中单击“插入 SmartArt 图形”图标，打开“选择 SmartArt 图形”对话框，在左侧列表框中选择“矩阵”。然后在中间的列表框中选择“带标题的矩阵”图标，如图 7-25 所示。

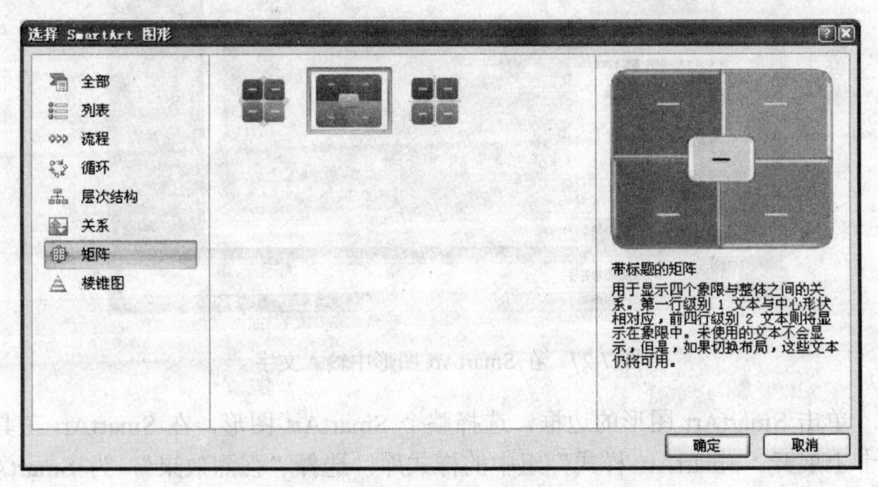

图 7-25 “选择 SmartArt 图形”对话框

（4） 单击“确定”按钮，插入相应的 SmartArt 图形，同时打开“在此处键入文字”窗格，并显示 SmartArt 工具的“设计”和“格式”选项卡，如图 7-26 所示。

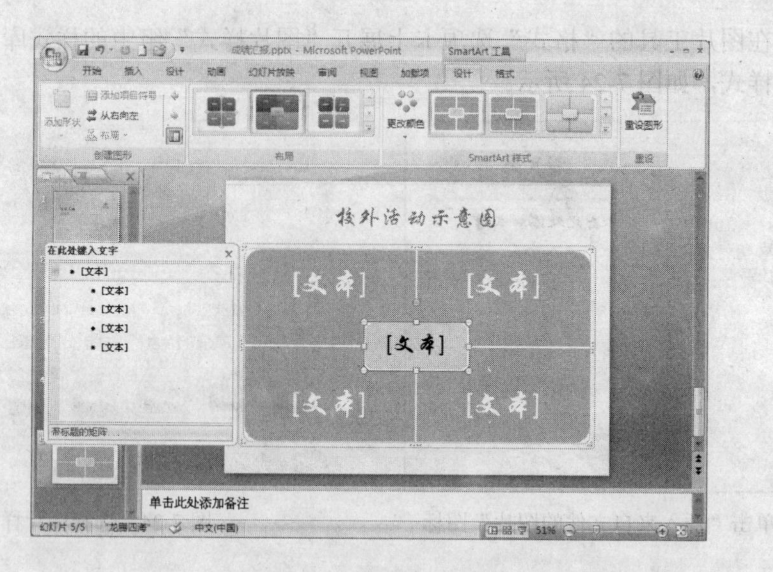

图 7-26　插入 SmartArt 图形

（5） 在每个占位符中输入组织结构名称。可以直接在幻灯片中的图形中输入文字，也可以在“在此处键入文字”窗格中输入文字，如图 7-27 所示。

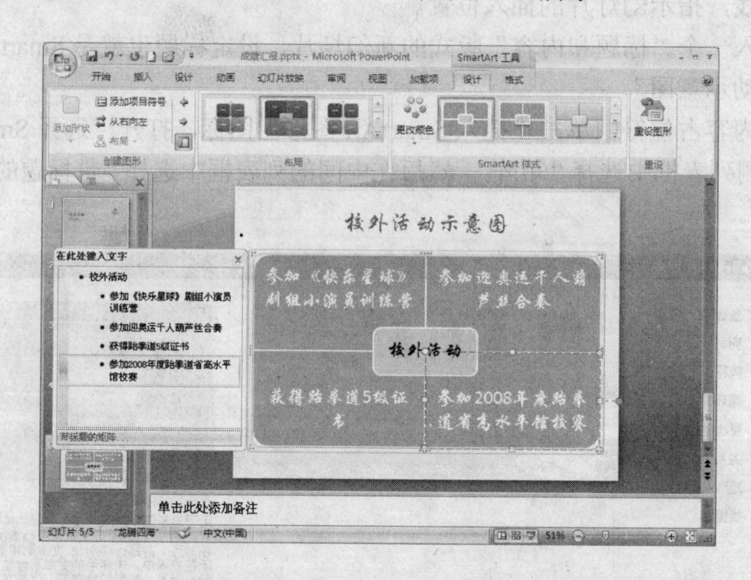

图 7-27　在 SmartArt 图形中输入文字

（6） 单击 SmartArt 图形的边框，选择整个 SmartArt 图形，在 SmartArt 工具的“设计”选项卡上展开“SmartArt 样式”组中的样式库，选择“强烈效果”，为 SmartArt 图形应用样式。

（7） 单击“SmartArt 样式”组中的“更改颜色”按钮，在弹出菜单中选择“彩色－强调文字颜色”图标，更改 SmartArt 图形的颜色。

（8） 按住 Ctrl 键，依次单击除中央形状外的其他形状，或者在“在此处键入文字”窗格中拖动鼠标，选择所有的二级文字，以选择这些文字所在的形状，如图 7-28 所示。

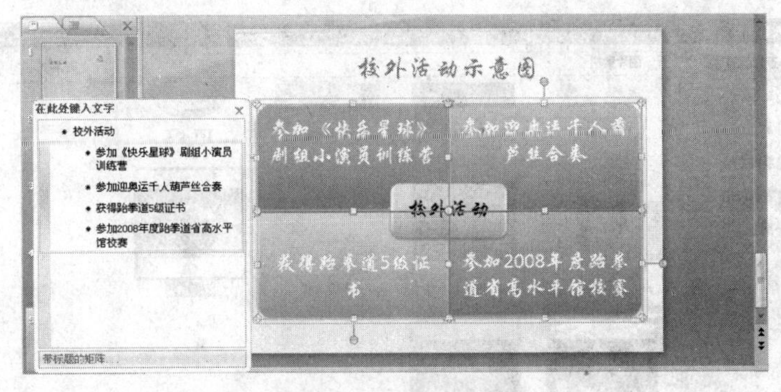

图 7-28 选择形状

（9） 切换到“开始”选项卡，单击“段落”组中的“左对齐”按钮，更改文字在形状中的对齐方式。

◆ 艺术字使用。

（1） 打开“成绩汇报.pptx”演示文稿，选择“校外活动示意图”幻灯片。

（2） 切换到 SmartArt 工具的“格式”选项卡，在“艺术字样式”组中选择样式库中的“填充、白色、投影”图标，将所选形状中的文字更改为艺术字，如图 7-29 所示。

（3） 单击“艺术字样式”组中的“文本效果”按钮，从弹出菜单中选择“阴影”|“向右偏移”图标，为艺术字添加阴影效果。

◆ 制作相册。

（1） 新建一个演示文稿，切换到“插入”选项卡，单击“插图”组中的“相册”按钮，打开“相册”对话框，如图 7-29 所示。

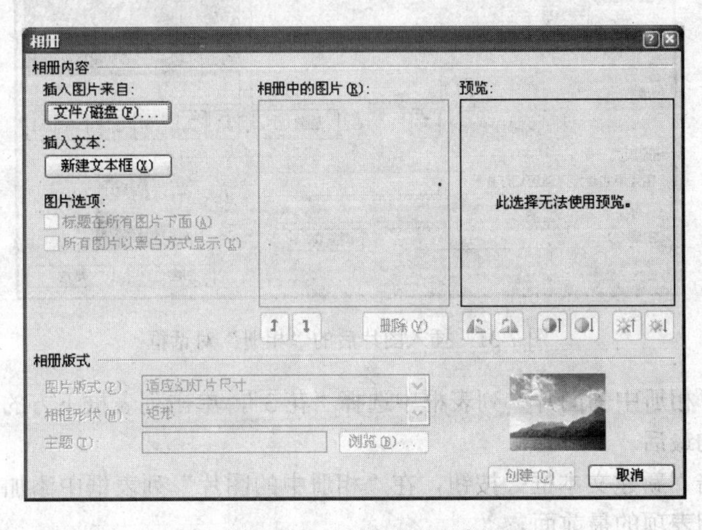

图 7-29 “相册”对话框

（2）单击“相册内容”选项组中的“文件/磁盘”按钮，打开“插入新图片”对话框，打开“图片素材”文件夹，在按住 Ctrl 键的同时分别单击“花 1.jpg”、“花 2.jpg”、“花 3.jpg”图片，选中这 3 幅图片，如图 7-30 所示。

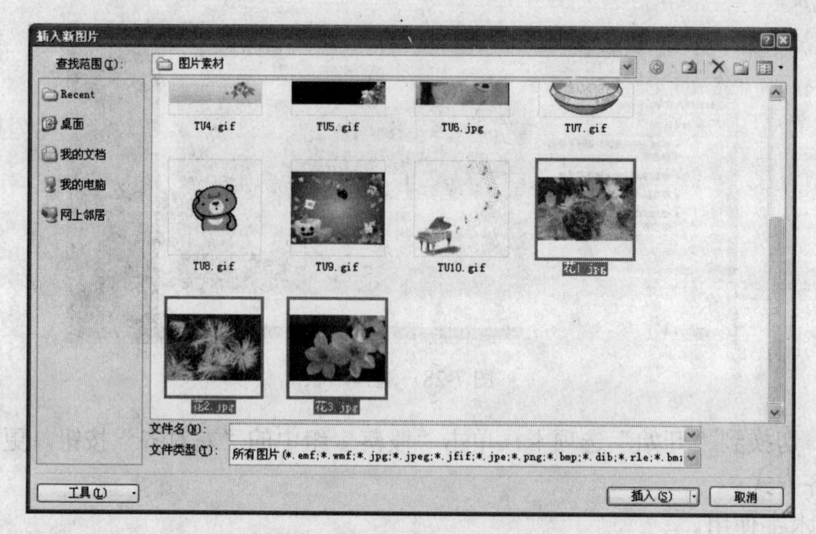

图 7-30　“插入新图片”对话框

（3）单击“插入”按钮，图片显示在“相册”对话框的“相册中的图片”列表框中，并激活其他相关的选项，如图 7-31 所示。

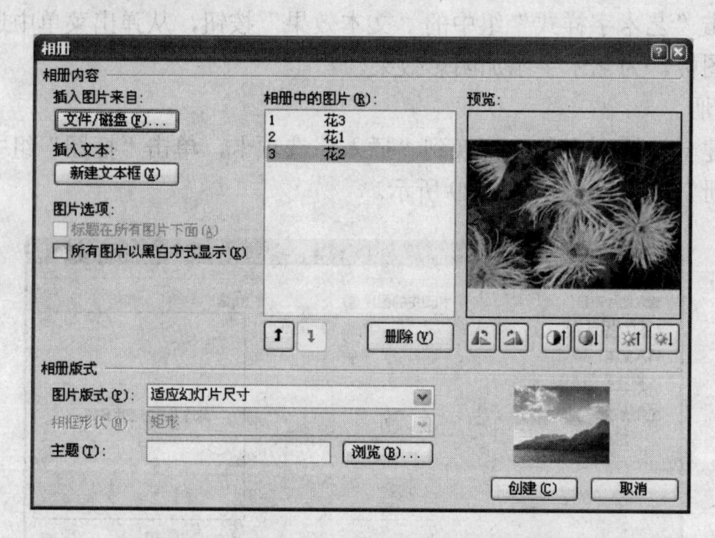

图 7-31　插入图片后的“相册”对话框

（4）在“相册中的图片”列表框中选择“花 3”，单击列表框下方的下箭头按钮，将其移到列表项的最后。

（5）单击“新建文本框”按钮，在“相册中的图片”列表框中添加一个“文本框”项，将其移到列表项的最前面。

（6）在“相册版式”选项组中的“图片版式”下拉列表框中选择“1 张图片（带标题）”，在“相框形状”下拉列表框中选择“简单框架、白色”，单击“主题”文本框右侧的“浏览”按钮，在打开的对话框中选择“Dragon.thmx”选项。

（7）选中“图片选项”选项组中的“标题在所有图片下面”复选框。

（8）单击“创建”按钮，创建相册，如图 7-32 所示。

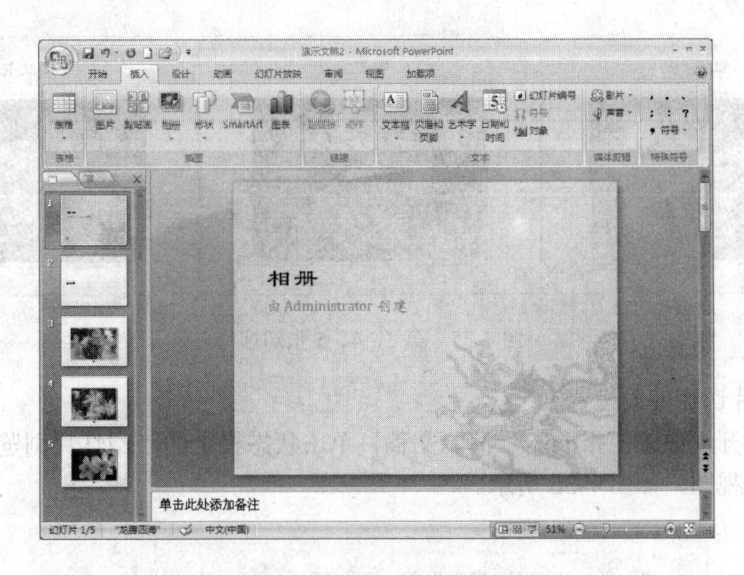

图 7-32　创建的相册演示文稿

（9）选择第 1 张幻灯片，将其中的两行文字分别改为“美丽的花”和“由六瓣飞花创建”，如图 7-33 所示。

（10）选择第 2 张幻灯片，如图 7-34 所示，在标题占位符中输入“花域花语”，在下面的文本框中输入：

春兰秋菊夏牡丹，
争奇斗艳展芳妍。
更有腊梅独自开，
冰心一片傲霜寒。

图 7-33　第 1 张幻灯片

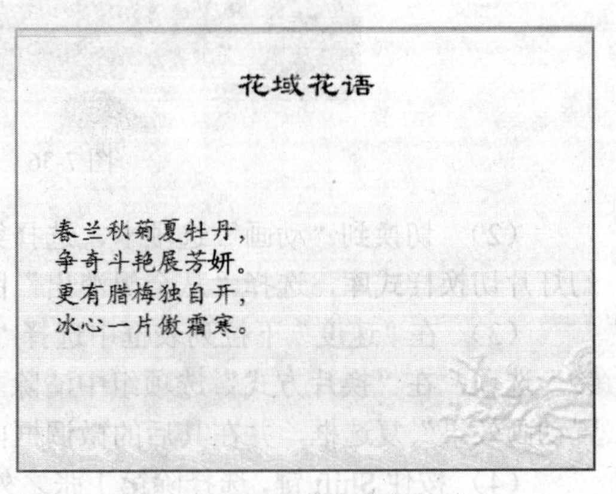

图 7-34　第 2 张幻灯片

（11）在第 3 张幻灯片的标题占位符中输入“牡丹”，在第 4 张幻灯片的标题占位符中输入“菊花”，在第 5 张幻灯片的标题占位符中输入“玉兰花”，如图 7-35 所示。

图 7-35　第 3、4、5 张幻灯片

◆ 幻灯片切换效果设置。

（1） 打开“成绩汇报.pptx”演示文稿，单击状态栏上的“幻灯片浏览”按钮，切换到幻灯片浏览视图，如图 7-36 所示。

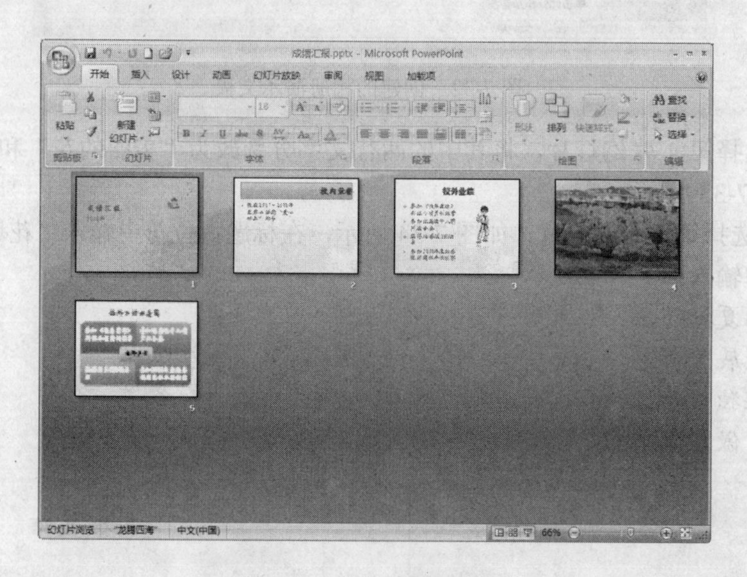

图 7-36　幻灯片浏览视图

（2） 切换到“动画”选项卡，选择第 1 张幻灯片，展开“切换到此幻灯片”组中的幻灯片切换样式库，选择“从全黑淡出”图标。

（3） 在“速度”下拉列表框中选择“慢速”选项，在“声音”下拉列表框中选择“风铃”选项，在“换片方式”选项组中清除“单击鼠标时”复选框，选中“在此之后自动设置动画效果”复选框，并在其后的微调框内输入 00:02。

（4） 按住 Shift 键，选择除第 1 张之外的所有幻灯片，从幻灯片切换样式库中选择“新闻快报”；在“速度”下拉列表框中选择“慢速”，在“声音”下拉列表框中选择“微风”；在“换片方式”选项组中选中“单击鼠标时”和“在此之后自动设置动画效果”复选框，并在其后的微调框内输入 00:05。

（5） 选择最后一张幻灯片，清除“在此之后自动设置动画效果”复选框。

（6） 选择第 1 张幻灯片，单击状态栏上的“幻灯片放映”按钮，从头查看幻灯片的放映效果，如图 7-37 所示。

图 7-37 幻灯片放映视图

（7） 放映完毕，根据屏幕上的提示单击鼠标结束放映，返回到幻灯片浏览视图中。单击状态栏上的“普通视图”按钮，切换回普通视图。

◆ 添加动画方案。

（1） 打开“成绩汇报.pptx”演示文稿，选择“校外业绩”幻灯片，如图 7-38 所示。

图 7-38 “校外业绩”幻灯片

（2） 选择标题占位符，切换到“动画”选项卡，在“动画”组中的“动画”下拉列表框中选择“淡出”选项，如图 7-39 所示。

（3） 选择包含文本的内容占位符，在“动画”组中的“动画”下拉列表框中选择“飞入”栏下的“按一级段落”选项。由于选择的占位符中有多个文本段落，因此打开的“动画”下拉列表框中选项与上一次的有所不同，会增加一些选项，如图 7-40 所示。

（4） 选择右面的图片，在“动画”组中的“动画”下拉列表框中选择“擦除”选项。

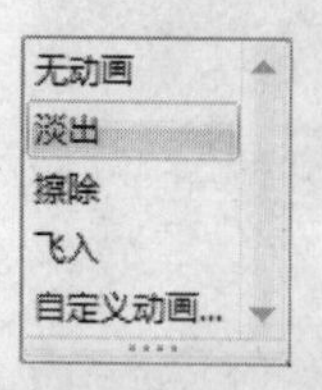

图 7-39 “动画”下拉列表框

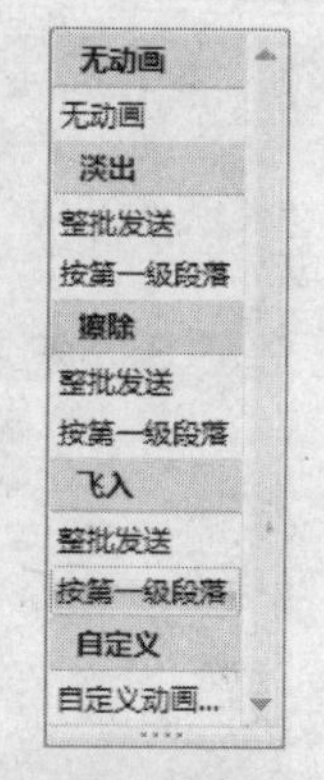

图 7-40 增加选项的“动画”下拉列表框

在设置动画效果时，幻灯片窗格中会即时演示所设置的动画效果。

◆ 自定义动画。

（1） 选择“校内荣誉”幻灯片，在右面的内容占位符中插入“图片素材\TU11”图片，并调整其大小和位置，如图 7-41 所示。

（2） 选择幻灯片标题，切换到“动画”选项卡，单击“动画”组中的“自定义动画”按钮，显示“自定义动画”任务窗格。

（3） 单击“添加效果”按钮，从弹出菜单中选择“进入”|“百页窗”命令，然后在“开始”下拉列表框中选择“之后”选项，在“方向”下拉列表框中选择“垂直”选项，在“速度”下拉列表框中选择“快速”选项，如图 7-42 所示。

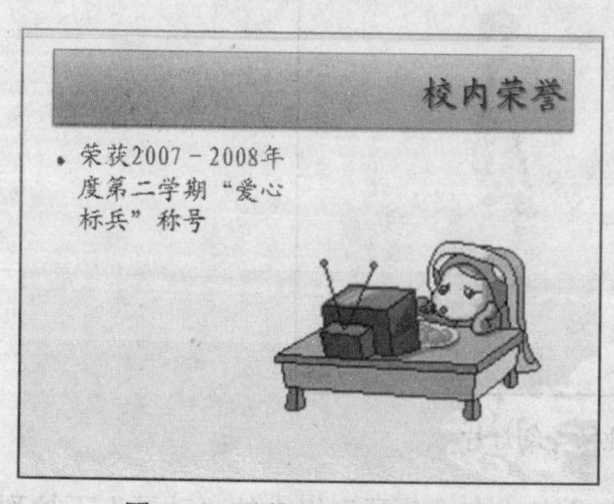

图 7-41 “校内荣誉”幻灯片

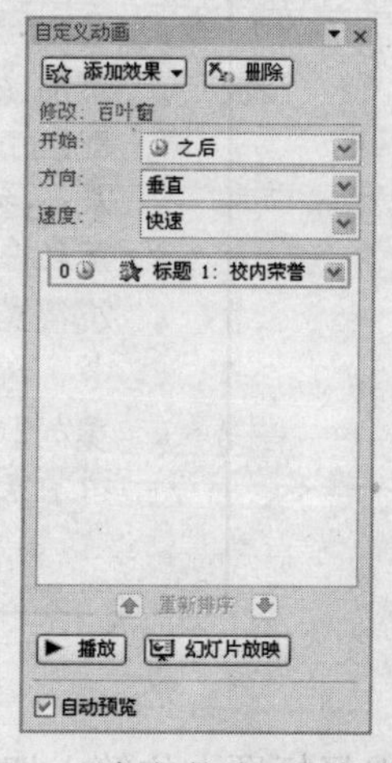

图 7-42 “自定义动画”任务窗格

（4） 在幻灯片中选择左面的内容占位符，然后在“自定义动画”任务窗格中单击“添加效果”按钮，从弹出的菜单中选择“进入”|“其他效果”命令，打开“添加进入效果”对话框，如图 7-43 所示。

（5） 选择“基本型”栏中的“缓慢进入”，单击“确定”按钮。

（6） 在“开始”下拉列表框中选择“之后”，在“方向”下拉列表框中选择“自左侧”。

（7） 在幻灯片中选择图片，单击“添加效果”按钮，从弹出菜单中选择“进入”|“飞

入”命令，然后在“开始”下拉列表框中选择“之后”选项，在“速度”下拉列表框中选择“中速”选项。设置完毕后，幻灯片中的内容左上方会显示“0”标号，表示动画开始的方式是“之后”，如图 7-44 所示。

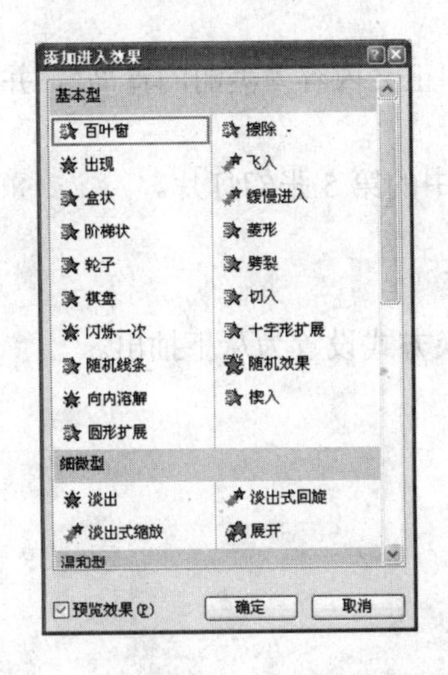

图 7-43　“添加进入效果”对话框

图 7-44　设置了自定义动画的幻灯片

（8）　在“自定义动画”任务窗格中单击“播放”按钮，在幻灯片窗格中浏览动画效果，此时“自定义动画”任务窗格中的动画效果列表框中会同时显示播放进度，如图 7-45 所示。

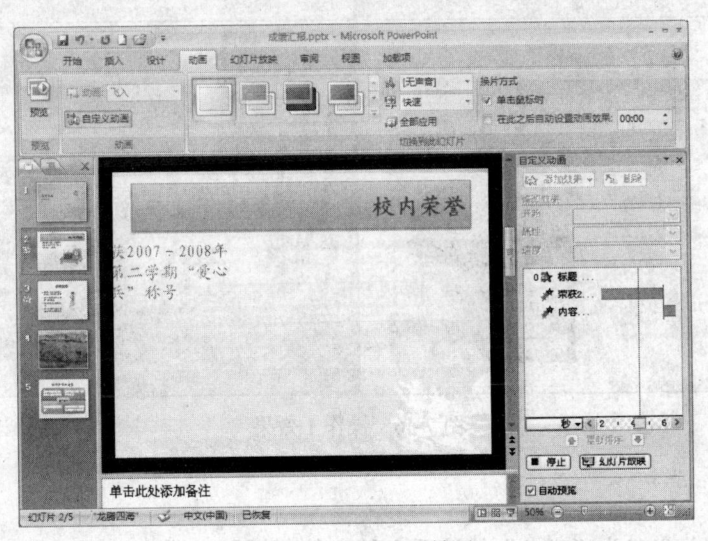

图 7-45　播放动画效果

四、实验操作

操作 1

（1）　新建一个名为“SY1”的演示文稿文件，插入一张“标题和内容”版式的幻灯片和一张“两栏内容”版式的幻灯片，得到一个包含 3 张幻灯片的演示文稿。

（2） 在第 1 张幻灯片中输入标题“祖国风光”和副标题“旅游纪念”。

（3） 在第 2 张幻灯片中输入标题“我爱大自然”，在下面的内容占位符中插入图片文件“图片素材\TU11.gif”。

（4） 在第 3 张幻灯片中输入标题“城市风光”和正文内容“美丽的青岛”，并插入图片文件“图片素材\照片 1.jpg”。

（5） 插入演示文稿“演示文稿素材\相册.pptx”中的第 5 张幻灯片。

（6） 应用“跋涉”主题。

（7） 将第 1 张幻灯片上的文字设置为溶解效果。

（8） 将第 2 张幼灯片与第 1 张幻灯片之间的切换方式设置为从下抽出。

演示文稿样版如图 7-46 所示。

图 7-46 操作 1 效果

操作 2

（1） 新建一个名为“SY2”的演示文稿文件，插入 3 张幻灯片，得到一个包含 4 张幻灯片的演示文稿。

（2） 在各幻灯片中输入标题文字，设置其艺术字样式为“填充－白色，渐变轮廓－强调文字颜色 1”。

（3） 在第 2 张幻灯片中输入一级文本，在第 3 张幻灯片中插入表格，在第 4 张幻灯片中插入组织结构图。

（4） 应用“平衡”主题。

（5） 将除第 1 张幻灯片之外的其余幻灯片上的各标题文字设置为垂直百叶窗效果。

（6） 设置幻灯片切换效果为从全黑淡出。

演示文稿样板如图 7-47 所示。

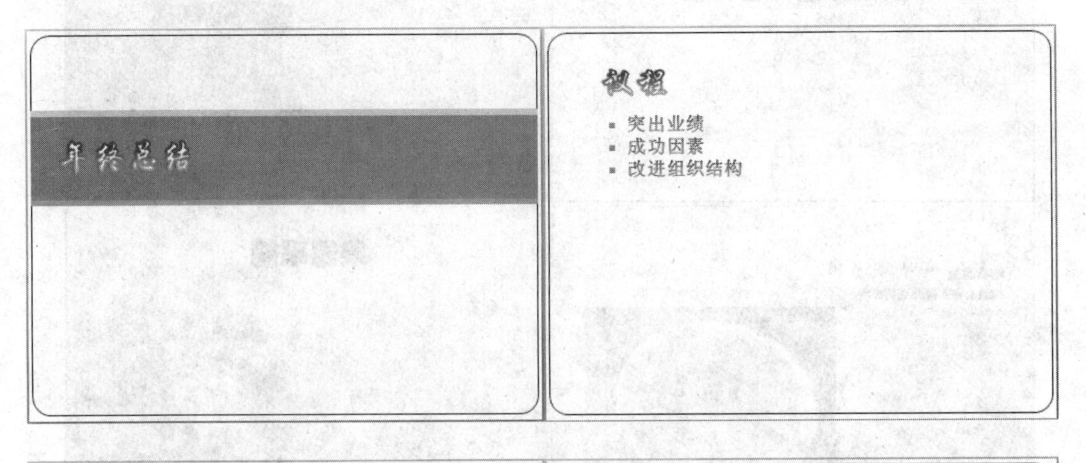

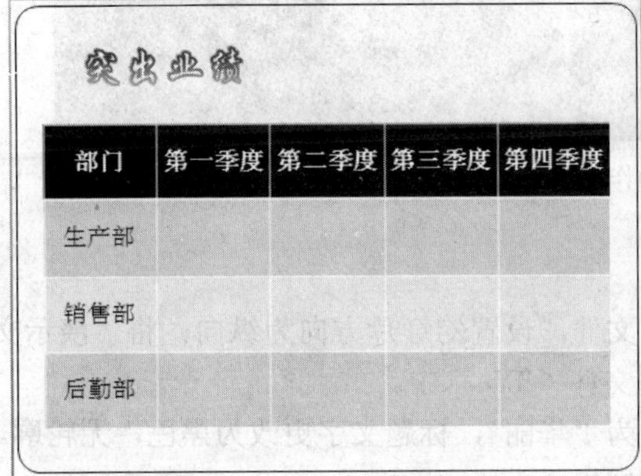

部门	第一季度	第二季度	第三季度	第四季度
生产部				
销售部				
后勤部				

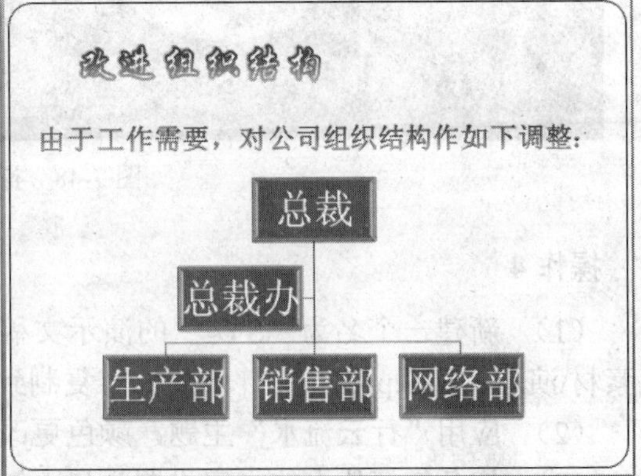

图 7-47　操作 2 效果

操作 3

（1） 新建一个名为“SY3”的演示文稿文件，将“演示文稿素材\演示文稿 1.pptx”文件中的内容复制到文件“SY3”中。

（2） 设置第 1 张幻灯片为“雨后初晴”渐变背景，其余幻灯片为“茵茵绿原”渐变背景。

（3） 更改母版，设置标题文本为华文琥珀体，一级文本为楷体、加粗。

（4） 在母版中绘制一个四角星形，将填充和轮廓颜色均设置为“水绿色，强调文字颜色 5，淡色 80%”。

（5） 将第 1 张幻灯片上的标题文字设置为淡出，副标题文字设置为整批发送飞入。

（6） 将所有幻灯片之间的切换方式设置为随机切换效果。

演示文稿样板如图 7-48 所示。

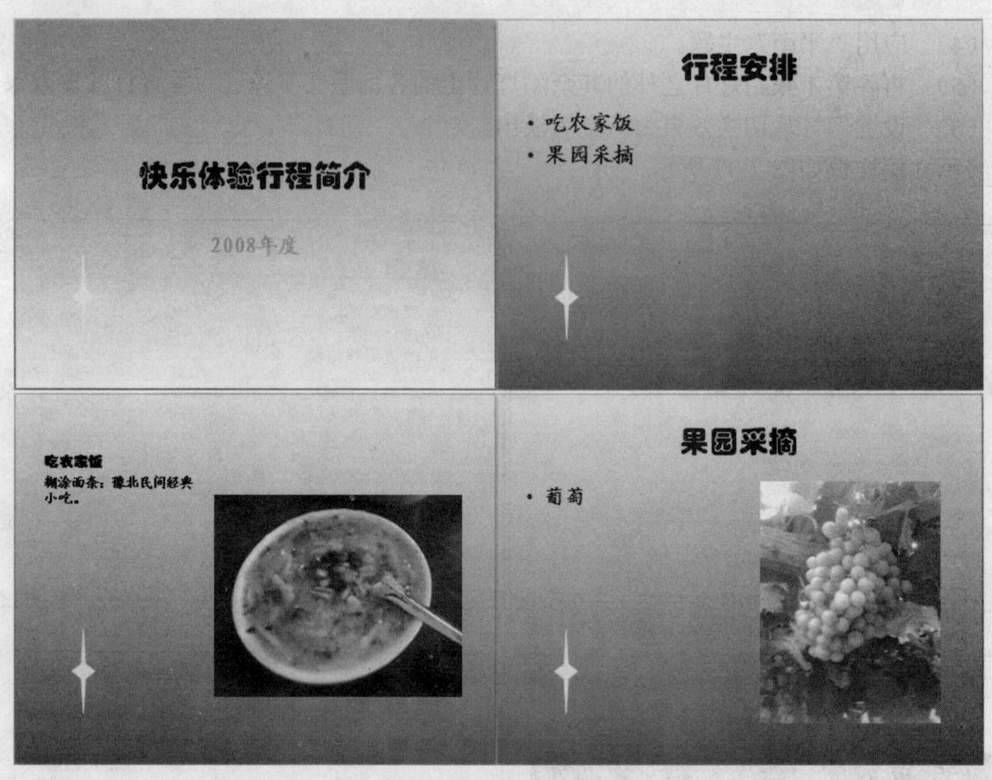

图 7-48　操作 3 效果

操作 4

（1） 新建一个名为“SY4”的演示文稿文件，设置幻灯片方向为纵向，将“演示文稿素材\演示文稿 2.pptx”文件中的内容复制到文件“SY4”中。

（2） 应用“行云流水”主题，颜色更改为“华丽”，标题文字更改为黑色，无轮廓。

（3） 将各幻灯片上的文字设置为自上侧缓慢飞入。

（4） 将幻灯片之间的切换方式设置为“顺时针旋转，1 根轮辐”，慢速。

演示文稿样板如图 7-49 所示。

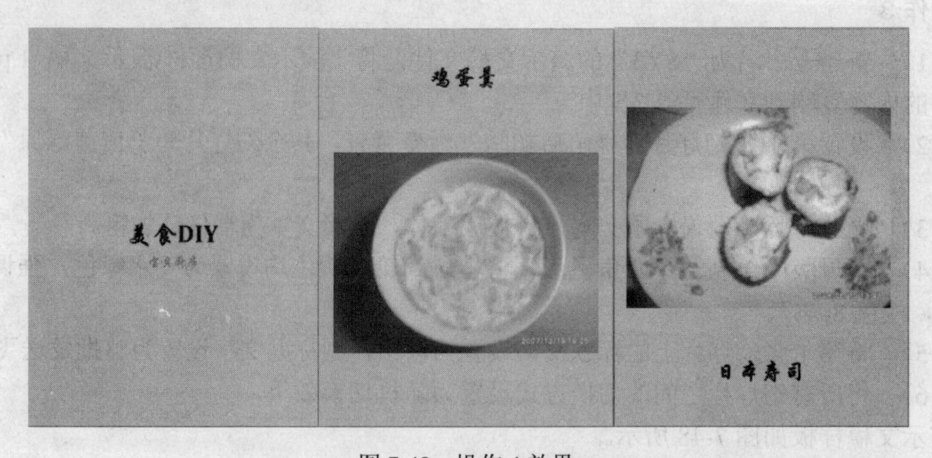

图 7-49　操作 4 效果

操作 5

（1） 新建一个名为“SY5”的演示文稿文件，将“演示文稿素材\演示文稿 3.pptx”文件中的内容复制到文件“SY5”中。

（2） 将标题幻灯片中的文本转换为艺术字，艺术样式为“填充－强调文字颜色 2，暖色粗糙棱台”。

（3） 应用“流畅”主题。

（4） 将各幻灯片中的标题设置为“强调”｜“放大/缩小”效果，正文设置自左侧缓慢飞入，图片设置为“强调”｜“陀螺旋”效果，开始方式均为“之后”。

（5） 设置所有幻灯片的换片方式为在 2 秒钟之后自动设置动画效果。

（6） 设置幻灯片切换方式为慢速向下擦除效果。

演示文稿样板如图 7-50 所示。

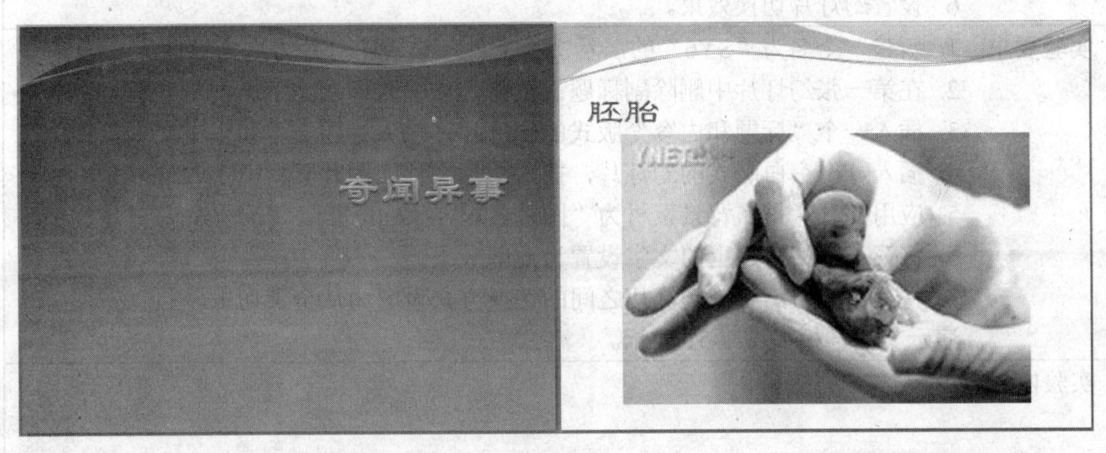

图 7-50　操作 4 效果

实　验　报　告（实验 1）

课程：　　　　　　　　　　　　　　　　　　　　实验题目：幻灯片的建立与设置

姓名		班级		组（机）号		时间	

实验目的： 1. 学会制作幻灯片的方法。
2. 格式化演示文稿。
3. 幻灯片的修改与编辑。
4. 在幻灯片中插入对象的方法。
5. 设置动画效果。
6. 设置幻灯片切换效果。

实验要求： 1. 新建一个名为“SY6”的演示文稿文件，设置幻灯片方向为纵向。
2. 在第一张幻灯片中删除副标题占位符，只输入标题文字。
3. 插入一个“标题和内容”版式的幻灯片，输入标题文本和正文文本。
4. 插入一个空白版式的幻灯片，插入图片文件“图片素材\照片 2.jpg”。
5. 应用图片背景，背景素材为“图片素材\TU9.jpg”。
6. 将第 1 张幻灯片上的文字设置为溶解效果。
7. 将第 2 张与第 1 张幻灯片之间的切换方式设置为从全黑切出。
演示文稿样板如图 7-51 所示。

实验内容与步骤：

实验分析：

实验指导教师		成　绩	

幻灯片 1

幻灯片 2

幻灯片 3

图 7-51　实验 1 效果

实　验　报　告（实验 2）

课程：　　　　　　　　　　　　　　　　　　　　　　　实验题目：幻灯片的建立与设置

<table>
<tr><td>姓名</td><td></td><td>班级</td><td></td><td>组（机）号</td><td></td><td>时间</td><td></td></tr>
<tr><td colspan="8">实验目的：1. 学会制作幻灯片的方法。
2. 格式化演示文稿。
3. 幻灯片的修改与编辑。
4. 艺术字的使用方法。
5. 设置动画效果。
6. 设置幻灯片切换效果。</td></tr>
<tr><td colspan="8">实验要求：1. 新建一个名为“SY7”的演示文稿文件，将“演示文稿素材\演示文稿 4.pptx”文件中的内容复制到文件“SY7”中。
2. 将幻灯片中的文字转换为艺术字，效果为“填充－白色，暖色粗糙棱台”。
3. 应用图片背景（图片素材\TU5.jpg），然后应用“穿越”主题。
4. 将第 1 张幻灯片上的文字设置为水平伸展效果。
5. 将第 2 张与第 1 张幻灯片之间的切换方式设置为从外到内垂直分割。
演示文稿样板如图 7-52 所示。</td></tr>
<tr><td colspan="8">实验内容与步骤：</td></tr>
<tr><td colspan="8">实验分析：</td></tr>
<tr><td colspan="2">实验指导教师</td><td colspan="2"></td><td>成　绩</td><td colspan="3"></td></tr>
</table>

幻灯片 1

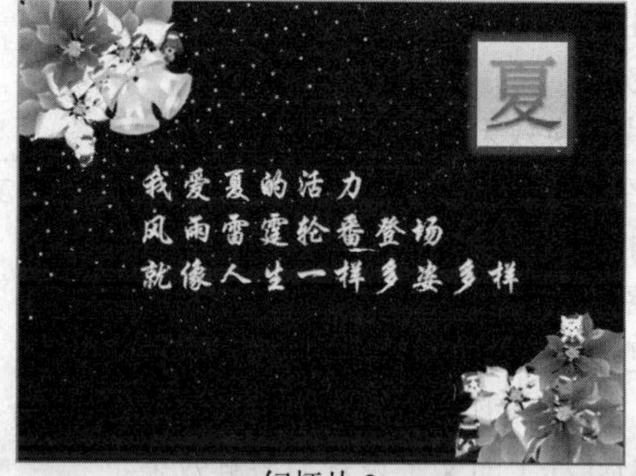

幻灯片 2

幻灯片 3

幻灯片 4

图 7-52　实验 2 效果

实　验　报　告（实验 3）

课程：　　　　　　　　　　　　　　　　　实验题目：幻灯片的建立与设置

姓名		班级		组（机）号		时间	

实验目的： 1. 学会制作幻灯片的方法。
2. 格式化演示文稿。
3. 幻灯片的修改与编辑。
4. 母版的应用。
5. 设置动画效果。
6. 设置幻灯片切换效果。

实验要求： 1. 新建一个名为“SY8”的演示文稿文件，将“演示文稿素材\演示文稿 5.pptx”文件中的内容复制到文件“SY8”中。
2. 在母版视图中插入“图片素材\TU10.gif”。
3. 应用浅蓝色射线渐变背景。
4. 设置第 2、第 3 张幻灯片上的标题占位符的样式为“细微效果，强调颜色 5”。
5. 将第 1 张幻灯片上的文字设置为溶解效果。
6. 将第 2 张与第 1 张幻灯片之间的切换方式设置为从下抽出。
演示文稿样板如图 7-53 所示。

实验内容与步骤：

实验分析：

实验指导教师		成　绩	

幻灯片 1

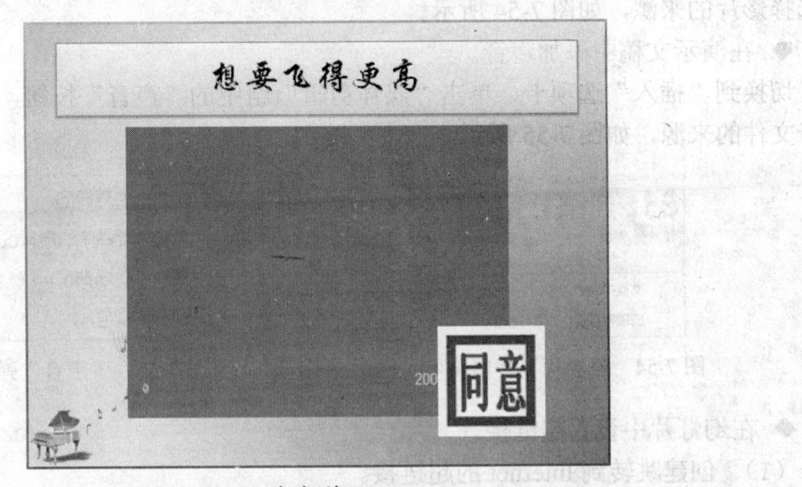

幻灯片 2

幻灯片 3

图 7-53　实验 3 效果

第二部分　演示文稿的放映与超链接

一、实验目的

掌握在放映中添加声音效果的技巧；进行在幻灯片中设置超链接的实践；掌握放映演示文稿的方法与技巧；掌握打包演示文稿的方法。

二、实验要点

◆ 在演示文稿中添加视频。

（1） 单击内容占位符中的“插入媒体剪辑”图标按钮，插入保存在计算机中的视频文件。

（2） 切换到“插入”选项卡，单击“媒体剪辑”组中的“影片”按钮，从弹出菜单中选择影片的来源，如图 7-54 所示。

◆ 在演示文稿中添加声音。

切换到“插入”选项卡，单击“媒体剪辑”组中的“声音”按钮，从弹出菜单中选择声音文件的来源，如图 7-55 所示。

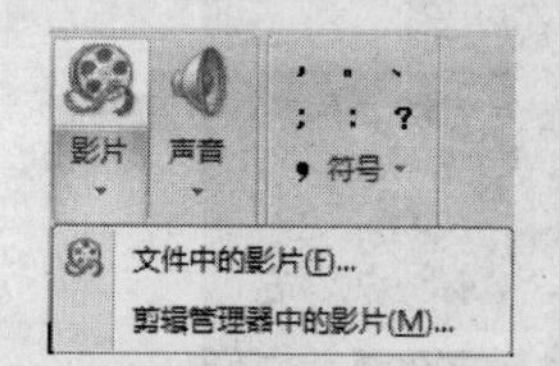

图 7-54　“影片”弹出菜单

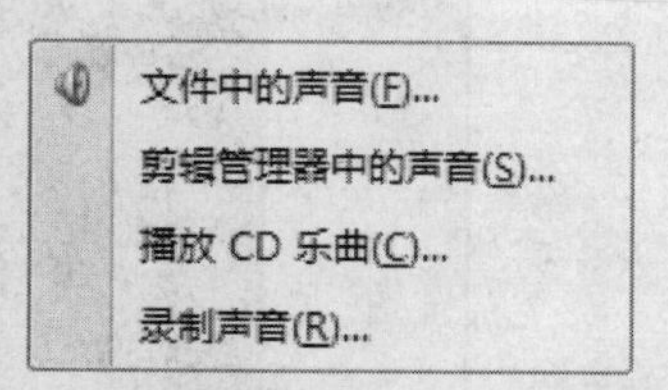

图 7-55　“声音”弹出菜单

◆ 在幻灯片中设置超链接。

（1） 创建跳转到 Internet 的超链接。

（2） 创建到不同幻灯片的超链接。

创建超链接时，起点可以是任何文本或任何对象，如果文本在某一形状的图形中，可以为该图形和文本分别设置超链接。

◆ 设置放映方式。

（1） 切换到“幻灯片放映”选项卡，单击“设置”组中的“设置幻灯片放映”按钮，打开“设置放映方式”对话框，如图 7-56 所示。

（2） 设置放映类型、放映范围、换片方式。

（3） 单击“确定”按钮，完成设置。

◆ 自定义播放顺序。

（1） 切换到“幻灯片放映”选项卡，单击“开始放映幻灯片”组中的“自定义幻灯片放映”按钮，从弹出菜单中选择“自定义放映”命令，打开“自定义放映”对话框，如图 7-57 所示。

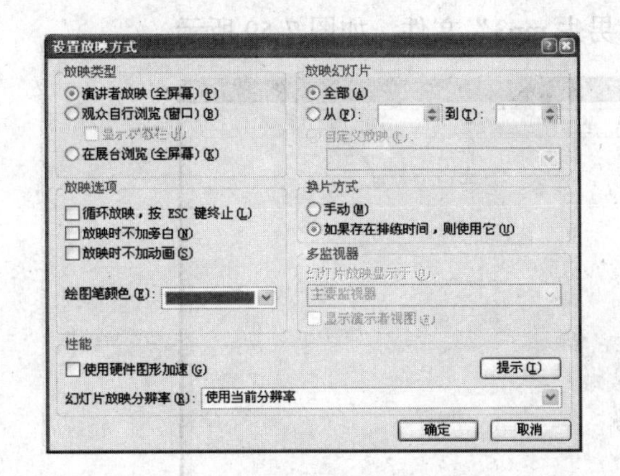

图 7-56 “设置放映方式”对话框

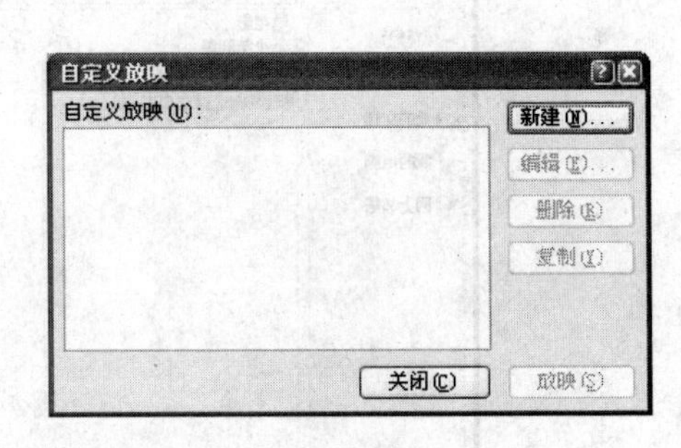

图 7-57 “自定义放映”对话框

（2） 单击“新建”按钮，打开“定义自定义放映”对话框，选择自定义放映时将要使用的幻灯片，单击“确定”按钮。

◆ 放映演示文稿。

（1） 从头开始播放演示文稿。

① 按 Shift+F5 组合键。

② 切换到“幻灯片放映”选项卡，单击“开始放映幻灯片”组中的“从头开始”按钮。

（2） 从当前显示的幻灯片开始播放演示文稿。

① 单击状态栏上的“幻灯片放映”按钮。

② 切换到“幻灯片放映”选项卡，单击“开始放映幻灯片”组中的“从当前幻灯片开始”按钮。

③ 按 F5 键。

（3） 按自定义顺序放映演示文稿。

切换到“幻灯片放映”选项卡，单击“开始放映幻灯片”组中的“自定义幻灯片放映”按钮，从弹出菜单中选择自定义放映名称。

◆ 打包演示文稿。

（1） 单击 Office 按钮，从弹出菜单中选择“发布”|“CD 数据包”命令，打开“打包成 CD”对话框，如图 7-58 所示。

（2） 指定名称、路径及存放打包文件的文件夹。

（3） 完成打包后，单击“关闭”按钮。

图 7-58 “打包成 CD”对话框

三、实验内容和实验步骤

◆ 在演示文稿中插入声音。

（1） 打开“成绩汇报.pptx”演示文稿，选择第 1 张幻灯片。

（2） 切换到“插入”选项卡，单击“媒体剪辑”组中的“声音”按钮，打开“插入声音”对话框，选择“声音素材\一年级的小男生.mp3”文件，如图 7-59 所示。

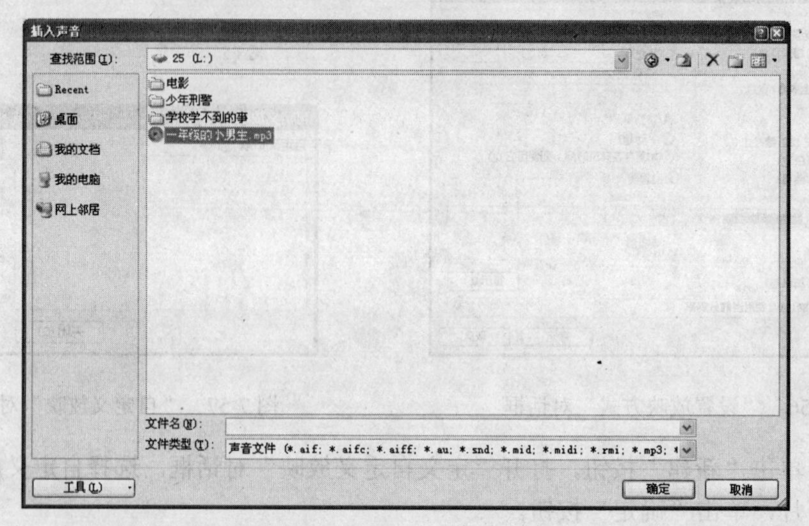

图 7-59 “插入声音”对话框

（3） 单击“确定”按钮，打开如图 7-60 所示的提示对话框。

（4） 单击“自动”按钮，返回当前幻灯片，可以看到在幻灯片中出现了一个声音图标，如图 7-61 所示。播放此幻灯片时，PowerPoint 2007 将自动播放此声音文件。

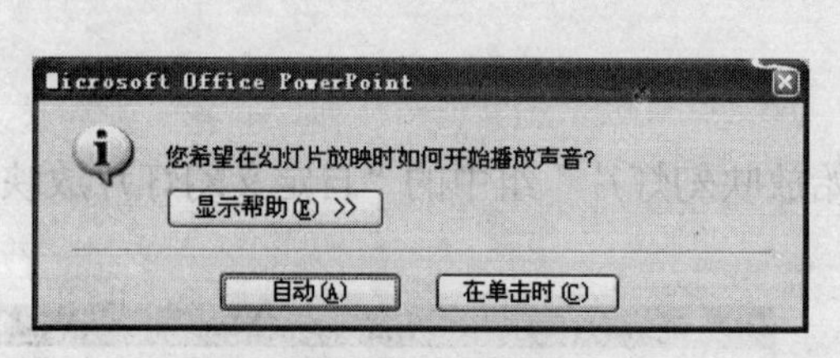

图 7-60 提示对话框

图 7-61 插入幻灯片中的声音文件

（5）按 F5 键播放演示文稿，PowerPoint 2007 将自动播放此声音文件。

◆ 在演示文稿中插入视频文件。

（1） 打开“成绩汇报.pptx”演示文稿，插入一个“空白”版式的新幻灯片。

（2） 切换到“插入”选项卡，单击“媒体剪辑”组中的“影片”按钮，打开“插入影片”对话框，选择“视频素材\SP1.MPG”视频文件，单击“确定”按钮，打开如图 7-62 所示的提示对话框。

（3） 单击“自动”按钮，插入视频文件，如图 7-63 所示。

（4） 按 F5 键播放演示文稿，PowerPoint 2007 将自动播放此视频文件。

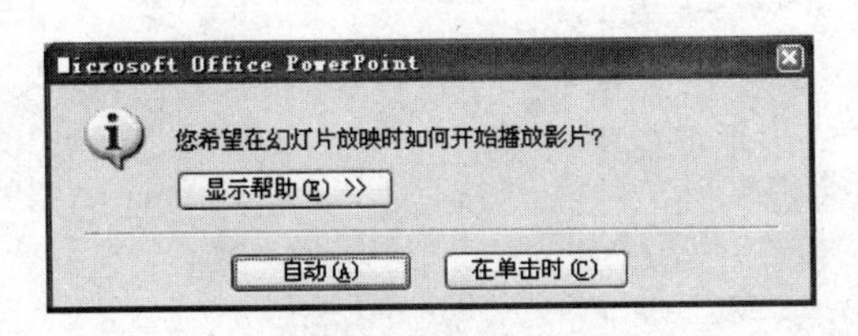

图 7-62　提示对话框

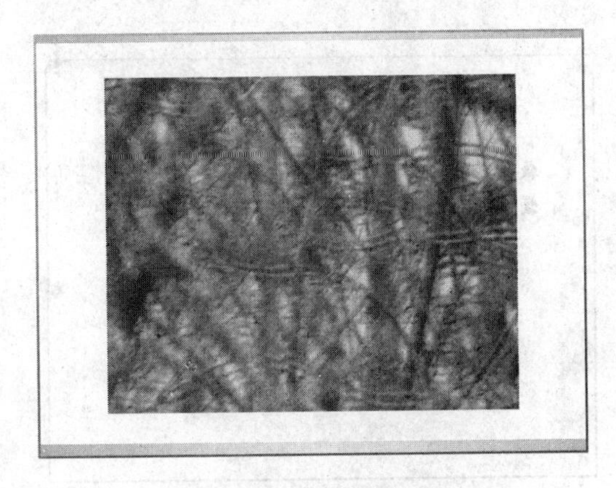

图 7-63　插入视频文件

◆ 创建跳转到 Internet 的超链接。

（1） 打开“成绩汇报.pptx”演示文稿，在程序窗口左侧的“幻灯片”选项卡中单击第 1 张和第 2 张幻灯片缩略图之间的位置，可以看到一条横向的插入光标在闪烁。

（2） 在“开始”选项卡上单击“幻灯片”组中的“新建幻灯片”按钮，插入一张“标题和内容”版式的幻灯片。

（3） 在标题占位符中输入“内容提要”，在内容占位符中输入以下内容：

◈ 校内荣誉

◈ 校外业绩

◈ 个人主页

（4） 选择“个人主页”，切换到“插入”选项卡，单击“链接”组中的“超链接”按钮，打开“插入超链接”对话框。在“链接到”列表框中单击“原有文件或网页”按钮。

（5） 单击“浏览过的页”按钮，然后在列表框中选择要转到的网页名称“飞雪之域”，在“地址”文本框中会自动显示相应的 URL，如图 7-64 所示。

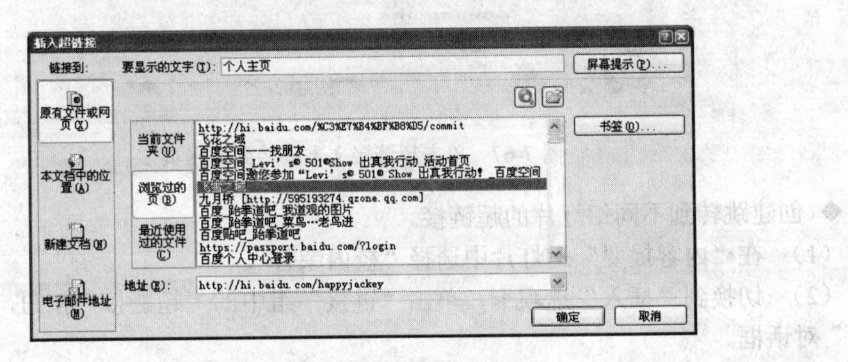

图 7-64　选择要转到的网页地址

（6） 单击“确定”按钮完成添加。设置了超链接的文本颜色会发生变化，并且会添加一条下画线，如图 7-65 所示。

（7） 按 F5 键放映演示文稿，将鼠标指针放在“个人主页”超链接文本上，指针形状会变成小手状，且弹出一个屏幕提示框，显示链接到的网页地址，如图 7-66 所示。

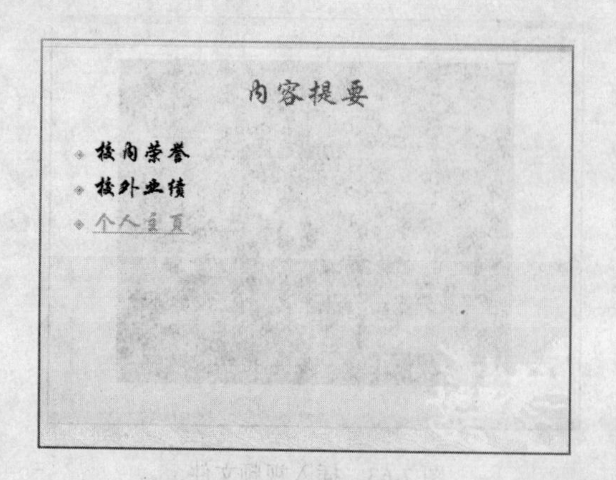

图 7-65　设置超链接文本

图 7-66　放映演示文稿

（8）　单击超链接文本，转到相应网页，如图 7-67 所示。

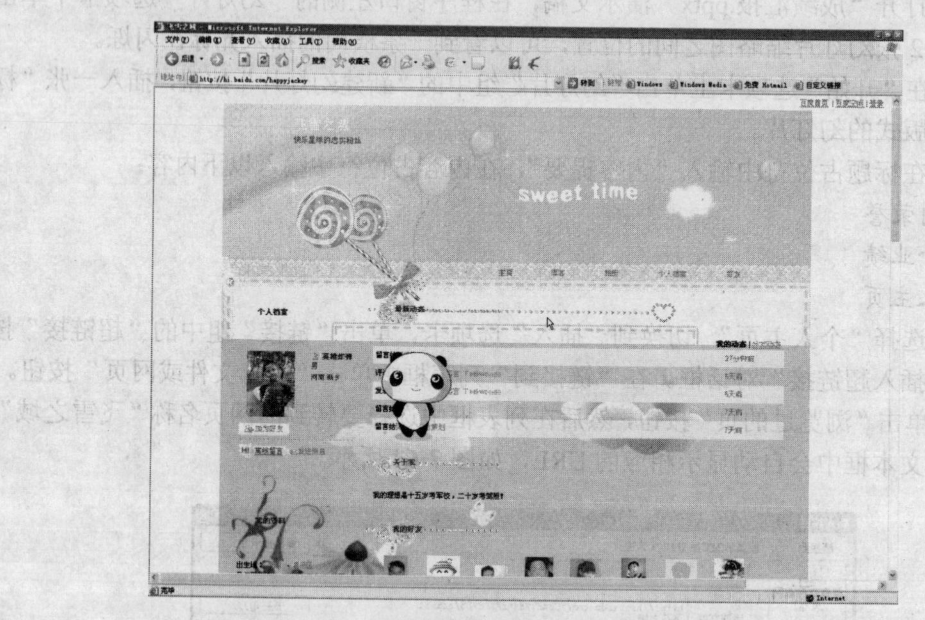

图 7-67　单击超链接文本跳转到的网页

◆ 创建跳转到不同幻灯片的超链接。

（1）　在“内容提要”幻灯片中选择“校内荣誉”。

（2）　切换到“插入”选项卡，单击“链接”组中的“超链接”按钮，打开“插入超链接”对话框。

（3）　在“链接到”列表框中单击“本文档中的位置”按钮，然后在“请选择文档中的位置”列表框中选择“3. 校内荣誉”幻灯片，如图 7-68 所示。

（4）　单击“确定”按钮，完成超链接的设置。

（5）　参照以上各步的操作，设置文本“校外业绩”到第 4 张幻灯片“校外业绩”的超链接。

（6）　按 F5 键放映演示文稿，在“内容提要”幻灯片中单击“校内荣誉”和“校外业绩”文本测试超链接。

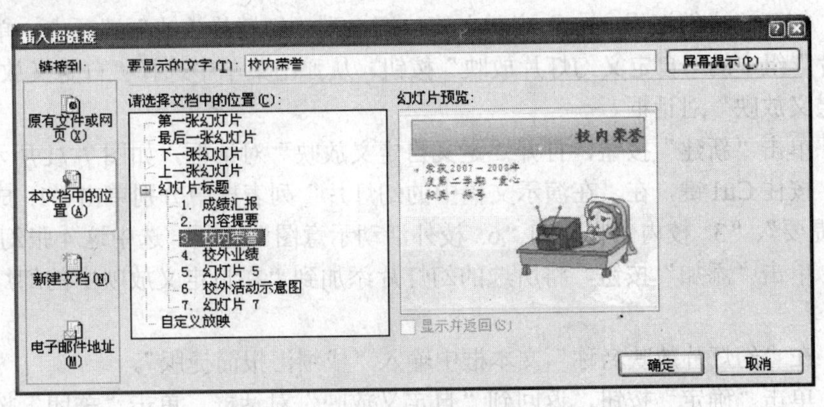

图 7-68 选择本文档中的幻灯片

◆ 添加动作按钮。

（1） 打开“成绩汇报.pptx”演示文稿，选择第 1 张幻灯片。

（2） 切换到“插入”选项卡，单击“插图”组中的“形状”按钮，在弹出菜单中选择“动作按钮”栏中的“前进或下一项”图标，光标变成十字形。

（3） 拖动鼠标指针在幻灯片左下角绘制一个相应图形，结束后会自动打开“动作设置”对话框，如图 7-69 所示。

（4） 单击“超链接到”单选按钮，然后在其下方的下拉列表框中选择“最后一张幻灯片”选项。

（5） 切换到“鼠标移过”选项卡，选中“播放声音”复选框，然后在下面的下拉列表框中选择“微风”选项。

（6） 单击“确定”按钮完成设置。

（7） 格式化动作按钮，为其应用“强烈效果，强调颜色 2”样式，如图 7-70 所示。

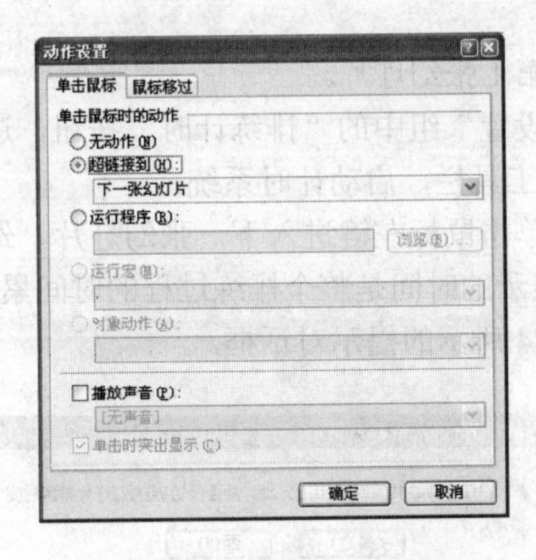

图 7-69 “动作设置”对话框

图 7-70 在幻灯片中添加动作按钮

（8） 按 F5 键播放演示文稿，在第 1 张幻灯片中单击动作按钮，即可按预先设置快速转到最后一张幻灯片。

◆ 自定义播放顺序。

（1） 打开“成绩汇报.pptx”演示文稿，切换到“幻灯片放映”选项卡，单击“开始放映幻灯片”组中的“自定义幻灯片放映”按钮，从弹出菜单中选择“自定义放映”命令，打开“自定义放映”对话框。

（2） 单击“新建”按钮，打开“定义自定义放映”对话框，如图 7-71 所示。

（3） 按住 Ctrl 键，在“在演示文稿中的幻灯片”列表框中分别单击“1. 成绩汇报”、“2. 内容提要”、“3. 校内荣誉”和“6. 校外活动示意图”选项，选中这 4 张幻灯片。

（4） 单击“添加”按钮，将所选的幻灯片添加到“在自定义放映中的幻灯片”列表框中。

（5） 在“幻灯片放映名称”文本框中输入“成绩汇报简捷版”。

（6） 单击“确定”按钮，返回到“自定义放映”对话框，单击“关闭”按钮，完成自定义放映的设置。

（7） 在“幻灯片放映”选项卡上单击“开始放映幻灯片”组中的“自定义幻灯片放映”按钮，可以看到在弹出菜单中出现了一个“成绩汇报简捷版”命令，如图 7-72 所示。选择“成绩汇报简捷版”命令，即可按自定义顺序放映“成绩汇报”演示文稿。

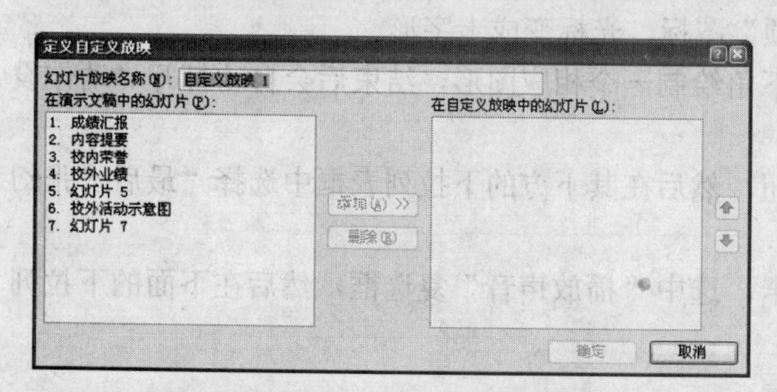

图 7-71 “定义自定义放映”对话框

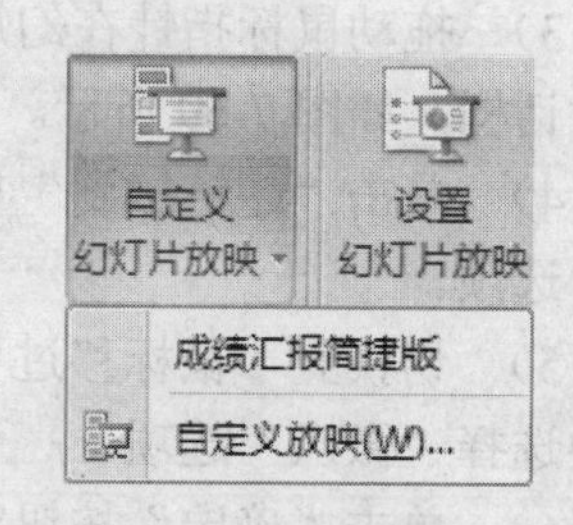

图 7-72 自定义放映弹出菜单

◆ 排练计时。

（1） 打开“成绩汇报.pptx”演示文稿，选择第 1 张幻灯片。

（2） 切换到“幻灯片放映”选项卡，单击“设置”组中的“排练计时”按钮，进入幻灯片放映状态，并显示如图 7-73 所示的“预演”工具栏，启动计时系统。

（3） 按照正常速度浏览全部幻灯片，每一次单击鼠标左键进入下一张幻灯片，幻灯片放映时间将重新开始计时，“预演”工具栏最右侧显示的时间是整个排练过程的时间累计。

（4） 在放完最后一张幻灯片后，打开如图 7-74 所示的提示对话框。

图 7-73 “预演”工具栏

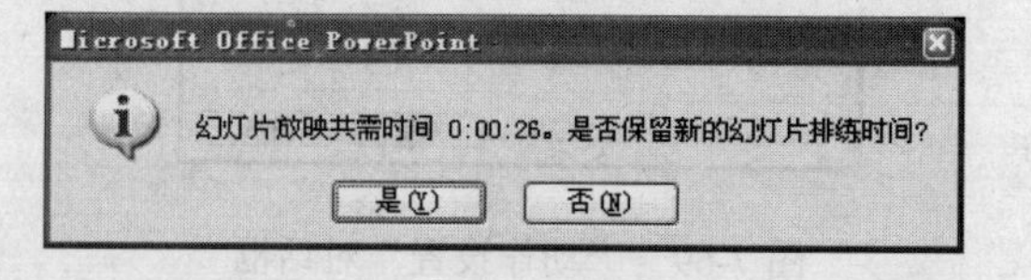

图 7-74 提示对话框

（5） 单击“是”按钮，进入幻灯片浏览视图，显示每张幻灯片所需的放映时间，如

图 7-75 所示。

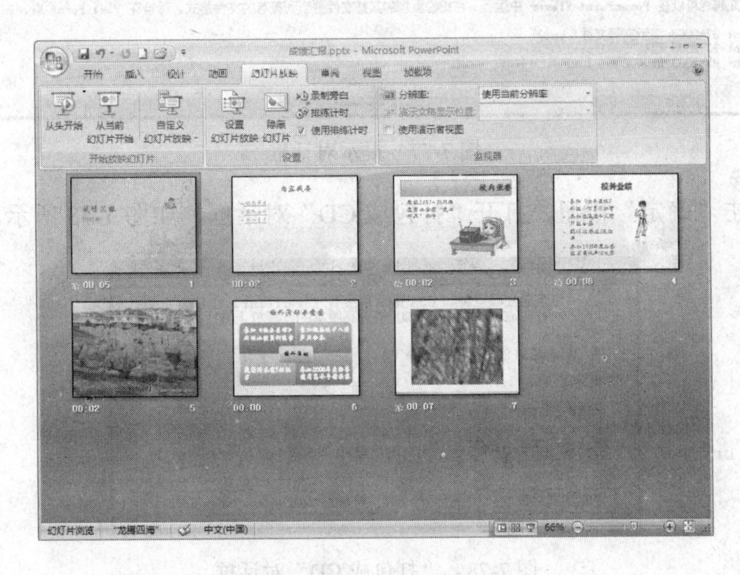

图 7-75　幻灯片浏览视图

（6）在“幻灯片放映”选项卡上选中“设置”组中的“使用排练计时”复选框，当再次放映演示文稿时，PowerPoint 2007 将根据排练计时结果来按时自动放映全部幻灯片。

◆ 放映演示文稿。

（1）打开需要放映的演示文稿，按 F5 键，或者单击状态栏上的“幻灯片放映”按钮，即可开始全屏放映幻灯片。

（2）如果设置了自动放映，则幻灯片播放至指定时长，即会自动切换到下一张幻灯片。否则，可通过单击鼠标左键来切换到下一张幻灯片。

（3）在屏幕上单击鼠标右键，在弹出的快捷菜单中选择“上一张”、“下一张”，或者“上次查看过的”命令，可以切换到指定幻灯片。

（4）如果要切换到指定幻灯片，可在快捷菜单中用鼠标指针指向“定位至幻灯片”命令，从弹出的下级菜单中选择要转到哪张幻灯片，如图 7-76 所示。

（5）幻灯片播放到最后一张时，屏幕上会出现黑屏，并且提示“放映结束，单击鼠标退出”，按照提示单击鼠标即可结束放映，返回到原来的视图中。

（6）如果要在幻灯片播放的过程中结束放映，在快捷菜单中选择“结束放映”命令，即可结束放映，返回到原来视图中。

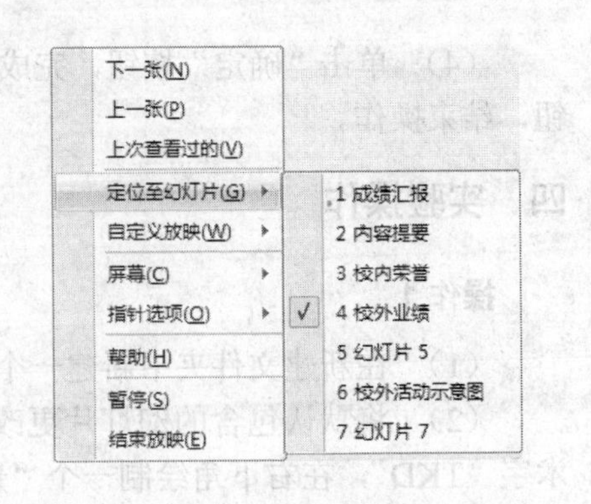

图 7-76　幻灯片放映视图中的快捷菜单

◆ 应用打包功能在未安装 PowerPoint 的电脑上放映演示文稿。

（1）打开要打包的演示文稿，单击 Office 按钮，从弹出菜单中选择“发布”|“CD 数据包”命令，打开如图 7-77 所示的提示对话框。

图 7-77　提示对话框

（2） 单击“确定”按钮，打开“打包成 CD”对话框，如图 7-78 所示。

图 7-78　“打包成 CD”对话框

（3） 单击“复制到文件夹”按钮，打开“复制到文件夹”对话框，指定文件夹名称和位置，如图 7-79 所示。

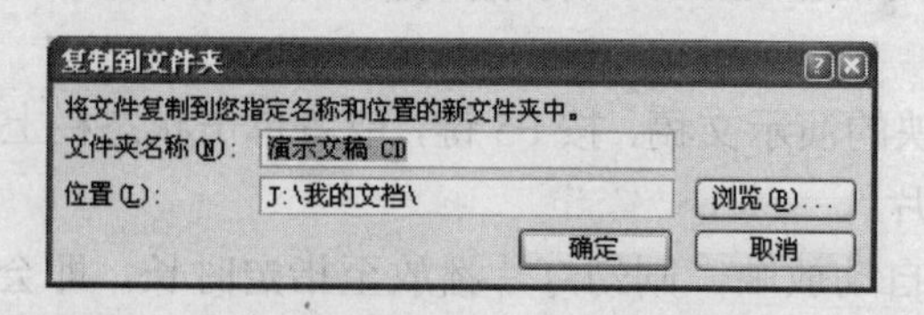

图 7-79　“复制到文件夹”对话框

（4） 单击“确定”按钮，完成打包。然后在“打包成 CD”对话框中单击“关闭”按钮，结束操作。

四、实验操作

操作 1

（1） 在新建文件夹中新建一个演示文稿，命名为“SY9”。

（2） 将默认包含的幻灯片更改为“空白”版式，设置背景为“水滴”纹理，插入艺术字“TKD”，在右下角绘制一个“影片”动作按钮。

（3） 插入一张“标题和内容”版式的幻灯片，设置占位符格式，并在标题占位符中输入艺术字“TKD 简介”，在内容文本框中粘贴“文字素材\TKD.txt”文件中的内容，设置项目符号，字体为楷体、32 磅大小。

（4） 插入一张“内容与标题”版式的幻灯片，在内容占位符中插入图片“图片素材 | 照片 3.jpg”，在标题占位符和正文占位符中分别输入标题“跆拳小子的苦与泪”和以下内容：

学习跆拳道必须要吃苦，这谁都知道，可谁又知道这些孩子在训练过程中又流过多少泪水呢？

（5） 插入一张“空白”版式的幻灯片，插入视频文件“视频素材\SP2.MPG”。

（6） 建立超链接，设置单击动作按钮时转到最后一张幻灯片。

（7） 放映演示文稿，测试超链接。

演示文稿样板见图 7-80 所示。

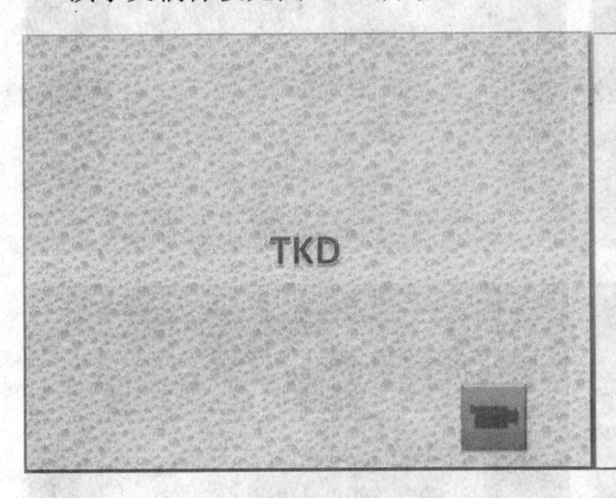

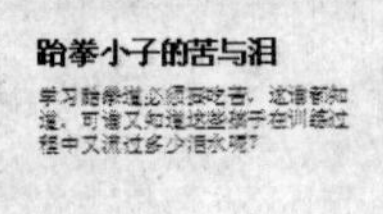

图 7-80 操作 1 样板

操作 2

（1） 在新建文件夹中新建一个演示文稿，并命名为“SY10”。

（2） 应用“穿越”主题。

（3） 在标题幻灯片中插入艺术字标题“人与自然”和副标题“郊游篇”。

（4） 插入 3 张幻灯片，分别输入标题文字“野蟾蜍”、“仿生”、“蝗虫”，并分别插入图片“图片素材\照片 4.jpg”、“图片素材\照片 5.jpg”、“图片素材\照片 6.jpg”。

（5） 在第 1 张幻灯片中插入声音文件“声音素材\采蘑菇的小姑娘.mp3”，设置为自动播放，并将声音图标移到幻灯片右上角。

（6） 为每张幻灯片排练计时。

（7） 放映演示文稿。

演示文稿样板如图 7-81 所示。

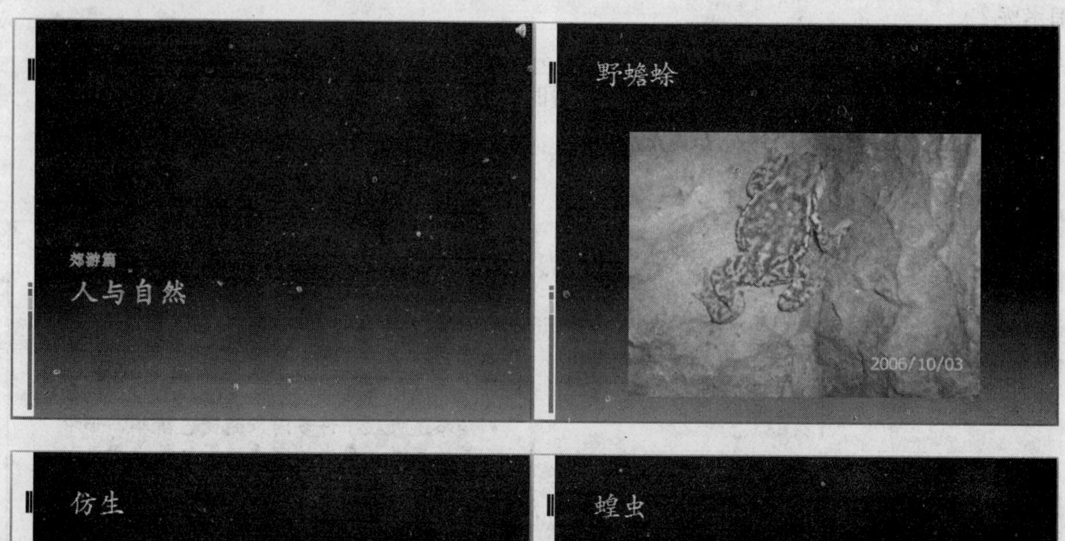

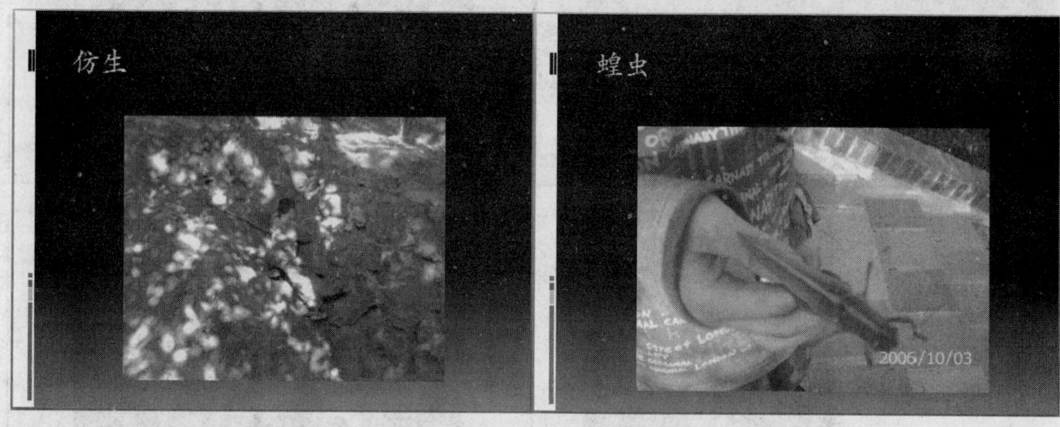

图 7-81 操作 2 样板

操作 3

（1） 在新建文件夹中新建一个演示文稿，命名为“SY11”。

（2） 应用“碧海青天”渐变背景。

（3） 在第 1 张幻灯片中输入艺术字标题“人与自然”和副标题“公园实录”。

（4） 插入一张幻灯片，输入艺术字标题“景点导航”和以下文字：

➢ 植物园

➢ 动物园

（5） 插入两张幻灯片，分别输入艺术字标题“植物园”和“动物园”，并分别插入视频文件“视频素材\SP3.MPG”和“视频素材\SP4.MPG”，设置播放方式为自动播放。

（6） 建立超链接，使第 2 张幻灯片中的文本“植物园”链接到第 3 张幻灯片，“动物园”链接到第 4 张幻灯片。

（7） 放映演示文稿，测试超链接。

演示文稿样板如图 7-82 所示。

图 7-82　操作 3 样板

操作 4

（1） 在新建文件夹中新建一个演示文稿，命名为“SY12”。

（2） 应用“跋涉”主题。

（3） 在第 1 张幻灯片中输入艺术字标题“网站推介”，删除副标题占位符。

（4） 在第 1 张幻灯片的中心位置绘制一个“前进或下一项”动作按钮，设置超链接，链接到下一张幻灯片。

（5） 插入一张幻灯片，输入标题“网站目录”和以下文字：

✖　百度

✖　百度少儿搜索

（6） 插入两张幻灯片，分别输入标题“百度首页”和“百度少儿搜索首页”，并分别插入图片“图片素材\TP1.jpg”和“图片素材\TP2.jpg”。

（7） 建立超链接，使第 2 张幻灯片中的文字“百度”链接到百度网站首页，“百度少儿搜索”链接到百度少儿搜索网站首页。

（8） 放映演示文稿，测试超链接。

演示文稿样板如图 7-83 所示。

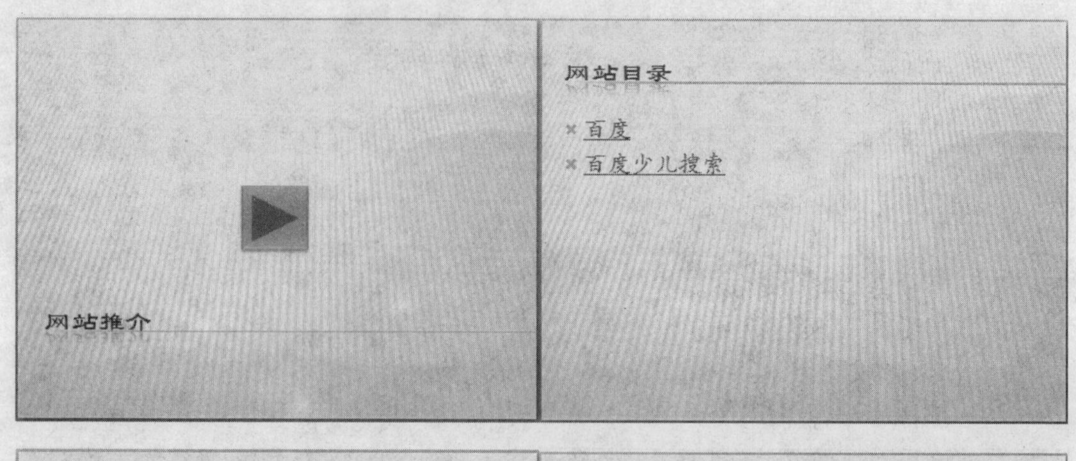

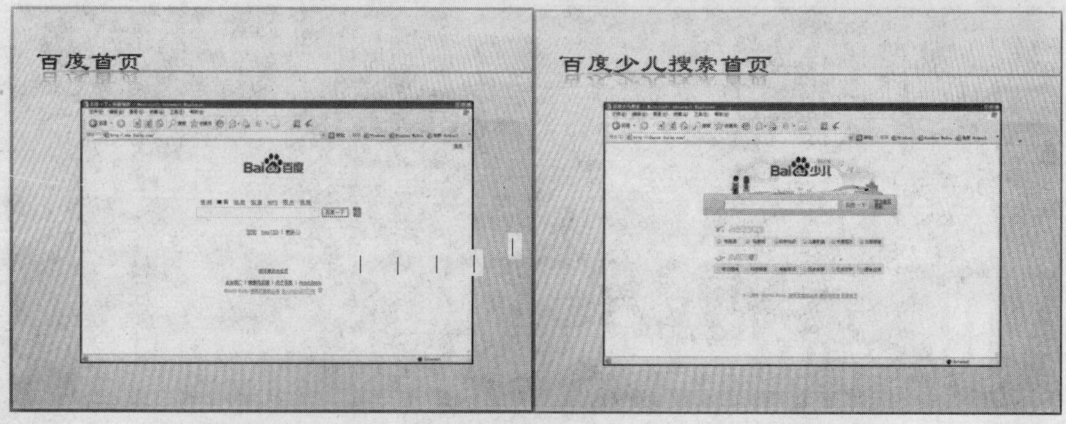

图 7-83　操作 4 样板

操作 5

（1） 在新建文件夹中新建一个演示文稿，命名为“SY13”。

（2） 应用“模块”主题。

（3） 在第 1 张幻灯片中输入标题“舞文弄墨”和副标题“好文自荐”。

（4） 插入一张幻灯片，输入标题“文章列表”和以下内容：

- 战（小小说）
- 清平乐（词）
- 新月与峨眉月（笔记）

（5） 插入两张幻灯片，分别输入标题文字“战”和“清平乐”，并将 Word 文档“文字素材\YS-1.docx”中的小说和词的内容复制粘贴到相应幻灯片中。

（6） 建立超链接：设置第 2 张幻灯片中的文本“战（小小说）”链接到第 3 张幻灯片，“清平乐（词）”链接到第 4 张幻灯片，“新月与峨眉月（笔记）”链接到 Word 文档“文字素材\新月与峨眉月.docx”。

（7） 在第3和第4张幻灯片右上角分别绘制一个“返回”动作按钮，设置链接到“文章列表”幻灯片（第2张）。

（8） 放映演示文稿，测试超链接。

演示文稿样板如图7-84所示。

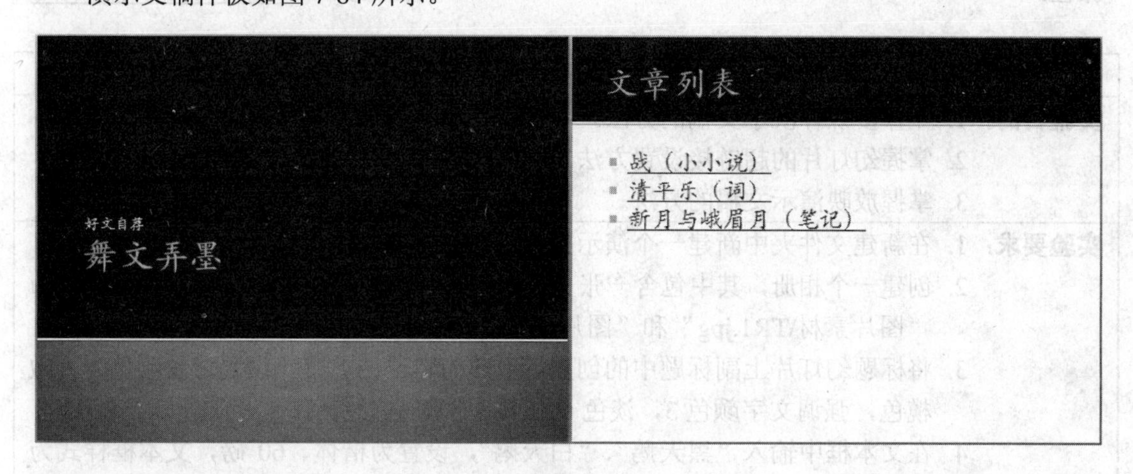

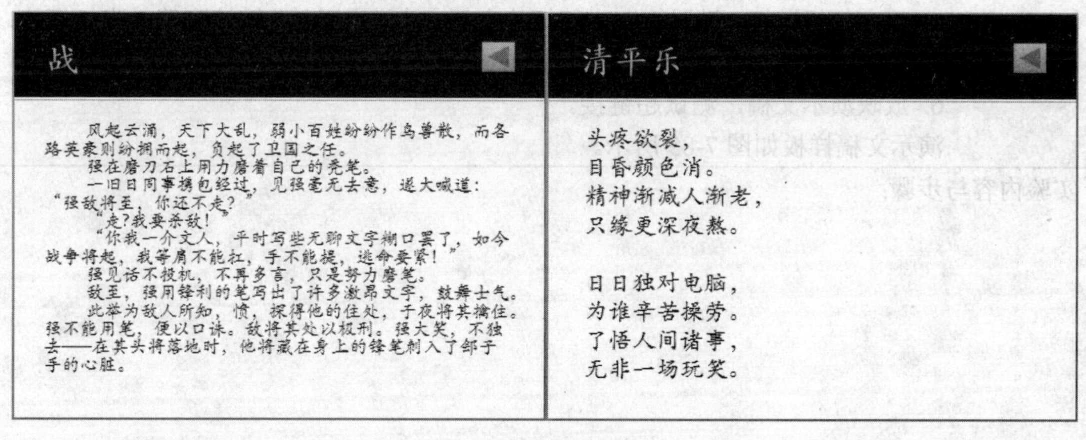

图7-84　操作5样板

提示：设置动作按钮链接到“文章列表”幻灯片的方法是，在“对作设置”对话框中选择“超链接到”下拉列表框中的“幻灯片”选项，打开“超链接到幻灯片”对话框，选择“文章列表”幻灯片。

实　验　报　告（实验1）

课程：　　　　　　　　　　　　　　实验题目：PowerPoint的综合应用

<table>
<tr><td>姓名</td><td></td><td>班级</td><td></td><td>组（机）号</td><td></td><td>时间</td><td></td></tr>
<tr><td colspan="8">实验目的：1. 制作多媒体演示文稿的方法。
2. 掌握幻灯片的超链接设置方法。
3. 掌握放映演示文稿的方法。</td></tr>
<tr><td colspan="8">实验要求：1. 在新建文件夹中新建一个演示文稿，命名为“SY14”。
2. 创建一个相册，其中包含一张文本框幻灯片和两张图片幻灯片，图片分别为“图片素材\TR1.jpg”和“图片素材\TR2.jpg”。
3. 将标题幻灯片上副标题中的创建者更改为自己的名字，设置背景颜色为“橄榄色，强调文字颜色3，淡色60%”。
4. 在文本框中输入“黑天鹅”、“白天鹅”，设置为楷体、60磅，文本框样式为“缩微效果，强调颜色3”样式。
5. 建立超级链接，设置第2张幻灯片中的文本“黑天鹅”链接到第3张幻灯片，“白天鹅”链接到第4张幻灯片。
6. 放映演示文稿，测试超链接。
演示文稿样板如图7-85所示。</td></tr>
<tr><td colspan="8">实验内容与步骤：</td></tr>
<tr><td colspan="8">实验分析：</td></tr>
<tr><td colspan="2">实验指导教师</td><td colspan="2"></td><td colspan="2">成　　绩</td><td colspan="2"></td></tr>
</table>

实　验　报　告（实验 2）

课程：　　　　　　　　　　　　　　　　　　　　实验题目：PowerPoint 的综合应用

姓名		班级		组（机）号		时间	

实验目的： 1. 制作多媒体演示文稿的方法。
2. 掌握幻灯片的超链接设置方法。
3. 掌握放映演示文稿的方法。

实验要求： 1. 在新建文件夹中新建一个演示文稿，命名为“SY15”。
2. 应用“孔雀开屏”渐变背景。
3. 在标题幻灯片中插入艺术字标题“好剧推荐”，删除副标题占位符。
4. 在标题幻灯片中插入声音文件“声音素材\风雨人生.wmv”，将声音图标移到幻灯片右下角。
5. 插入一张幻灯片，输入标题文字“重案六组”和以下内容：
国产警匪剧，目前已播出第一、二部，第三部正在拍摄之中。《重案六组Ⅲ》将继续《重案六组Ⅱ》中的杨季恋，值得期待。
6. 插入两张幻灯片，分别输入标题文字“剧照欣赏”和“网友 PS”，分别插入图片“图片素材\YSH1.jpg”、“图片素材\YSH2.jpg”和“图片素材\YSH3.jpg”、“图片素材\WT3.jpg”，设置图片高度为 6 cm，等比缩放。
7. 为每张幻灯片排练计时。
8. 放映演示文稿。

演示文稿样板如图 7-86 所示。

实验内容与步骤：

实验分析：

实验指导教师		成　绩	

相册

由 ker 创建

黑天鹅

白天鹅

图 7-85　实验 1 样板

重案六组

- 国产警匪剧，目前已播出第一、二部，第三部正在拍摄之中。《重案六组Ⅲ》将继续《重案六组Ⅱ》中的杨季恋，值得期待。

图 7-86　实验 2 样板

实　验　报　告（实验 3）

课程：　　　　　　　　　　　　　　　　　　　实验题目：PowerPoint 的综合应用

姓名		班级		组（机）号		时间	

实验目的： 1. 制作多媒体演示文稿的方法。
2. 掌握幻灯片的超链接设置方法。
3. 掌握放映演示文稿的方法。

实验要求： 1. 在新建文件夹中新建一个演示文稿，命名为“SY16”。
2. 应用“暗香扑面”主题。
3. 在第 1 张幻灯片中输入标题“城市风光”和副标题“街景”。
4. 插入一张幻灯片，输入标题“一棵树”，插入图片“图片素材\照片 7.jpg”。
5. 插入一张幻灯片，插入视频文件“视频素材\SP5.MPG”，设置播放方式为自动播放，视频高度为 12 cm，等比缩放。
6. 在第 1 张幻灯片中绘制一个“下一张”动作按钮，设置超链接，使单击该按钮时转到“一棵树”幻灯片；绘制一个“结束”动作按钮，设置超链接，使单击该按钮时转到“一条路”幻灯片。
7. 放映演示文稿，测试超链接。

演示文稿样板如图 7-87 所示。

实验内容与步骤：

实验分析：

实验指导教师		成　绩	

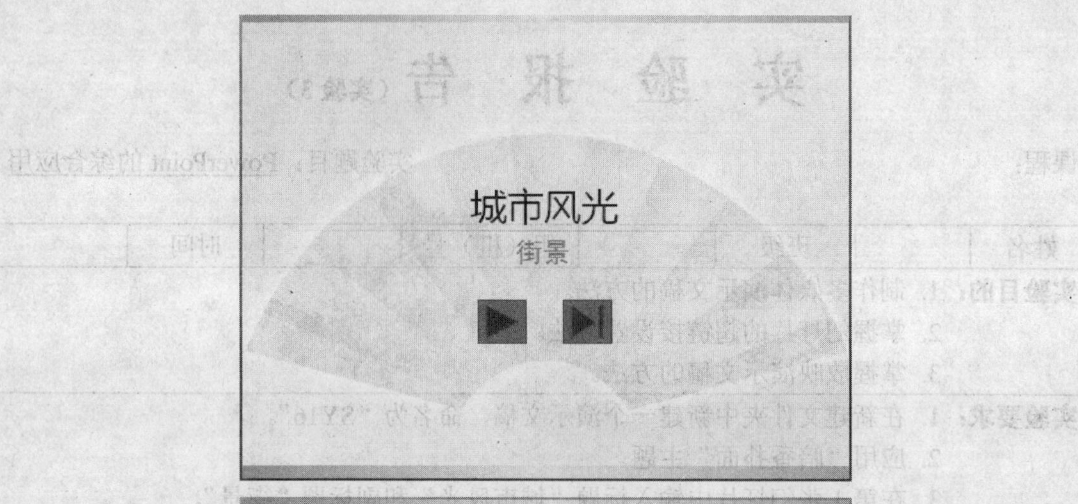

图 7-87　实验 3 样板

实 验 报 告（实验 4）

课程：　　　　　　　　　　　　　　　　　实验题目：PowerPoint 的综合应用

姓名		班级		组（机）号		时间	

实验目的： 1. 制作多媒体演示文稿的方法。

2. 掌握幻灯片的超链接设置方法。

3. 掌握放映演示文稿的方法。

实验要求： 1. 在新建文件夹中新建一个演示文稿，命名为“SY17”。

2. 应用“凤舞九天”主题。

3. 在第 1 张幻灯片中输入标题“经典名著共赏”和副标题“好读书，读好书”。

4. 插入一张幻灯片，输入标题“中国名著”和正文“青春之歌”、“芳菲之歌”、“英华之歌”，插入图片“图片素材\SHU1.jpg”。

5. 插入一张幻灯片，输入标题“外国名著”和“魔幻城堡”、“彩云国物语”，插入图片“图片素材\SHU2.jpg”。

6. 在第 3 张幻灯片左下方插入一个文本框，输入“看更多名著>>”，设置为楷体、黄色。

7. 建立超链接，使文字“看更多名著>>”链接到以下网址：http://tieba.baidu.com/f?kw=%C3%FB%D6%F8%B9%B2%CF%ED。

8. 放映演示文稿，测试超链接。

演示文稿样板如图 7-88 所示。

实验内容与步骤：

实验分析：

实验指导教师		成　绩	

实　验　报　告（实验5）

课程：　　　　　　　　　　　　　　　　　　　　实验题目：PowerPoint的综合应用

<table>
<tr><td>姓名</td><td></td><td>班级</td><td></td><td>组（机）号</td><td></td><td>时间</td><td></td></tr>
<tr><td colspan="8">**实验目的：** 1. 制作多媒体演示文稿的方法。
2. 掌握幻灯片的超链接设置方法。
3. 掌握放映演示文稿的方法。</td></tr>
<tr><td colspan="8">**实验要求：** 1. 在新建文件夹中新建一个演示文稿，命名为“SY18”。
2. 应用“华丽”主题和“样式11”背景颜色。
3. 在第1张幻灯片中输入标题“美文欣赏”和副标题“作者：ker”。
4. 插入一张幻灯片，输入标题“虫虫笔记”，插入两幅剪贴画，其中一幅水平翻转，调整图片位置。
5. 插入一张幻灯片，输入标题文字“PK聪明虫”，将Word文档“文字素材\PK聪明虫”中的开头部分复制粘贴到相应幻灯片中，设置文字大小为24磅，然后在幻灯片底部插入一个文本框，输入“查看全文”。
6. 建立超链接，设置文本“查看全文”链接到Word文档“文字素材\PK聪明虫.docx”。
7. 放映演示文稿，测试超链接。
演示文稿样板如图7-89所示。</td></tr>
<tr><td colspan="8">实验内容与步骤：</td></tr>
<tr><td colspan="8">实验分析：</td></tr>
<tr><td colspan="2">实验指导教师</td><td colspan="2"></td><td colspan="2">成　绩</td><td colspan="2"></td></tr>
</table>

图 7-88　实验 4 样板

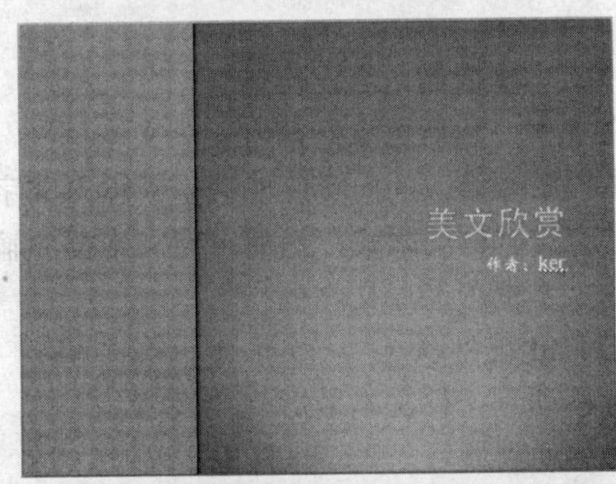

图 7-89　实验 5 样板

第三部分 练习题

一、单项选择题

（1） PowerPoint 2007 演示文稿的默认扩展名是（　　）。

A. PTT

B. PTTX

C. PPT

D. PPTX

（2） 创建空白演示文稿的快捷键是（　　）。

A. Ctrl+P

B. Ctrl+S

C. Ctrl+X

D. Ctrl+N

（3） PowerPoint 2007 的状态栏中可以显示当前演示文的（　　）。

A. 名称

B. 标题

C. 主题

D. 背景样式

（4） 要修改幻灯片中文本框内的内容，应该（　　）。

A. 首先删除文本框，然后再重新插入一个文本框

B. 选择该文本框所要修改的内容，然后重新输入文字

C. 重新选择带有文本框的版式，然后再向文本框中输入文字

D. 用新插入的文本框覆盖原文本框

（5） 在演示文稿中按 End 键可以（　　）。

A. 将鼠标指针移动到一行文本最后

B. 将鼠标指针移动到最后一张幻灯片中

C. 切换至下一张幻灯片

D. 切换到最后一张幻灯片

（6） 想要查看整个演示文稿的内容，可使用（　　）。

A. 普通视图

B. 大纲视图

C. 幻灯片浏览视图

D. 幻灯片放映视图

（7） 在 PowerPoint 2007 编辑状态下，用鼠标拖动方式进行复制操作，需按下（　　）键。

A. Shift　　B. Ctrl

C. Alt　　D. Alt+Ctrl

(8) 想在备注中插入图片，应在（ ）中进行。

A. 备注窗格
B. 备注页视图
C. 普通视图
D. 备注母版视图

(9) 在 PowerPoint 2007 的大纲视图中，按（ ）键可插入一张新幻灯片。

A. Enter
B. Tab
C. Enter+Tab
D. 在大纲视图中只能输入文字，不能插入幻灯片

(10) 动作按钮是一种（ ）。

A. 形状　　B. 图片
C. 动画按钮　　D. SmartArt 图形

(11) 通过（ ）可以快速而轻松地设置整个演示文稿的格式。

A. 应用主题
B. 设置幻灯片母版
C. 设置幻灯片版式
D. 设置背景颜色

(12) 要在幻灯片中播放声音但又不想增加演示文稿的大小，可以（ ）。

A. 插入文件中的声音
B. 插入剪辑库中的声音
C. 插入 CD 音乐
D. 自己录制声音

(13) （ ）不是幻灯片母版的格式。

A. 大纲母版
B. 幻灯片母版
C. 标题母版
D. 备注母版

(14) 要在切换幻灯片时发出声音，应（ ）。

A. 在幻灯片中插入声音
B. 设置幻灯片切换声音
C. 设置幻灯片切换效果
D. 设置声音动作

(15) 要从头播放演示文稿，可按（ ）键。

A. F5　　B. Shift+F5
C. Ctrl+F5　　D. Alt+F5

(16) 在 PowerPoint 2007（ ）视图环境下，不可以对幻灯片内容进行编辑。

A. 幻灯片　　B. 幻灯片浏览
C. 幻灯片放映　　D. 黑白

（17） “陀螺旋”属于（　　）效果类型。

A. 进入　　　　B. 强调

C. 退出　　　　D. 动作路径

（18） 如果要从一张幻灯片溶解到下一张幻灯片，应执行（　　）操作。

A. 动作设置

B. 预设动画

C. 幻灯片切换

D. 自定义动画

二、多项选择题

（1） PowerPoint 是一种能够制作集（　　）为一体的多媒体演示或展示制作软件。

A. 文字　　　　B. 图形

C. 图像　　　　D. 声音

E. 视频剪辑

（2） PowerPoint 演示文稿的放映方式有（　　）。

A. 演讲者放映

B. 观众自行浏览

C. 在展台浏览

D. 演讲者循环放映

（3） PowerPoint 中，供用户直接用来制作演示文稿的剪辑库分为（　　）。

A. 剪贴画　　　　B. 图片

C. 声音　　　　D. 影片

E. 动画

（4） 发言者备注包括文章内容和（　　）等。

A. 提示　　　　B. 注解

C. 注释　　　　D. 备用信息

（5）为了将演示文稿打印到纸上，通常会采用（　　）视图进行预览。

A. 幻灯片浏览　　　　B. 大纲

C. 灰度　　　　D. 黑白

（6） PowerPoint 为了建立、编辑、浏览、放映幻影片的需要，提供了多种不同的视图，有（　　）。

A. 幻影片视图

B. 大纲视图

C. 幻灯片浏览

D. 备注页视图

E. 幻灯片放映

（7） PowerPoint 母版可分成（　　）。

A. 幻灯片母版

B. 标题幻灯片母版

C. 讲义母版

D. 备注母版

（8） 在默认情况下，幻灯片母版中有 5 个占位符，来确定幻灯片母版的版式，这主要包括（　　）。

A. 页脚区

B. 日期区

C. 对象区

D. 标题区

E. 状态区

F. 数字区

（9） 在放映时如果想切换到下一张幻灯片，其操作为（　　）。

A. 单击鼠标左键

B. 按 Enter 键

C. 按 P 键

D. 按 N 键

E. 按方向键→

（10） 在幻灯片浏览视图中要移动或复制幻灯片，可以使用的方法为（　　）。

A. 鼠标拖动

B. 使用“开始”选项卡上“剪贴板”组中的“剪切”、“复制”、“粘贴”按钮

C. 按 Ctrl+X、Ctrl+C、Ctrl+V 组合键

D. 按右键选取相应的命令

（11） 在 PowerPoint 2007 中控制幻灯片外观的方法有（　　）。

A. 应用主题

B. 使用样式

C. 修改母版

D. 设置幻灯片版式

（12） 在 PowerPoint 中可插入（　　）。

A. Word 文档

B. Excel 图表

C. 声音

D. Excel 工作表

E. 其他的 PowerPoint 演示文稿

（13） 在 PowerPoint 2007 中可以通过（　　）来向幻灯片中添加文字。

A. 直接在幻灯片的文本占位符中输入文字。

B. 在“大纲”选项卡中输入文字。

C. 在幻灯片中插入文本框，然后在文本框中输入文字。

D. 在备注窗格中输入文字。

（14） 如果要从第 2 张幻灯片跳到第 8 张幻灯片，应使用（ ）。

A. “插入”选项卡上的“动作设置”按钮

B.“插入”选项卡上的“超链接”按钮

C. “幻灯片放映”选项卡上的“设置幻灯片放映”按钮

D. “动画”选项卡上的“自定义动画”按钮

（15） 演示文稿的备份文件可以保存为（ ）格式。

A. PowerPoint 放映　　B. PPT

C. PPTX　　D. 网页

E. 图像

三、判断题

（1） 在 PowerPoint 中，隐藏幻灯片是指幻灯片在放映时不出现。（ ）

（2） 在 PowerPoint 中的插入对象操作只能在“幻灯片大纲视图”中完成。（ ）

（3） 在 PowerPoint 中，只能插入 Word、Excel 等 Office 组件创建的对象，不能插入其他程序创建的对象。（ ）

（4） 在幻灯片中插入声音成功，则在幻灯片中显示一个喇叭图标。（ ）

（5） 在 PowerPoint 中无法直接生成表格，只能借助其他软件完成。（ ）

（6） “格式刷”是一个传递文本格式的工具，可以快速将某些文本的格式应用于其他文本。（ ）

（7） “替换”对话框也可以用来查找文本内容。（ ）

（8） 在演示文稿设计中，一旦选中某个主题，则所有幻灯片均采用此设计。（ ）

（9） 绘制形状时，选择图形样式以后单击幻灯片视图中的任意位置，即可插入图形。（ ）

（10） 在“大纲”选项卡中，幻灯片的每一级标题都是左对齐，而下一级标题则自动缩进。（ ）

（11） 在大纲视图区可以使文本与幻灯片视图中的文字格式以相同的格式显示。（ ）

（12） 在 PowerPoint 2007 中可以直接插入 Word 文档中的文本，并且每个段落都成为单个幻灯片的标题。（ ）

（13） 在幻灯片中按 Tab 键可取消项目符号。（ ）

（14） 单击“文本框”按钮后，在幻灯片中拖动鼠标指针可以插入一个单行横排文本框。（ ）

（15） 在 PowerPoint 2007 中可以直接将已有文本转换成艺术字。（ ）

（16） 在 PowerPoint 2007 中可以直接将已有文本转换成 SmartArt 图形。（ ）

（17） 幻灯片背景中的图片或图形是不可隐藏的，因此在母版中插入图形时需谨慎。（ ）

第8章 数据库管理软件Access 2007实验

第一部分 Access 2007的基本操作

一、实验目的

（1） 掌握数据库的创建。

（2） 熟悉和掌握表的创建与修改。

（3） 掌握向表中添加数据以及数据的保存、修改、查找及排序等数据操作。

（4） 掌握窗体、报表和数据页的创建。

二、实验要点

◆ 数据库的创建。

（1） 创建空数据库：在Access 2007程序窗口中单击“新建空白数据库”栏中的“空白数据库”图标，然后指定文件名称，再单击“创建”按钮，即可创建一个空数据库。

（2） 根据模板创建数据库：在程序窗口左侧的“模板类别”列表框中选择模板类别，再选择具体的模板，单击“创建”按钮。

◆ 表的创建。

（1） 在数据库中创建表：打开所需数据库文件，然后切换到“创建”选项卡，单击“表”组中的“表”按钮。

（2） 根据表模板创建表：切换到“创建”选项卡，单击“表”组中的“表模板”按钮，从弹出菜单中选择表模板类型，如图8-1所示。

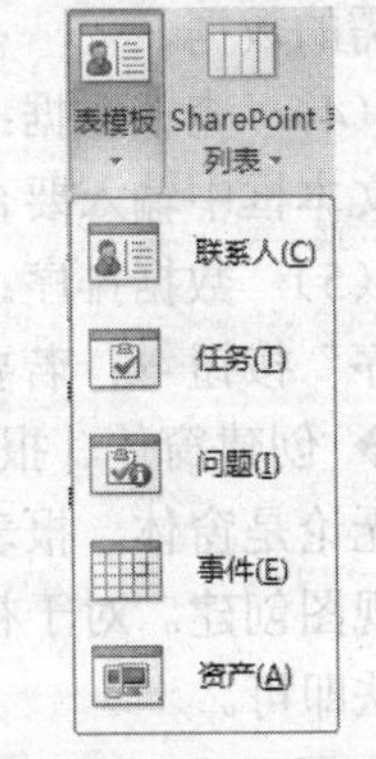

图8-1 “表模板”弹出菜单

（3） 根据SharePoint列表创建表：切换到“创建”选项卡，单击“表”组中的“SharePoint列表”按钮，从弹出菜单中选择一种模板，打开“创建新列表”对话框，指定要放置列表的SharePoint网站的URL、新SharePoint列表的名称及说明。设置完成后，单击“确定”按钮，即可创建一个新表。

（4） 在设计视图中创建表：在“创建”选项卡上单击“表”组中的“表设计”按钮，即可在设计视图中创建一个新表，并显示表工具的“设计”选项卡，可对表进行设计，如插入或删除行等，如图8-2所示。

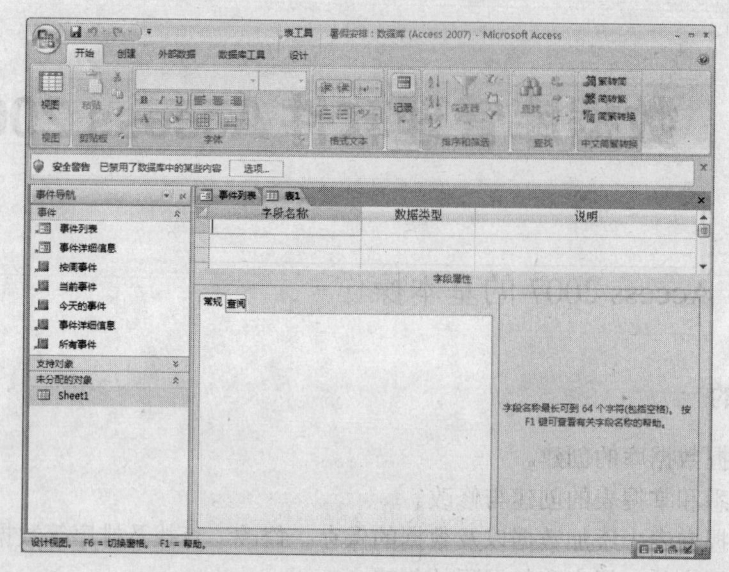

图 8-2　在设计视图中创建表

◆ 数据操作。

（1） 添加数据：打开数据表，插入点自动停在可插入记录的位置处，直接输入所需的数据。若要添加其他的记录，按 Tab 键或者用鼠标单击可跳转至下一个记录行，直接输入下一条记录。

（2） 保存数据：数据输入完毕后，单击快速访问工具栏上的“保存”按钮。

（3） 修改数据：选择要修改的数据，按 BackSpace 键或 Delete 键删除数据后，再输入所需的数据。

（4） 查找数据：打开“查找和替换”对话框，切换至“查找”选项卡，在“查找内容”文本框中输入要查找的数据，单击“查找下一个”按钮。

（5） 数据排序：若要升序排序，在数据表中选择要作为排序依据的字段，然后单击“降序”按钮；若要降序排序，则单击“升序”按钮。

◆ 创建窗体、报表、数据页。

无论是窗体、报表和数据页都有两种创建方式：一种是应用向导创建，另一种是应用设计视图创建。对于初级用户而言，只需掌握应用向导的方式创建窗体、报表或是数据页的方法即可。

三、实验内容和实验步骤

◆ 启动 Access，创建“通信录”数据库。

（1） 选择“开始”|“所有程序”|“Microsoft Office”|“Microsoft Office Access 2007”命令，启动 Access 程序。

（2） 在程序窗口中单击“新建空白数据库”栏中的“空白数据库”图标。

（3） 单击“文件名”文本框右侧的文件夹图标，打开“文件新建数据库”对话框，如图 8-3 所示。

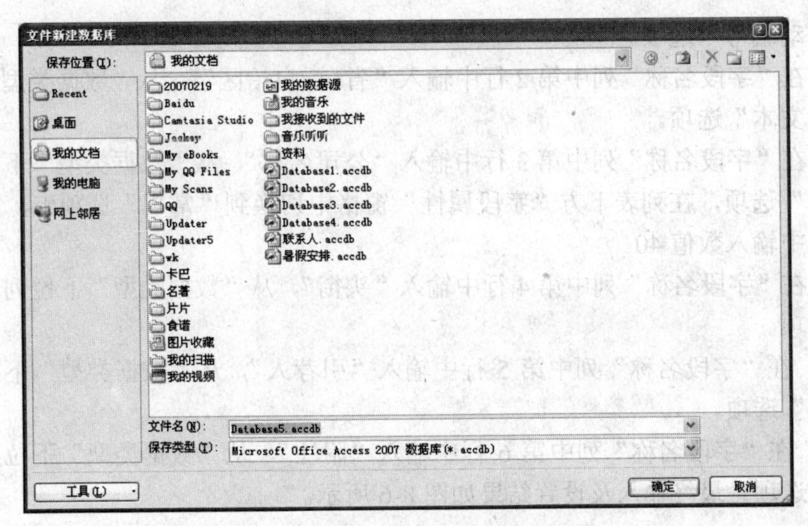

图 8-3 “文件新建数据库”对话框

（4） 指定保存位置为“我的文档”，在“文件名”列表框中输入数据库名“通信录”，单击“确定”按钮。

（5） 单击“创建”按钮。

◆ 应用向导创建“联系人”和“个人情况”表，并输入表数据。

（1） 在“通信录：数据库”中切换到“创建”选项卡，单击“表”组中的“表模板”按钮，从弹出菜单中选择“联系人”命令，创建一个联系人表。

（2） 在各字段下方的单元格中输入相应的数据，如图 8-4 所示。

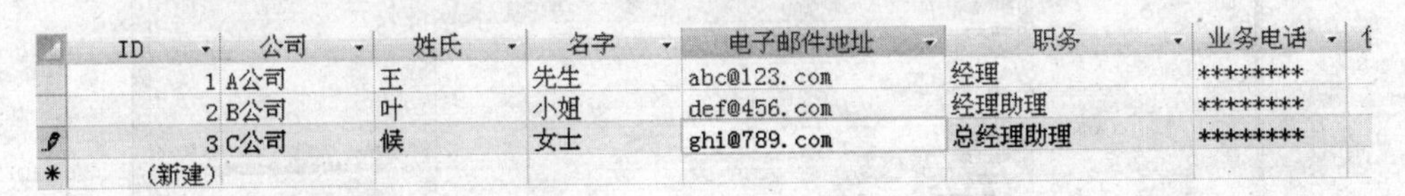

ID	公司	姓氏	名字	电子邮件地址	职务	业务电话
1	A公司	王	先生	abc@123.com	经理	********
2	B公司	叶	小姐	def@456.com	经理助理	********
3	C公司	候	女士	ghi@789.com	总经理助理	********
(新建)						

图 8-4 输入数据

（3） 单击快速访问工具栏上的“保存”按钮，打开“另存为”对话框，如图 8-5 所示。

图 8-5 “另存为”对话框

（4） 在“表名称”文本框中输入“联系人”，单击“确定”按钮。

（5） 在“创建”选项卡上单击“表”组中的“表设计”按钮，在设计视图中创建一个新表。

（6） 在“字段名称”列中第 1 行中输入“联系人 ID”，从“数据类型”下拉列表框中选择“自动编号”选项。

（7） 在“字段名称”列中第 2 行中输入“省/市/自治区””，从“数据类型”下拉列表框中选择“文本”选项。

（8） 在“字段名称”列中第 3 行中输入“公司名称”，从“数据类型”下拉列表框中选择“文本”选项，在列表下方“字段属性”窗格中切换到“常规”选项卡，在“字段大小”文本框中输入数值 40。

（9） 在“字段名称”列中第 4 行中输入“头衔”，从“数据类型”下拉列表框中选择“文本”选项。

（10） 在“字段名称”列中第 5 行中输入“引荐人”，从“数据类型”下拉列表框中选择“文本”选项。

（11） 在“字段名称”列中第 6 行中输入“附注”，从“数据类型”下拉列表框中选择“文本”选项。最终输入及设置结果如图 8-6 所示。

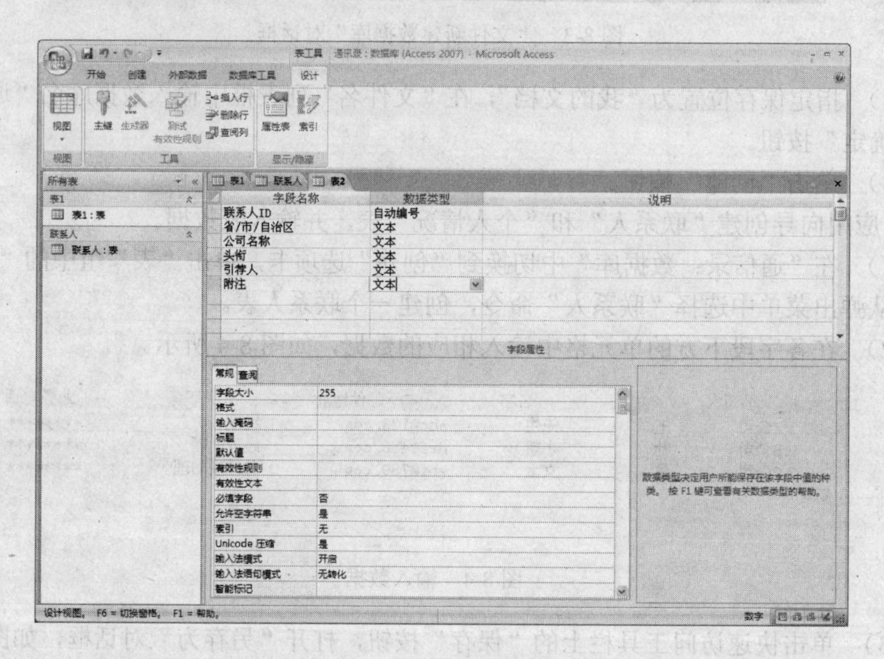

图 8-6 创建并设计表

（12） 单击快速访问工具栏中的“保存”按钮，打开“另存为”对话框，在“表名称”文本框中输入“个人情况”。

（13） 单击“确定”按钮，打开如图 8-7 所示的提示对话框，单击“是”按钮。

图 8-7 提示对话框

（14） 单击程序窗口左侧导航窗格顶部的开关按钮 »，展开导航窗格，单击“个人情况”栏下的“个人情况:表”，在工作区中显示创建的“个人情况”数据表，如图 8-8 所示。

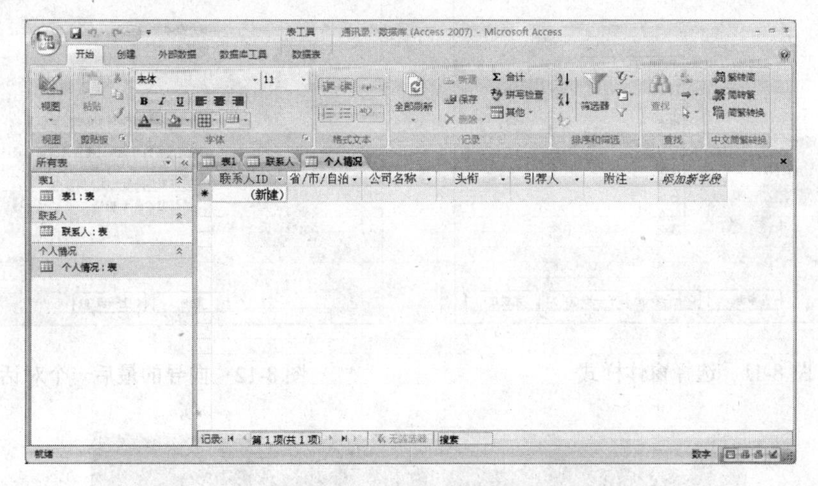

图 8-8　“个人情况”数据表

◆ 应用向导创建“联系人”窗体。

（1） 打开“通信录”数据库，然后切换到“创建”选项卡，单击“窗体”组中的“其他窗体”按钮，从弹出菜单中选择“窗体向导”命令，打开“窗体向导”对话框，如图 8-9 所示。

（2） 单击“添加所有”按钮[>>]，将所有可用字段全都添加至“选定字段”列表框中。

（3） 单击“下一步”按钮，切换到向导的选择窗体布局对话框，在选项组中选择“纵栏表”单选按钮，如图 8- 10 所示。

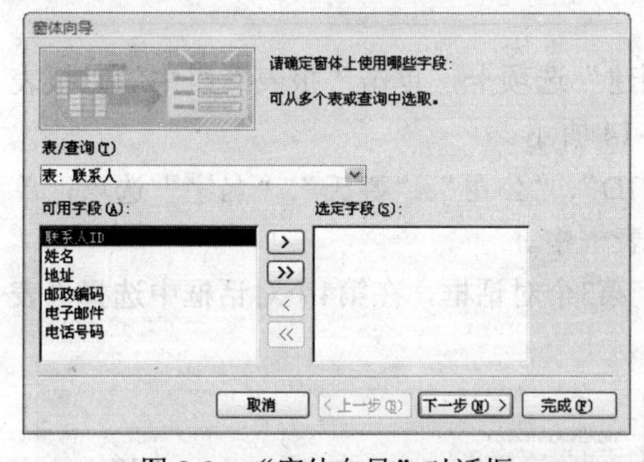

图 8-9　“窗体向导”对话框

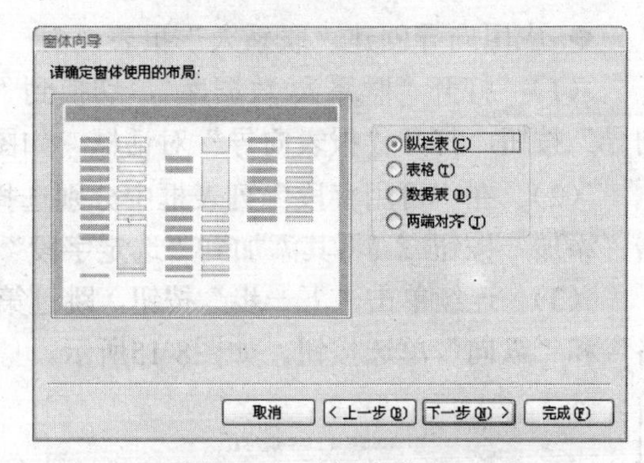

图 8-10　选择窗体布局

（4） 单击“下一步”按钮，切换到向导的选择外观样式选项卡，在列表框中选择“活力”选项，如图 8-11 所示。

（5） 单击“下一步”按钮，切换到向导的最后一个对话框，在“请为窗体指定标题”文本框中输入新窗体的名称“联系人”，并选择“打开窗体查看或输入信息”单选按钮，如图 8-12 所示。

（6） 单击“完成”按钮，完成窗体的创建并打开该窗体，如图 8-13 所示。

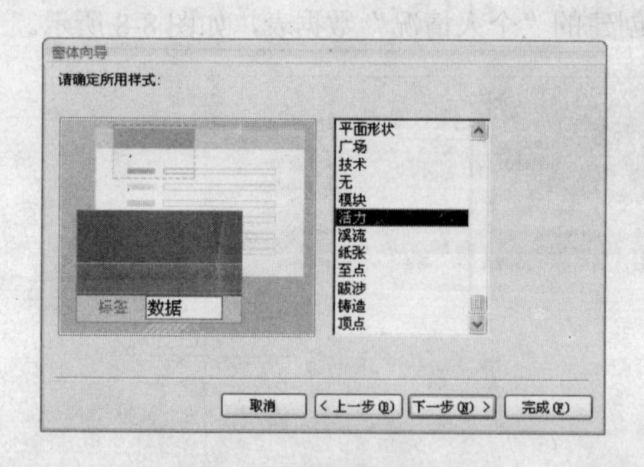

图 8-11　选择窗体样式

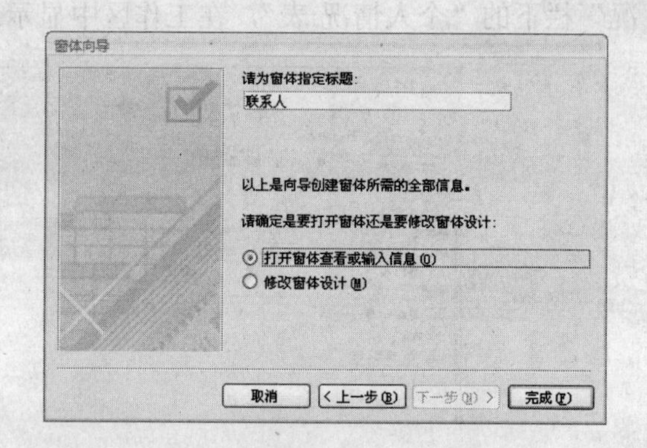

图 8-12　向导的最后一个对话框

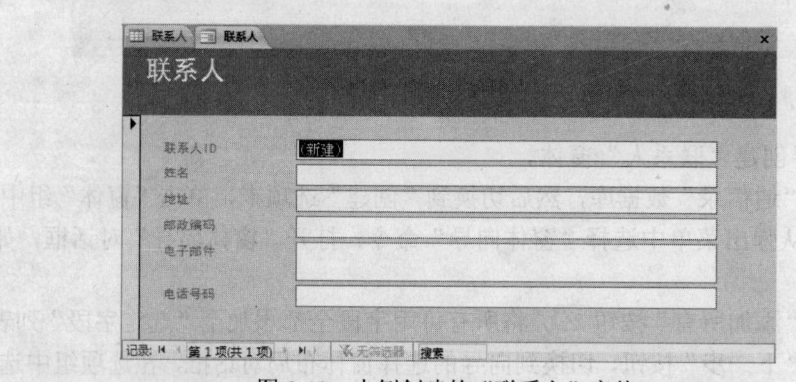

图 8-13　本例创建的“联系人”窗体

◆ 应用向导创建“联系人”报表。

（1） 打开“联系人:数据库”，切换到“创建”选项卡，单击“报表”组中的“报表向导”按钮，打开“报表向导”对话框，如图 8-14 所示。

（2） 在“可用字段”列表框中分别选择“ID”、“公司”、“姓氏”、“名字”选项，单击“添加”按钮 > 将其添加到“选定字段”列表框中。

（3） 连续单击“下一步”按钮，跳过第2、第3个对话框，在第4个对话框中选择“表格”和“纵向”单选按钮，如图8-15所示。

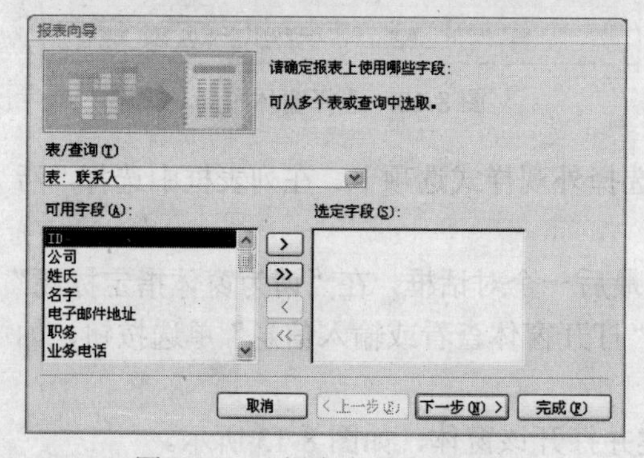

图 8-14　“报表向导”对话框

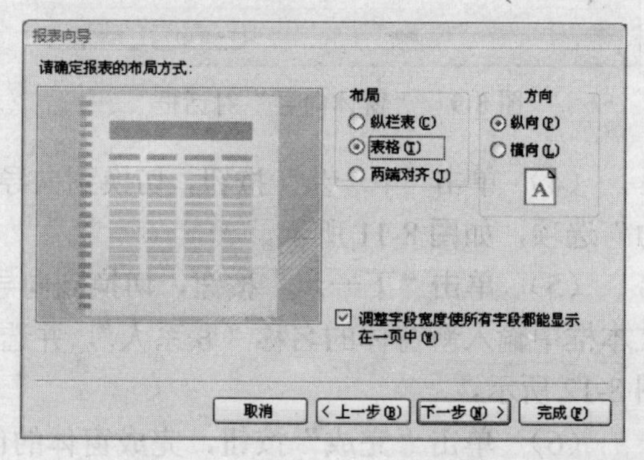

图 8-15　向导的第 4 个对话框

（4） 单击“下一步”按钮，切换到向导的第 5 个对话框，在列表框中选择“溪流”选项，如图 8-16 所示。

（5） 单击“下一步”按钮，切换到向导的最后一个对话框，在“请为报表指定标题”文本框中输入“事件报表”，并选择“预览报表”单选按钮，如图 8-17 所示。

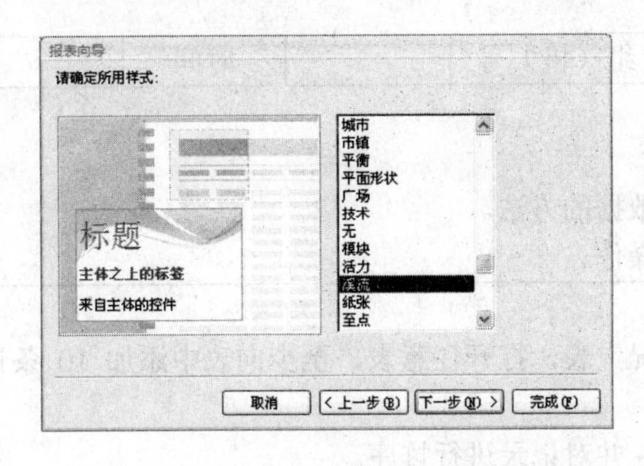

图 8-16 向导的第 5 个对话框

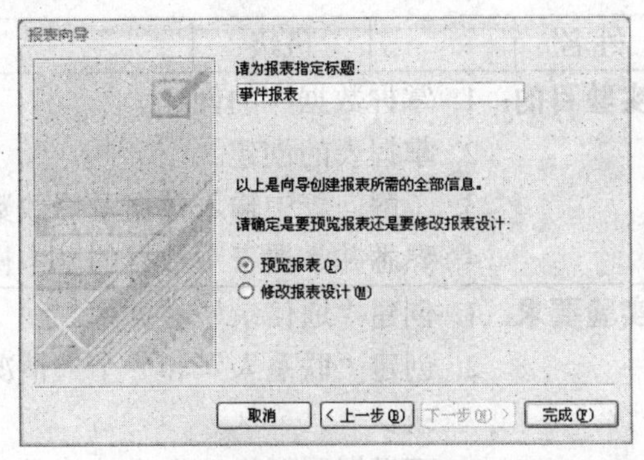

图 8-17 完成报表

（6） 单击“完成”按钮，生成报表，并自动切换到“打印预览”视图，查看打印效果，如图 8-18 所示。

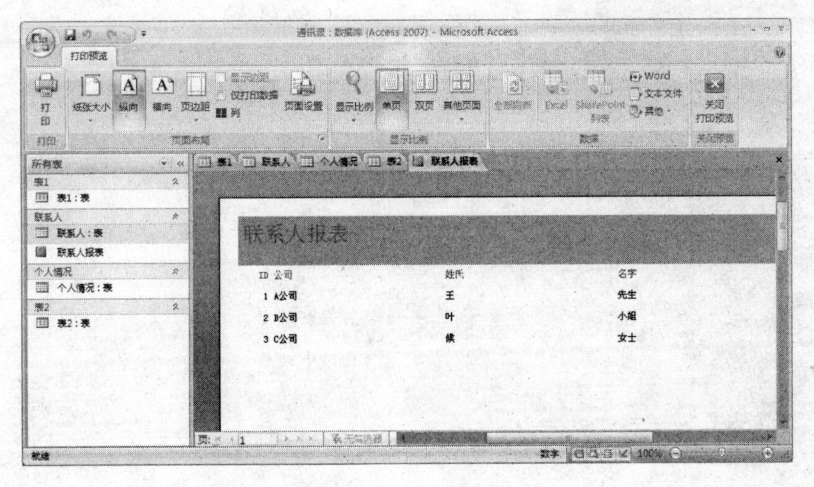

图 8-18 生成报表

四、实验操作

◆ 创建数据库操作。

◆ 创建表操作。

（1） 根据表模板创建事件列表。

（2） 应用表设计功能创建事件列表。

◆ 创建窗体操作。

◆ 创建报表操作。

实　验　报　告（实验 1）

课程：　　　　　　　　　　　　实验题目：创建数据库和表，并向表中输入数据

<table>
<tr><td>姓名</td><td></td><td>班级</td><td></td><td>组（机）号</td><td></td><td>时间</td><td></td></tr>
<tr><td colspan="8">实验目的：1. 掌握数据库的创建。
2. 掌握表的创建。
3. 了解向表中输入数据及修改数据的方法。
4. 熟悉并掌握表中数据的基本操作。</td></tr>
<tr><td colspan="8">实验要求：1. 创建“通信录”数据库。
2. 创建“联系人”和“个人情况”表，打开任意表，至少向表中添加 10 条记录。
3. 可根据需要修改表中的记录，并对记录进行排序。</td></tr>
<tr><td colspan="8">实验内容与步骤：</td></tr>
<tr><td colspan="8">实验分析：</td></tr>
<tr><td colspan="2">实验指导教师</td><td colspan="2"></td><td>成　绩</td><td colspan="3"></td></tr>
</table>

实　验　报　告（实验2）

课程：　　　　　　　　　　　　　　　　　实验题目：创建窗体、报表和数据访问页

姓名		班级		组（机）号		时间	

实验目的： 1. 掌握窗体的创建方法。
2. 掌握报表的创建方法。

实验要求： 1. 创建“联系人”窗体（包含“联系人”表中的所有字段）。
2. 创建“联系人”报表，其中包含“个人情况”表中的“联系人 ID”、“公司名称”、“照片”和“附注”，“联系人”表中的“名字”、“移动电话”和“电子邮件账户名”字段。

实验内容与步骤：

实验分析：

实验指导教师		成　绩	

第二部分　Access 2007 的高级应用

一、实验目的

（1） 掌握导入、导出和链接的应用。

（2） 熟悉查询操作。

（3） 掌握表达式的应用。

二、实验要点

◆ 导入和链接外部数据。

切换到“外部数据”选项卡，单击“导入”组中的与要导入或链接的数据源文件格式相对应的按钮，打开“获取外部数据”向导，按照向导中的说明文字进行操作即可。在向导中可以选择是直接导入，还是链接外部数据。

◆ 导出数据。

选择要导出数据的数据表，然后切换到“外部数据”选项卡，单击“导出”组中与要导出为目标格式相对应的工具按钮，打开“导出”对话框。指定文件名、文件格式及导出选项，单击“确定”按钮即可导出数据。

◆ 查询。

（1） 使用查询向导：切换到“创建”选项卡，单击“其他”组中的“查询向导”按钮，打开如图8-19所示的“新建查询”对话框。选择查询向导的类型，然后根据向导的指示进行操作即可。

（2） 自定义查询：在“创建”选项卡中，单击“其他”组中的“查询设计”按钮，打开如图8-20所示的“显示表”对话框，建立数据源后，添加查询字段，并设置查询条件。

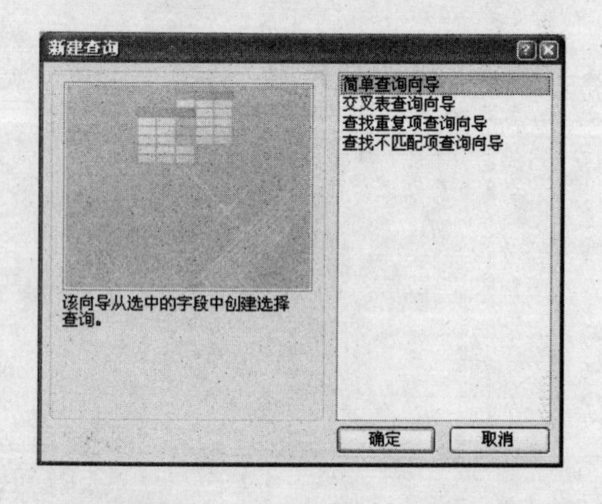

图 8-19　“新建查询”对话框

图 8-20　“显示表”对话框

◆ 创建表达式。

（1） 直接输入表达式。

（2） 使用表达式生成器。

三、实验内容和实验步骤

◆ 新建一个数据库，导入“数据库素材\暑假安排.accdb”中的“工资表”数据表。

（1） 单击Office按钮，在弹出菜单中选择“新建”命令，显示开始页。

（2） 在“新建空白数据库”栏下单击“空白数据库”按钮，指定文件名为“工资表”，保存位置为“我的文档”，单击“创建”按钮，创建新数据库。

（3） 切换到“外部数据”选项卡，单击“导入”组中的Access按钮，打开“获取外部数据－Access数据库”向导，如图8-21所示。

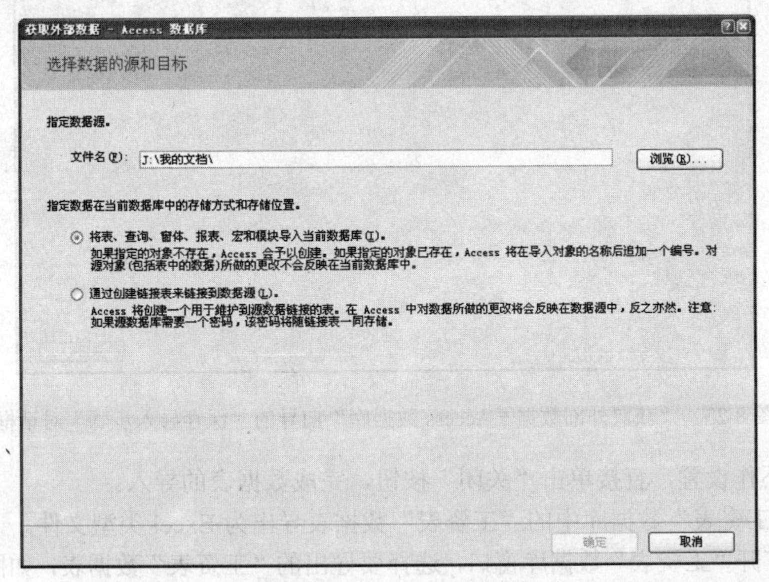

图8-21 “获取外部数据－Access数据库”向导

（4） 单击“文件名”文本框右侧的“浏览”按钮，从打开的对话框中选择“数据库素材\暑假安排.accdb”数据库文件。

（5） 选择“将表、查询、窗体、报表、宏和模块导入当前数据库”单选按钮。

（6） 单击“确定”按钮，打开“导入对象”对话框，如图8-22所示。

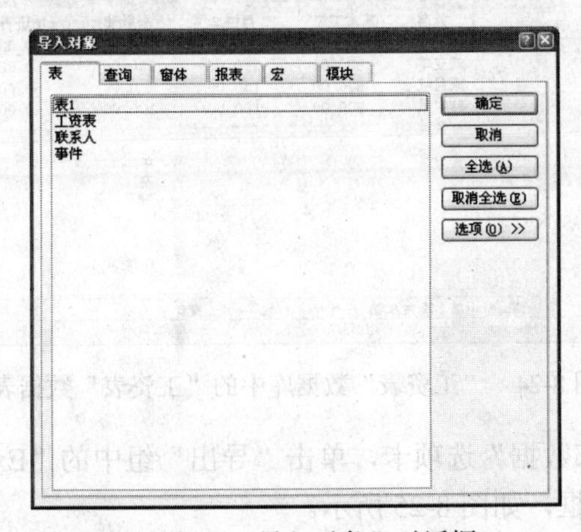

图8-22 “导入对象”对话框

（7） 在“表”选项卡中选择“工资表”。

（8） 单击“确定”按钮，切换到“获取外部数据－Access 数据库”向导的“保存导入步骤”对话框，如图 8-23 所示。

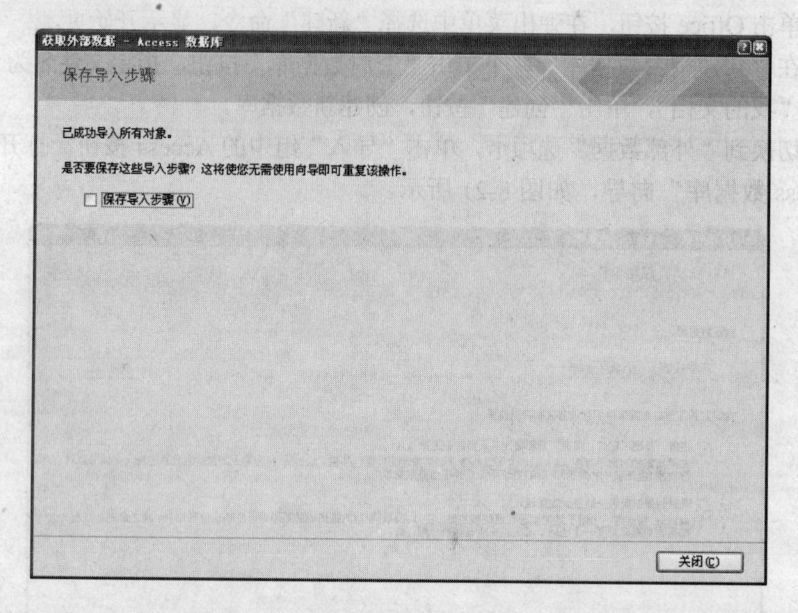

图 8-23 “获取外部数据－Access 数据库”向导的“保存导入步骤”对话框

（9） 不作设置，直接单击“关闭”按钮，完成数据表的导入。

◆ 将“工资表”数据库中的“工资表”数据表导出为 Excel 类型文件。

（1） 打开“工资表”数据库窗口，选择要导出的“工资表”数据表，如图 8-24 所示。

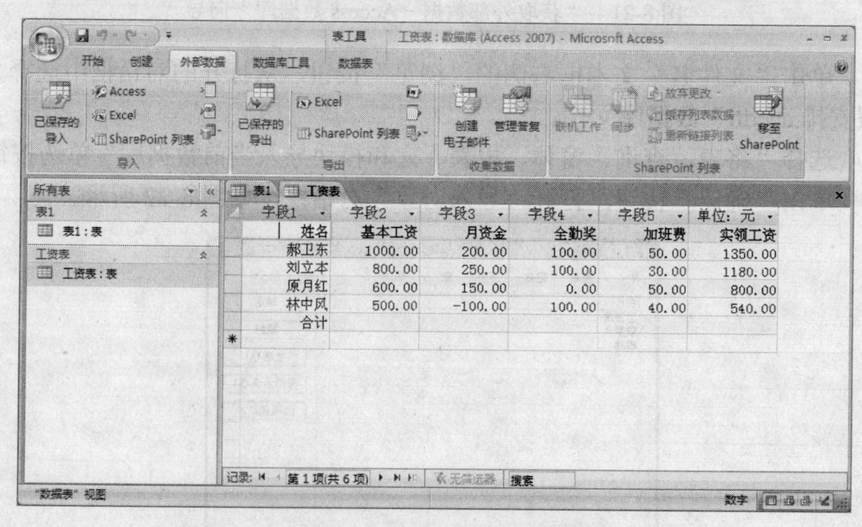

图 8-24 “工资表”数据库中的“工资表”数据表

（2） 切换到“外部数据”选项卡，单击“导出”组中的“Excel”按钮，打开“导出－Excel 电子表格”对话框，如图 8-25 所示。

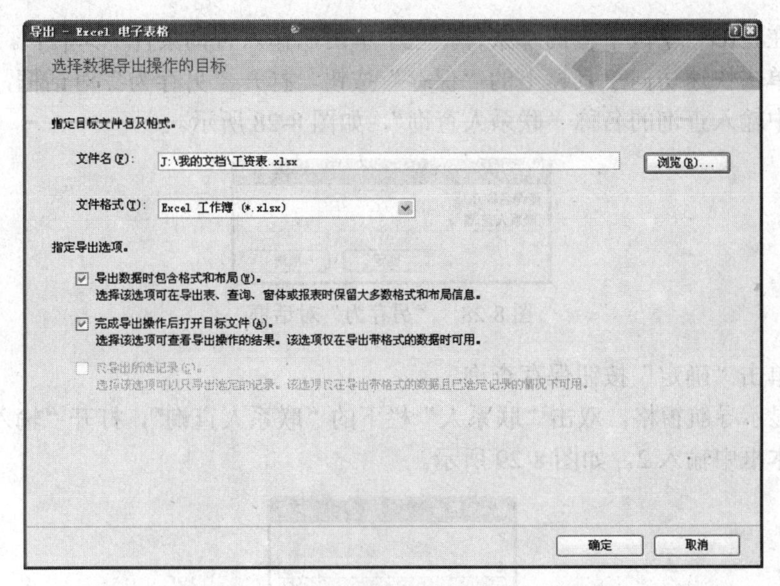

图 8-25　“导出 - Excel 电子表格”对话框

（3）指定文件名为“工资表.xlsx”，保存位置为“我的文档”。

（4）选中“导出数据时包含格式和布局”复选框和“完成导出操作后打开目标文件”复选框。

（5）单击“确定”按钮，启动 Excel 程序，打开导出的“工资表.xlsx”工作簿，并切换到导出向导的“保存导出步骤”对话框。

（6）查看工作簿后将其关闭，并在“保存导出步骤”对话框中单击“关闭”按钮。

◆ 创建查询，显示“通信录”数据库中编号大于等于 2 的联系人。

（1）打开“通信录”数据库，切换到“创建”选项卡，单击“其他”组中的“查询设计”按钮，打开“显示表”对话框。在“表”选项卡中的列表框中选择“联系人”表，如图 8-26 所示。

（2）单击“添加”按钮，创建一个空查询表，如图 8-27 所示。

图 8-26　选择“联系人”表

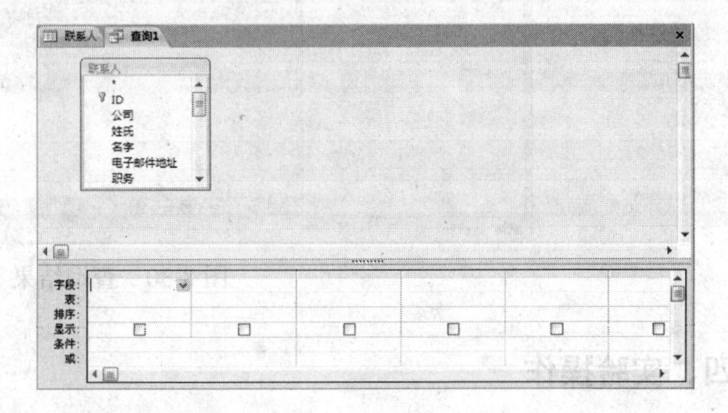

图 8-27　创建一个空查询表

（3）在“显示表”对话框中单击“关闭”按钮，关闭对话框。

（4）按住 Ctrl 键，选择“联系人”窗格中的“ID”和“公司”字段，向下拖到“字段”栏中。

（5） 在“ID”字段下方的“条件”栏中单击，输入查询条件“>=[2]”。

（6） 单击快速访问工具栏上的“保存”按钮，打开“另存为”对话框，在“查询名称”文本框中输入查询的名称“联系人查询”，如图 8-28 所示。

图 8-28 “另存为”对话框

（7） 单击“确定”按钮保存查询。

（8） 显示导航窗格，双击“联系人”栏下的“联系人查询”，打开“输入参数值”对话框，在文本框中输入 2，如图 8-29 所示。

图 8-29 “输入参数值”对话框

（9） 单击“确定”按钮，显示“ID”值大于等于 2 的所有记录，如图 8-30 所示。

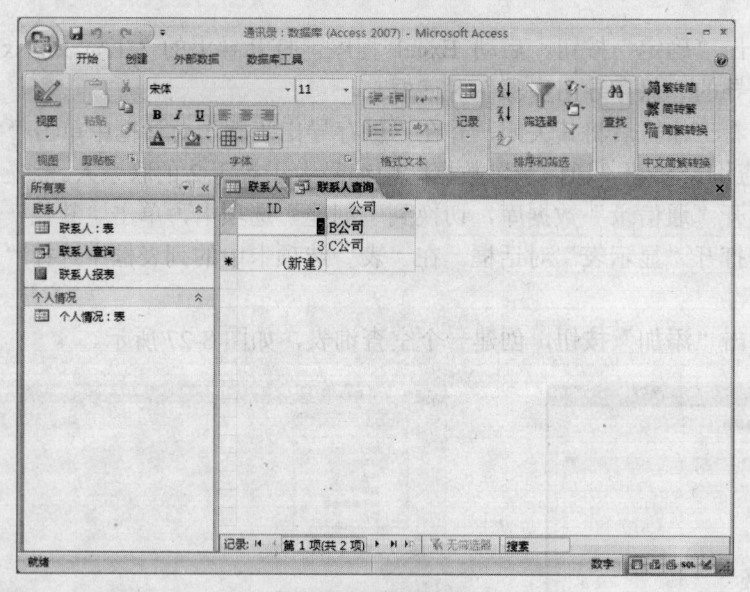

图 8-30 查询结果

四、实验操作

- ◆ 导入其他 Microsoft Access 数据库中的表。
- ◆ 导出到 Microsoft Excel 电子表格。
- ◆ 创建查询。
- ◆ 创建表达式。

实 验 报 告（实验1）

课程：　　　　　　　　　　　　　　　　实验题目：导入、导出、链接数据表

姓名		班级		组（机）号		时间	

实验目的：1. 导入其他数据库的表。

2. 导出数据库中的表。

实验要求：1. 新建一个数据库，导入前面创建的“通信录”数据库中的“个人情况”数据表。

2. 在数据库中新建一个事件列表，然后导出为Excel类型文件。

实验内容与步骤：

实验分析：

实验指导教师		成　绩	

实验报告（实验2）

课程：　　　　　　　　实验题目：导入、导出、链接数据表

姓名		班级		组（机）号		时间	

实验目的： 1. 掌握查询的创建。
2. 掌握查询条件的设置。

实验要求： 1. 在数据库中新建一个“联系人”数据表，创建一个简单查询，显示联系人的姓名。
2. 创建“联系人查询”，显示编号大于等于输入的数值的所有联系人。

实验内容与步骤：

实验分析：

实验指导教师		成　绩	

第三部分　练习题

一、单项选择题

（1）利用（　　）的方法创建表时，可以在其中添加域，设置索引选项，或者执行其他高级表格设计任务。

A. 在设计视图中创建表
B. 根据 SharePoint 列表创建表
C. 根据表模板创建表
D. 在数据库中创建表

（2）要从一个或多个表中检索数据，并且在可更新记录的数据表中显示结果，可使用（　）。

A. 交叉查询
B. 选择查询
C. 操作查询
D. 参数查询

（3）使用“创建”选项卡中的（　　）按钮，可以创建自定义查询。

A. 创建查询
B. 查询向导
C. 查询设计
D. 其他查询

（4）按其书写形式来表示的值称为（　　）。

A. 文本字符串　　B. 常量
C. 函数　　D. 字面值

（5）表达式中的文本字符串元素通常由（　　）括起。

A. 半角双引号　　B. 半角单引号
C. 全角双引号　　D. 全角单引号

二、多项选择题

（1）Access 自带有（　　）等本地模板，用于创建数据库。

A. 联系人
B. 任务
C. 问题
D. 事件
E. 资产

（2）Access 自带的表模板有（　　）。

A. 联系人
B. 任务

C. 问题

D. 事件

E. 资产

（3） 在数据表中可以通过（　　）移动到下一个单元格。

A. 按 Tab 键

B. 按 Enter 键

C. 按 Shift＋Enter 组合键

D. 用鼠标单击

（4） 要编辑某字段中的数据，可以（　　）。

A. 单击要编辑的字段，然后重新输入数据

B. 按 BackSpace 键删除原有数据，然后重新输入数据

C. 按 Esc 键删除原有数据，然后重新输入数据

D. 将插入点移出该字段，然后按 Esc 键删除原有数据，然后重新输入数据

（5） 在以下几种情况下，可以使用表达式的是（　　）。

A. 设置一个属性以定义计算控件、建立验证规则，或要设置默认字段值

B. 输入一个条件表达式、创建计算字段或更新查询或筛选选中的记录

C. 为执行宏中的一项操作或一系列操作设置条件，或要为多项操作指定参数

D. 在"查询"窗口的 SQL 视图中编辑 SQL 查询，或者在属性设置或参数中使用 SQL 语句

（6） 可以从（　　）中启动表达式生成器。

A. 表

B. 窗体

C. 报表

D. 查询

三、判断题

（1） 创建空白数据库的方法是，在 Office 菜单中选择"新建"命令，打开"新建数据库"对话框。选择"空白数据库"图标，单击"创建"按钮。（　　）

（2） 在创建新数据库时，默认会创建 3 个新表。（　　）

（3） 默认情况下，数据表中的"ID"字段会自动填充编号作为主键。（　　）

（4） 报表主要作为打印之用。（　　）

（5） 通过对标识符、运算符和值进行组合，即可创建表达式。（　　）

（6） 使用表达式生成器生成表达式必须要有一定的基础，如了解创建的表达式的具体含义，所要应用的函数等。（　　）

第 9 章　多媒体与图像处理实验

第一部分　多媒体与图像处理方法

一、实验目的

（1）掌握用录音机程序录制声音，使用媒体播放机播放多种文件，Windows XP 的操作配置音响效果。

（2）熟悉超级解霸和 RealPlayer 的音频、视频播放功能，掌握屏幕抓取、视频剪辑和格式转换等功能。

二、实验内容和实验步骤

1. Windows XP 多媒体组件

◆ 使用“录音机”软件播放音乐文件（WAV 文件）。

（1）选择“开始”|“所有程序”|“附件”|“娱乐”|“录音机”命令，打开“录音机”窗口，如图 9-1 所示。

（2）选择“文件”|“打开”命令，打开“打开”对话框。

（3）选择“声音素材\SHY1.WAV”，然后单击“打开”按钮。

（4）单击“播放”按钮，试听音响效果。

◆ 音量控制练习。

（1）单击任务栏托盘中的“音量”按钮，打开“音量”控制浮动块，如图 9-2 所示。

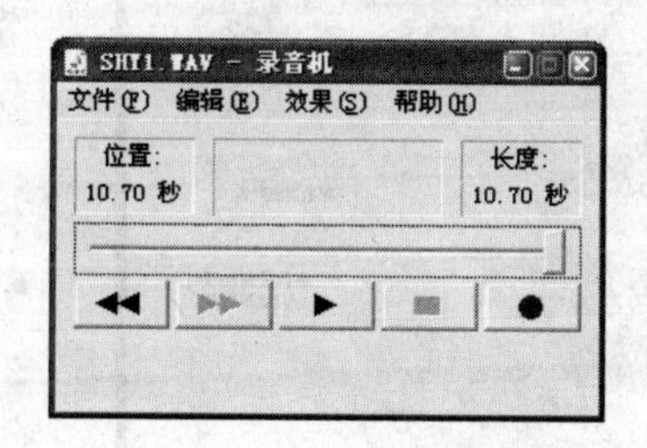

图 9-1　“SHY1.WAV - 录音机”窗口

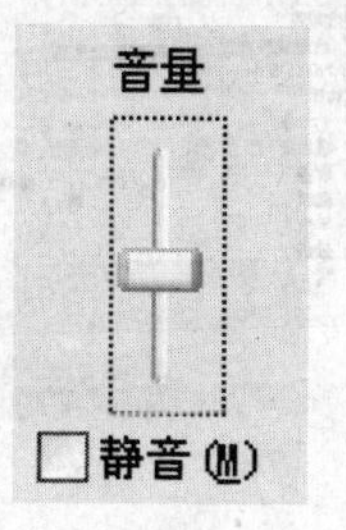

图 9-2　“音量”控制浮动块

（2）单击“音量”控制调节钮，可以测试音量的大小；拖动音量调节钮，改变音量的大小；选择“静音”复选框，可以使音响暂时屏蔽。

（3）双击任务栏托盘中的“音量”按钮，打开“音量控制”对话框，如图 9-3 所示。也可以选择“开始”|“所有程序”|“附件”|“娱乐”|“音量控制”命令，打开“音量控制”对话框。

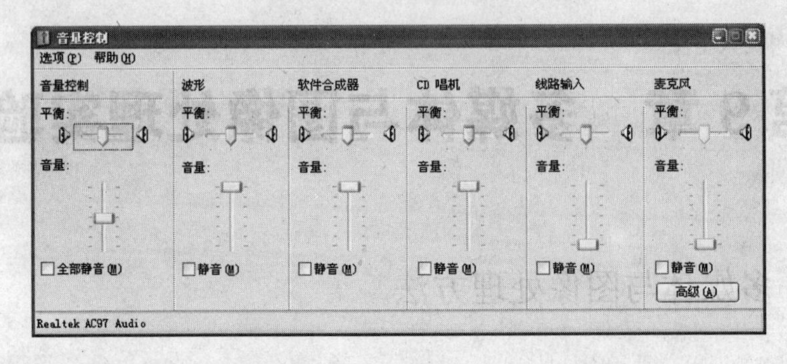

图 9-3 “音量控制”对话框

（4） 在音量控制区域内，垂直拖动音量调节钮，可以调节音量的大小；左右水平拖动音量平衡钮，可以调整左右声道音量的平衡；选中“静音”复选框，可以将声音屏蔽。

（5） 在“线路输入”区域内，清除“静音”复选框，可以使计算机通过话筒接收声音。为了保证接收的质量，需要调整输入音量的大小和左右声道的均衡。

（6） 使用录音机播放音乐文件，验证“音量控制”对话框的作用。

◆ 使用录音机程序录制一段语音，并以“试音练习.wav”为文件名存盘。

（1） 打开“录音机”窗口，单击录音按钮 ● 。

（2） 对着话筒演讲 10 秒钟。

（3） 单击 ■ 停止按钮，然后单击播放按钮 ▶ ，试听音响效果。

（4） 选择“文件”|“另存为”命令，打开“另存为”对话框。

（5） 输入文件名“试音练习.wav”，然后单击“保存”按钮，保存声音文件。

◆ 使用媒体播放机播放音乐和视频。

（1） 选择“开始”|“所有程序”|“Windows Media Player”命令，打开媒体播放机窗口，如图 9-4 所示。

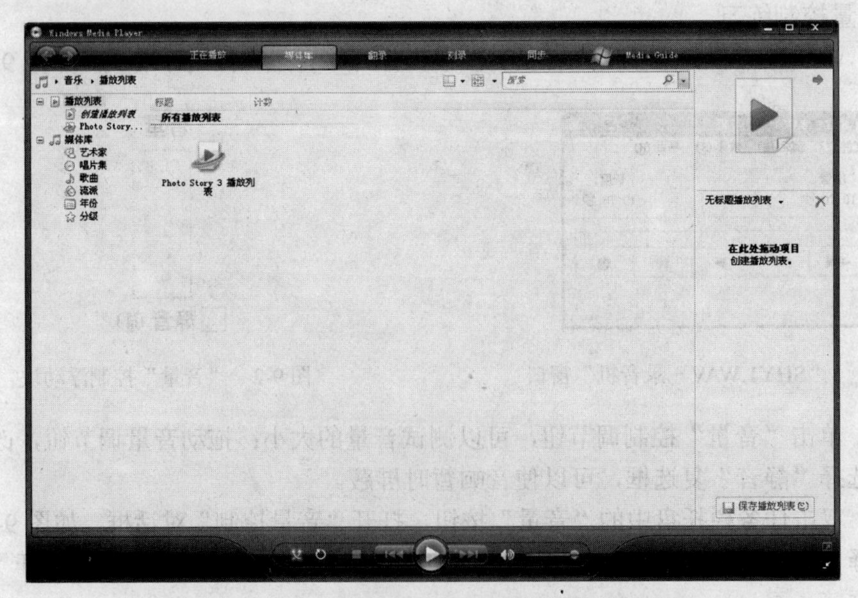

图 9-4 “Windows Media Player”媒体播放机窗口

（2） 单击窗口左上角的“选择类别”按钮，从弹出菜单中选择“音乐”，显示音乐\媒体库列表，单击“媒体库”栏下的“歌曲”，显示歌曲列表，拖动流动条查找要听的歌曲，如图 9-5 所示。

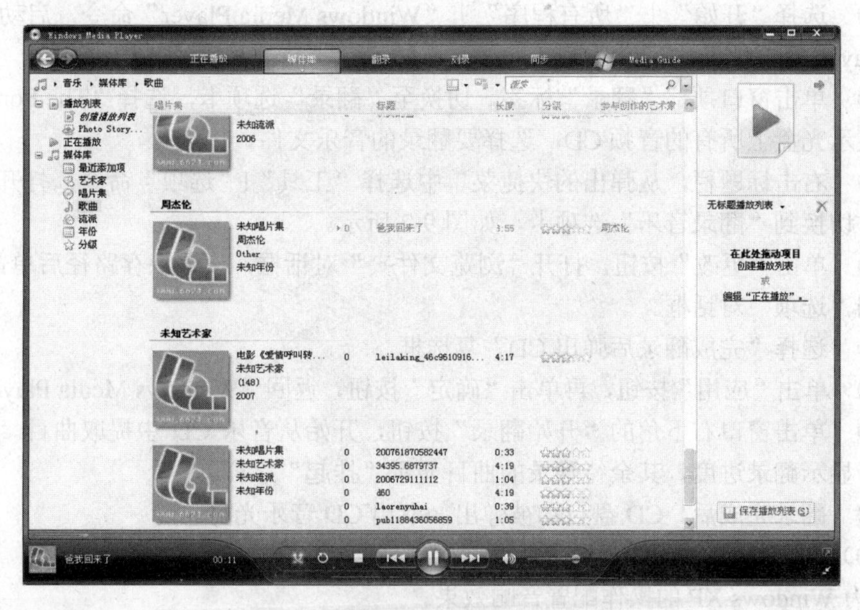

图 9-5 歌曲列表

（3） 双击要收听的歌曲，如“周杰伦的《爸我回来了》”。

（4） 单击窗口右上角的最小化按钮，使音乐在“幕后”播放。

（5） 单击窗口左上角的“选择类别”按钮，从弹出菜单中选择“视频”命令，显示视频\媒体库列表，单击“媒体库”栏下的“所有视频”选项，显示视频列表，如图 9-6 所示。

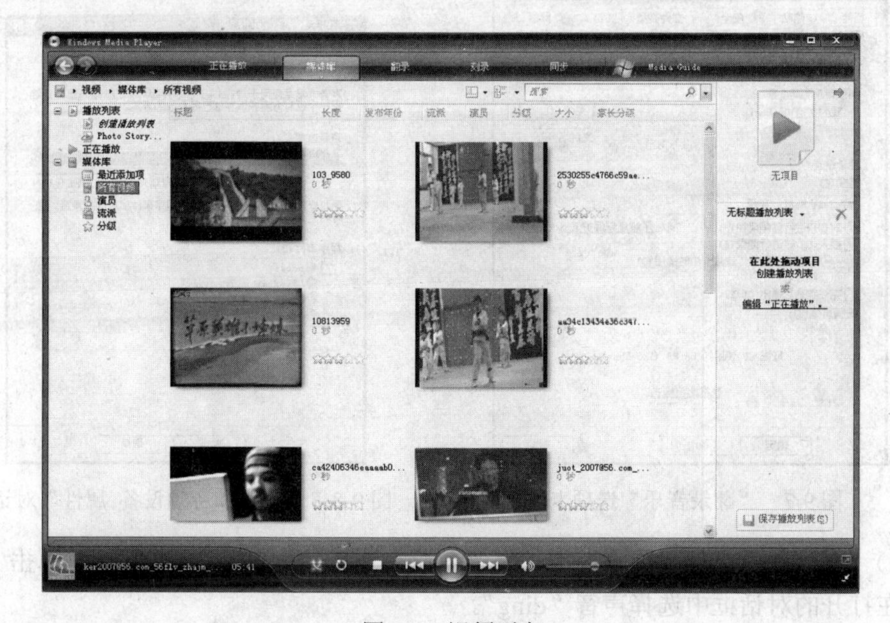

图 9-6 视频列表

（6） 双击“草原英雄小姐妹”，播放视频。

◆ 用 Windows Media Player 播放器从音乐 CD 中提取音频。

（1） 将音乐 CD 放入光驱中，按住 Shift 键禁止光盘文件自动播放。

（2） 选择“开始”｜“所有程序”｜“Windows Media Player”命令，启动 Windows Media Player 播放器。

（3） 单击窗口顶部“翻录”标签，切换至“翻录”选项卡，选择“The Forest Show”选项，显示光盘上所有的音频 CD，选择要翻录的音乐文件。

（4） 右击标题栏，从弹出的快捷菜单中选择“工具”｜“选项”命令，打开“选项”对话框，切换到“翻录音乐”选项卡，如图 9-7 所示。

（5） 单击“更改”按钮，打开“浏览文件夹”对话框，设置保存路径后单击“确定”按钮回到“选项”对话框。

（6） 选择“完成翻录后弹出 CD”复选框。

（7） 单击“应用”按钮，再单击“确定”按钮，返回“Windows Media Player”窗口。

（8） 单击窗口右下角的“开始翻录”按钮，开始从音乐 CD 中提取曲目。在翻录的过程中会显示翻录进度，其余待翻录的曲目显示“挂起”字样。

（9） 翻录完成后，CD 盘自动被弹出，取出 CD 音乐光盘。

（10） 选择翻录的 CD 音乐文件，播放翻录的 CD 音乐。

◆ 为 Windows XP 的操作配置音响效果。

（1） 选择“开始”｜“设置”｜“控制面板”命令，打开“控制面板”窗口。

（2） 单击“声音、语音和音频设备”链接，打开下一级窗口，再单击“声音和音频设置”链接，打开“声音和音频设备 属性”对话框，切换到“声音”选项卡，如图 9-8 所示。

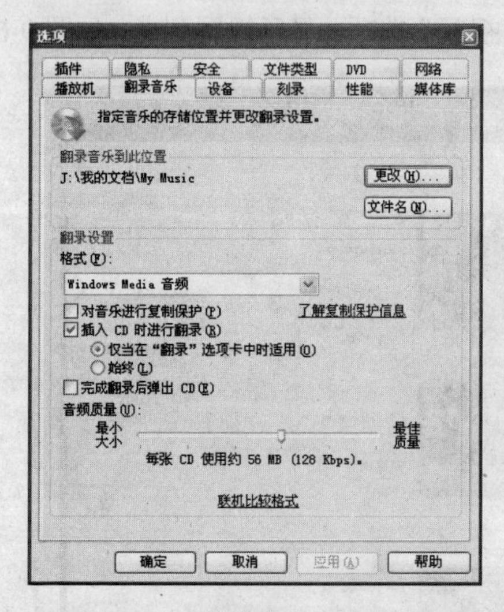

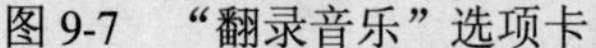

图 9-7 “翻录音乐”选项卡

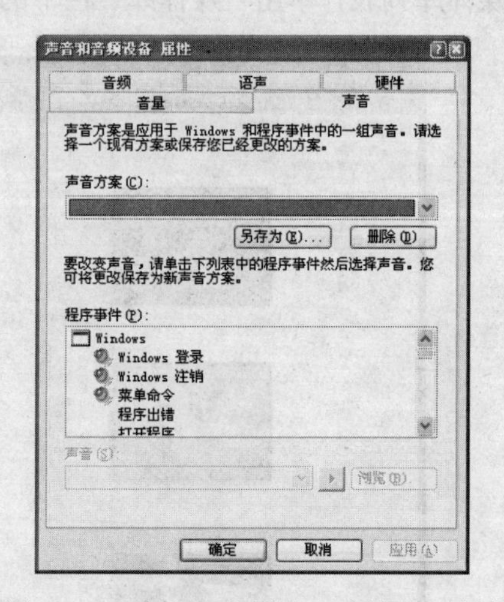

图 9-8 “声音和音频设备 属性”对话框

（3） 在“程序事件”列表框中选择“菜单命令”，激活“声音”选项，单击“浏览”按钮，在打开的对话框中选择声音“ding”。

（4） 单击“确定”按钮，应用声音方案。

2. 多媒体播放工具

豪杰超级解霸功能十分强大，是应用非常广泛的媒体播放软件，超级解霸工作界面如图 9-9 所示。选择“帮助”|“关于”命令，可查看该软件的版本信息。

◆ 使用豪杰音频解霸软件播放影音文件。

（1） 选择“开始”|“所有程序”|“豪杰超级解霸 3000”命令，启动“豪杰超级解霸 3000”程序。

（2） 单击“文件”标签，弹出“文件”菜单，如图 9-10 所示。

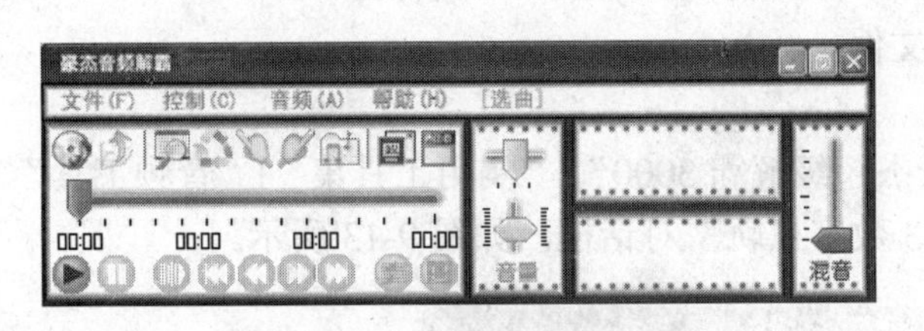

图 9-9 豪杰超级解霸工作界面

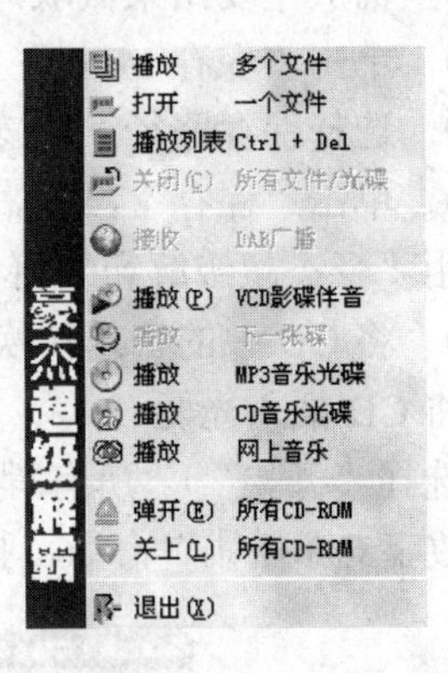

图 9-10 “文件”菜单

（3） 根据需要选择“播放多个文件”或“打开一个文件”命令，打开“打开影音文件”对话框，如图 9-11 所示。

（4） 选择要播放的音频或视频文件，然后单击“打开”按钮，即可依次听到所选择的音频或视频。

◆ 设置播放列表。

（1） 在“豪杰音频解霸”软件播放窗口中，选择“文件”|“播放列表”命令，打开“播放列表”对话框，如图 9-12 所示。

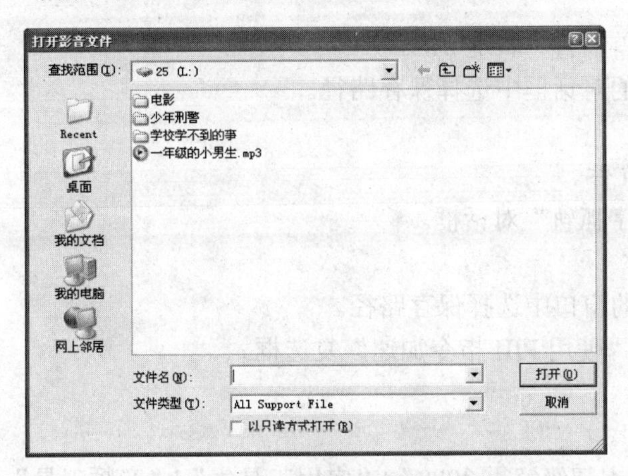

图 9-11 “打开影音文件”对话框

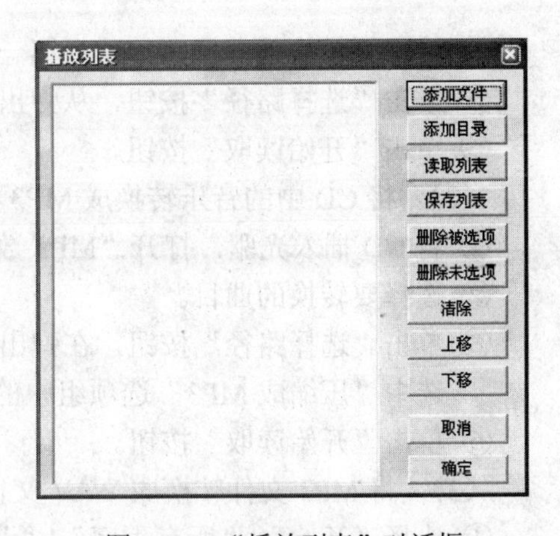

图 9-12 “播放列表”对话框

（2） 单击“添加文件”按钮，在打开的“打开”对话框中选择要添加的音频或视频文件。

（3） 单击“保存列表”按钮，打开“另存为”对话框，选择列表保存的位置，然后单击“保存”按钮。以后可以直接调用此列表进行播放。

◆ 使用超级解霸播放视频文件，截取片段。

（1） 打开超级解霸软件，系统可以识别该光盘，并自动开始播放。

（2） 单击“循环”按钮，进入超级解霸影像片断截取状态。

（3） 播放至要开始截取片段时，单击“选择开始点”按钮。

（4） 播放至要结束截取片段时，单击“选择结束点”按钮。

（5） 单击“保存 MPG”按钮，打开“保存 MPEG 文件”对话框。

（6） 选择保存路径 F:\，输入文件名“片断”。

（7） 单击“保存”按钮，开始处理所截取的 CD 片断，直到完成。

◆ 用“豪杰超级解霸”将 CD 中的音乐转换成 MP3 或 WAV 文件。

（1） 将 CD 中的音乐转换成 WAV 文件。

① 将 CD 插入光驱。

② 选择“开始”|“所有程序”|“豪杰超级解霸 3000”|“实用工具集”|“音频工具”|“MP3 数字 CD 抓轨”命令，打开“MP3 数字抓轨”对话框，如图 9-13 所示。

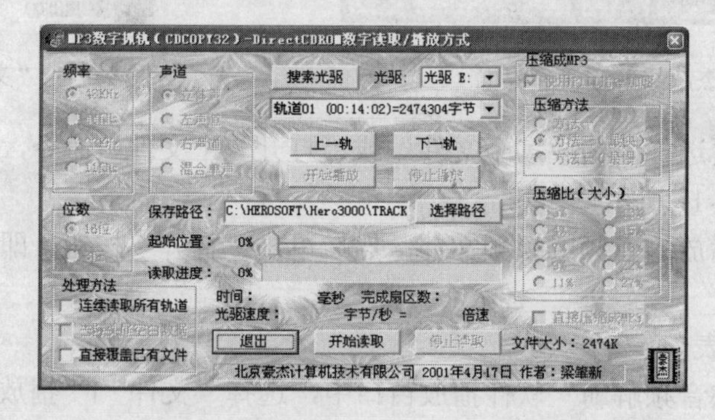

图 9-13 “MP3 数字抓轨”对话框

③ 选择要转换的曲目，如选择第一首曲目“轨道 01”。

④ 单击“选择路径”按钮，从弹出的对话框中选择保存路径。

⑤ 单击“开始读取”按钮。

（2） 将 CD 中的音乐转换成 MP3 文件。

① 将 CD 插入光驱，打开“MP3 数字抓轨”对话框。

② 选择要转换的曲目。

③ 单击“选择路径”按钮，在弹出的窗口中选择保存路径。

④ 选中“压缩成 MP3”选项组中的“使用 PIII 指令加速”复选框。

⑤ 单击“开始读取”按钮。

（3） 将 MP3 文件转换成 WAV 文件。

① 选择“开始”|“所有程序”|“豪杰超级解霸 3000”|“实用工具集”|“音频工具”|“MP3 格式转换器”命令，弹出“MP3 格式转换器”对话框，如图 9-14 所示。

② 选择默认输出为“Wav 文件”。

③ 单击“添加文件”按钮，在打开的对话框中选择要转换的 MP3 文件，所选文件将添加到“各种音频输入”列表中。如果要删除文件，只要单击“删除所选”按钮即可。

④ 单击“设置”按钮，打开“MP3 设置”对话框，如图 9-15 所示。

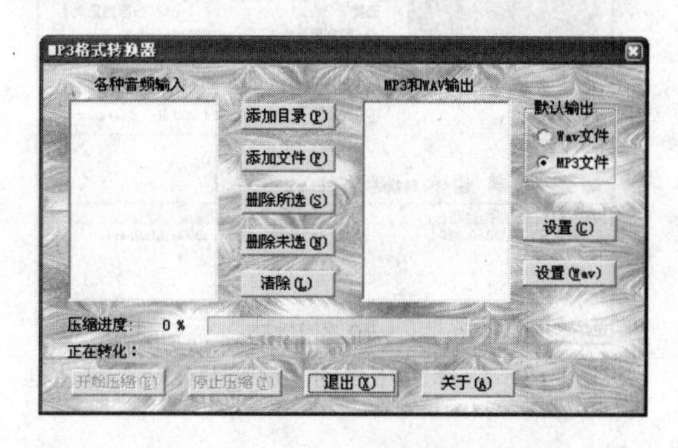

图 9-14 “MP3 格式转换器”对话框

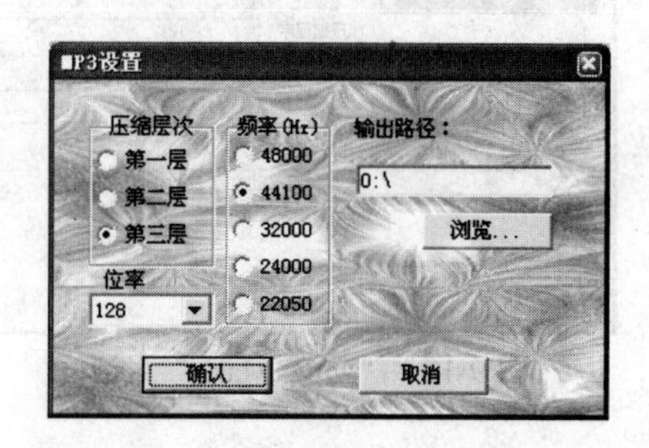

图 9-15 “MP3 设置”对话框

⑤ 单击“浏览”按钮，从打开的对话框中选择输出文件要保存的路径，完毕后单击“确认”按钮，返回“MP3 格式转换器”对话框。

⑥ 单击“设置（Wav）”按钮，打开“Wav 输出设置”对话框，设置各项参数，如图 9-16 所示。

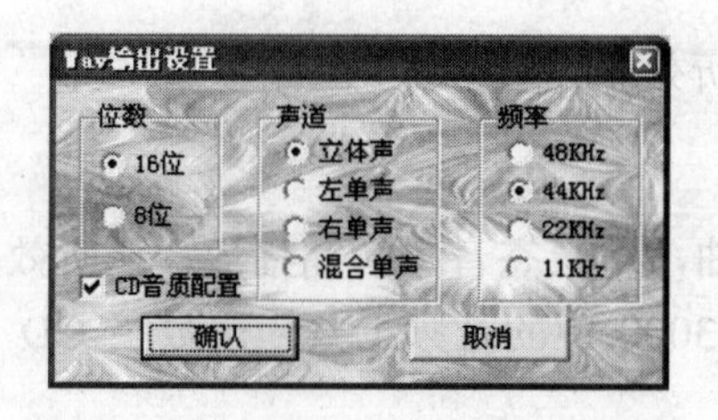

图 9-16 “Wav 输出设置”对话框

⑦ 单击“确认”按钮，返回“MP3 格式转换器”对话框。

⑧ 单击“开始压缩”按钮。

◆ 视频格式转换。

（1） 选择“开始”|“所有程序”|“豪杰超级解霸 3000”|“实用工具集” | “常用工具” | “MPEG 转 AVI（MPEG4）”命令，打开“Mpg4Make”对话框，如图 9-17 所示。

（2） 选择“文件” | “打开”命令，在打开的对话框中选择要转换的 MPG 文件，单击“打开”按钮将其打开。所选文件会显示在对话框底部的列表框中，如图 9-18 所示。

（3） 单击列表框上方的“选择输出目录”按钮，选择转换后文件的保存位置为“我的文档”。

（4） 单击预览框下方的“播放”按钮▶，播放视频。

（5） 播放完毕，单击“开始压缩”按钮，将视频压缩，转变为 AVI 格式。

（6） 等待进度条达到 100%，关闭“Mpg4Make”对话框。

（7） 打开“我的文档”窗口，双击转换后的 AVI 文件，播放该文件。

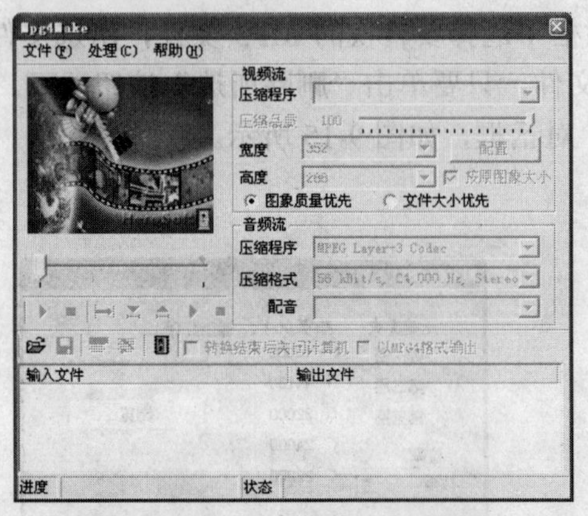

图 9-17 “Mpg4Make”对话框

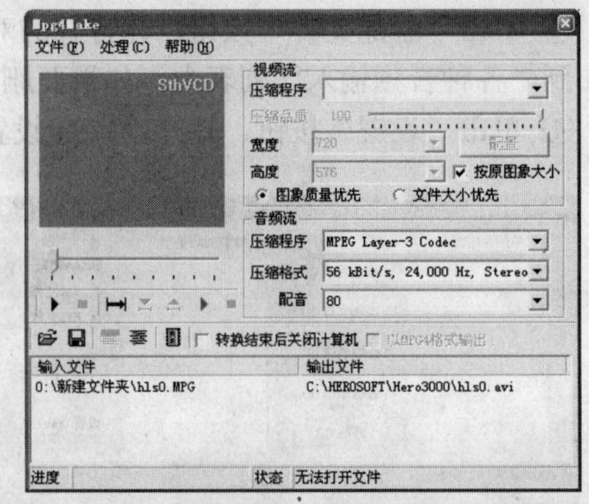

图 9-18 选择文件后的“Mpg4Make”对话框

三、实验操作

操作 1

（1） 打开 Windows XP 中自带的录音机程序。

（2） 打开“文字素材\诗词-1.docx”文件，对着耳麦高声朗读并录下来，保存为“范仲庵.WAV”文件。

（3） 用录音机播放试听效果，直到满意为止。

操作 2

（1） 自选一首 CD 歌曲，用豪杰音频解霸播放，试听效果。

（2） 用豪杰超级解霸 3000 中的音频工具，用数字 CD 抓轨工具将 CD 歌曲转录成 MP3 格式，试听效果。

（3） 用豪杰超级解霸 3000 中的音频工具，用音乐格式转换器将 CD 歌曲转录成 MP3 格式，试听效果。

（4） 比较转换后二者的差别。

操作 3

（1） 自选一首 VCD 歌曲，用豪杰超级解霸播放，试听效果。

（2） 用豪杰超级解霸 3000 中的音频工具音乐格式转换器，将 VCD 唱盘上的歌曲转录成 WAV 格式。

（3） 用豪杰超级解霸 3000 中的音频工具音乐格式转换器，将 VCD 唱盘上的歌曲转录成 MP3 格式。

（4） 对左右声道进行调节试听效果，并比较转换后二者的区别。

操作 4

（1） 打开 Windows XP 自带的媒体播放软件 Windows Media Player 软件。

（2） 播放视频剪辑（电影剪辑/GWTW）文件或其他电影文件。

（3） 对音量大小进行调节，直到满意为止。

实　验　报　告

课程：　　　　　　　　　　　　　　　　　　　　　实验题目：多媒体操作技术实验

姓名		班级		组（机）号		时间	

实验目的： 1. 掌握用录音机程序录制声音，使用媒体播放机播放多种媒体文件。

2. 熟悉豪杰超级解霸和RealPlayer的音频、视频播放功能；掌握屏幕抓取，视频剪辑和格式转换等功能。

实验要求： 1. 打开Windows XP中自带录音机，调试耳机。

2. 打开“文字素材\诗词-2”文件，对着耳麦高声朗读并录下来，保存为“晏殊.WAV”文件。

3. 打开“声音素材/风雨人生.MP3”文件，并用豪杰超级解霸3000中音乐格式转换器，转换成WAV格式存盘。

4. 用Windows XP中自带录音机对第2步和第3步生成的声音文件（WAV格式），进行文件混音并生成新的声音文件（第三步作为背景音乐）。

5. 试听效果，满意为止。

实验内容与步骤：

实验分析：

实验指导教师		成　绩	

第二部分 练习题

一、单项选择题

（1） 制式问题和 CCD 问题是（ ）的硬性指标。

A. 数码相机

B. DV 摄像机

C. 摄像头

D. 视频彩集卡

（2） （ ）是一种新兴的网络图像格式，结合了 GIF 和 JPEG 的优点，具有存储形式丰富的特点。

A. BMP

B. TIFF

C. PNG

D. PSD

（3） （ ）是 Real 公司成熟的网络音频格式，采用了“音频流”技术，多用于网络广播方面。

A. WAV

B. MP3

C. WMA

D. RealAudio

E. MIDI

F. VQF

（4） 关于豪杰超级解霸的“MP3 格式转换器”工具，说法正确的是（ ）。

A. 只支持声音格式与 MP3 的转换

B. 只支持视频格式与 MP3 的转换

C. 支持所有音乐格式与 MP3 的转换

D. 支持部分音乐格式和部分视频格式与 MP3 的转换

（5） （ ）不是音频格式。

A. MOV

B. AVI

C. MPEG

D. WAV

（6） 在 Windows Movie Maker 中将剪辑添加到工作区时，通常使用（ ）工作模式。

A. 情节提要

B. 内容简介

C. 时间线

D. 时间轴

（7） 在 Windows Movie Maker 中，制作的电影使用默认方式保存后，可以用（　　）进行播放。

A. Movie Maker

B. 豪杰超级解霸

C. Windows Media Player

D. ACDSee

（8） （　　）又称为万能播放器，可以播放所有格式电影、而且可以看 DVD。

A. Movie Maker

B. 豪杰超级解霸

C. Media Player

D. Mplayer 播放器

二、多项选择题

（1） 常用的多媒体设备有（　　）。

A. 声卡和显卡

B. CD 光驱或 DVD 光驱

C. CD 光盘或 DVD 光盘

D. 耳机和耳麦

E. 音箱和显示器

（2） 网络上流行使用的图片格式有（　　）。

A. GIF

B. BMP

C. PNG

D. JPEG

（3） 获取数字图片的方法有（　　）。

A. 用数码相机拍摄

B. 用摄像头拍摄

C. 用扫描仪扫描

D. 用抓图软件从计算机屏幕上抓图

E. 用图像处理软件制作

（4） 在文件夹窗口浏览图像时，若想要预览图像的内容，可使用（　　）模式。

A. 详细信息

B. 幻灯片

C. 图标

D. 缩略图

（5） 使用 ACDSee 软件除了可以执行更改图片大小、旋转图片这些常规操作外，还可以（　　）。

A. 去除照片中的红眼

B. 修复受损的照片

C. 应用艺术效果

D.批量转换图片文件格式

（6） （　　）既是音频格式，又是视频格式。

A. MOV

B. AVI

C. MPEG

D. WAV

（7） 使用超级解霸可以采集（　　）等格式的视频文件。

A. MP3

B. MPG

C. MPEG

D. DAT

（8） 使用 Windows Movie Maker 可以组合（　　）。

A. 视频剪辑

B. 音频

C. 文字

D. 图片

三、判断题

（1） 多媒体具有交互性。（　　）

（2） 使用数码相机照像时，冲胶卷比较方便。（　　）

（3） 摄像头小巧方便，很适合外出旅游或工作时携带，拍摄数字视频。（　　）

（4） 可以像使用移动存储设备一样，将数码相机中的图片复制到计算机中。（　　）

（5） 数字图片是以 0、1 形式的二进制数据保存的。（　　）

（6） 在文件夹窗口中可以简单编辑图片，如旋转。（　　）

（7） 用“录音机”录音的第一步是打开“录音机”程序，之后就可以单击录音按钮进行录音了。（　　）

（8） 豪杰超级解霸中提供的“MP3 格式转换器”工具允许用户将 MP3 音乐文件转换成多种音乐格式。（　　）

（9） 使用 Windows Movie Maker 可以组合视频片断，制作小电影。（　　）

（10） 用视频大师软件将 RM/RMVB 格式转换到其他格式时，必须安装专用播放器。（　　）

第 10 章　计算机网络与通信实验

第一部分　局域网络组件配置

一、实验目的

（1） 建立网络名称（网络标识）的概念，实践建立和修改网络标识名。

（2） 建立网络组件的概念，进行添加组件的网络实践。

（3） 配置 TCP/IP 协议。

（4） 理解 TCP、DNS 等服务系统的作用，建立网络连接的概念，进行网络连接的测试实验。

二、实验内容和实验步骤

◆ 修改标识名称，将计算机名改为“wk”，组名改为“MSHOME”。

（1） 在 Windows XP 桌面上右击“我的电脑”图标，从弹出的快捷菜单中选择“属性”命令，打开“系统属性”对话框，转到“计算机名”选项卡，如图 10-1 所示。

（2） 单击“更改”按钮，打开“计算机名称更改”对话框。

（3） 在“计算机名”文本框中输入“wk”，在“工作组”文本框中输入“MSHOME”，如图 10-2 所示。

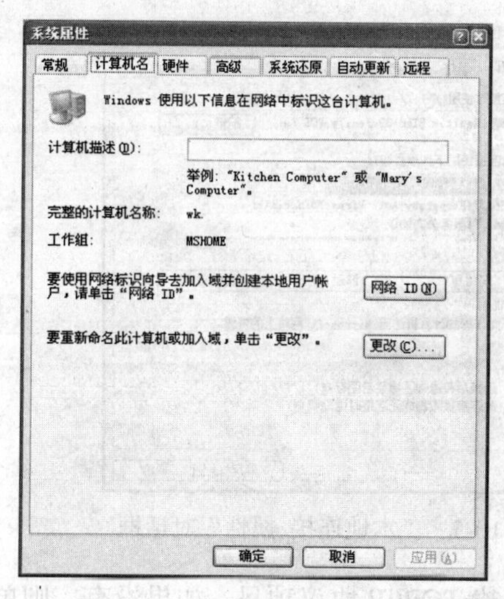

图 10-1　“系统属性”对话框

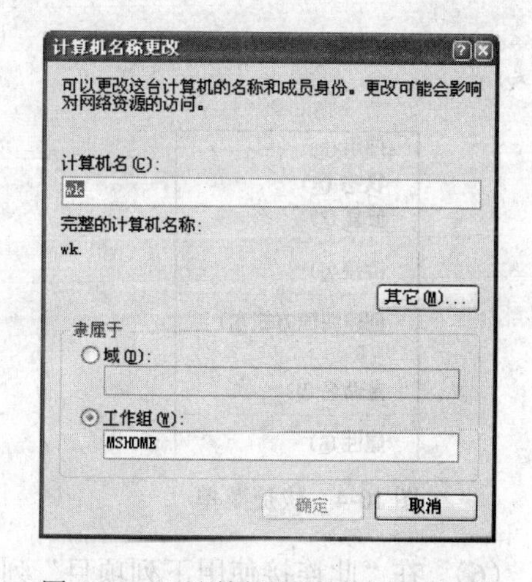

图 10-2　“计算机名称更改”对话框

（4） 单击“确定”按钮，重新启动计算机。

◆ 重新启动本地连接，添加 TCP/IP 网络协议，再添加 NetWare 网络客户。

（1） 在桌面上右击“网上邻居”图标，从弹出的快捷菜单中选择“属性”命令，打开“网络连接”窗口，如图 10-3 所示。

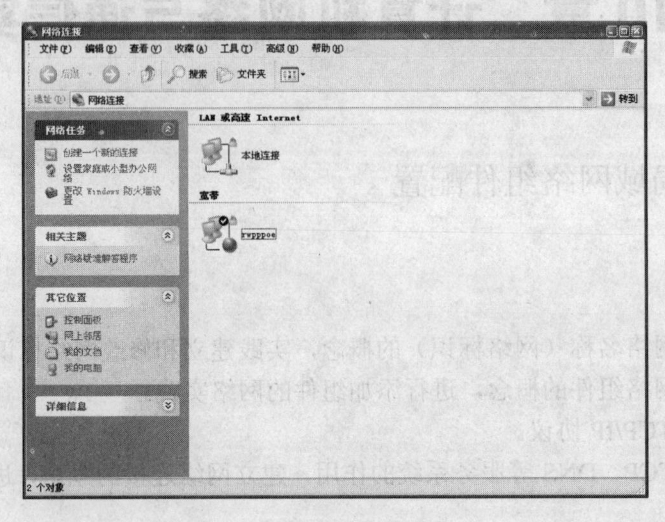

图 10-3 “网络连接”窗口

（2） 右击“本地连接”图标，弹出快捷菜单，如图 10-4 所示。

（3） 在该快捷菜单中，如果“状态”命令为黑色，则选择“停用”命令，使网络连接全部中断。

（4） 双击“本地连接”图标，则开始启动网络连接程序。如果图标上包含红色的标志，表明网络连接失败。

（5） 右击“本地连接”图标，从弹出的快捷菜单中选择“属性”命令，打开“本地连接 属性”对话框，如图 10-5 所示。

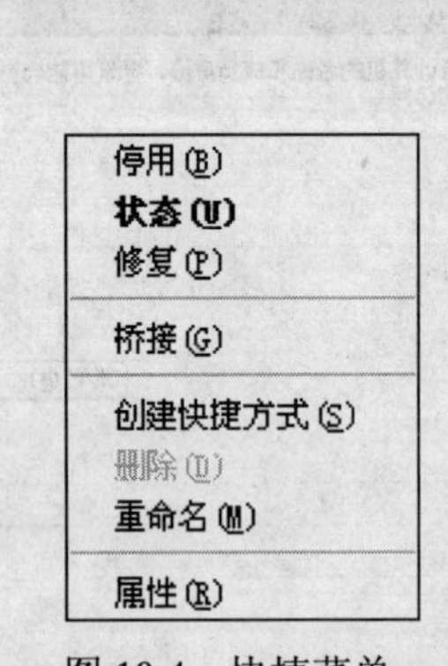

图 10-4 快捷菜单

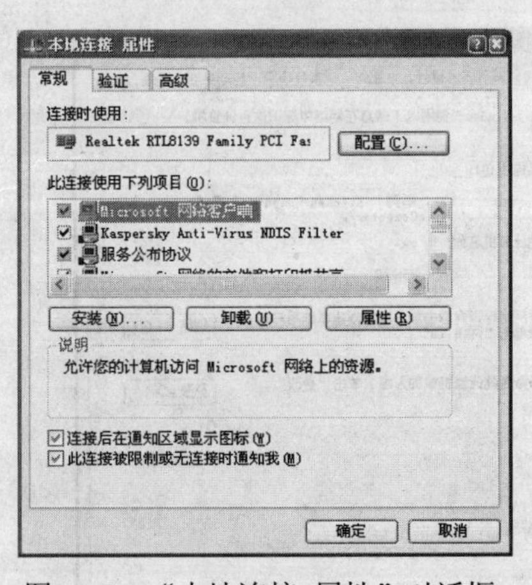

图 10-5 “本地连接 属性”对话框

（6） 在“此连接使用下列项目”列表框中查找 TCP/IP 协议项目，如果没有，则单击“安装”按钮，打开“选择网络组件类型”对话框，如图 10-6 所示。否则直接跳到操作步骤（9）。

（7） 在“选择网络组件类型”对话框中选择“协议”项目，然后单击“添加”按钮，打开“选择网络协议”对话框，如图 10-7 所示。

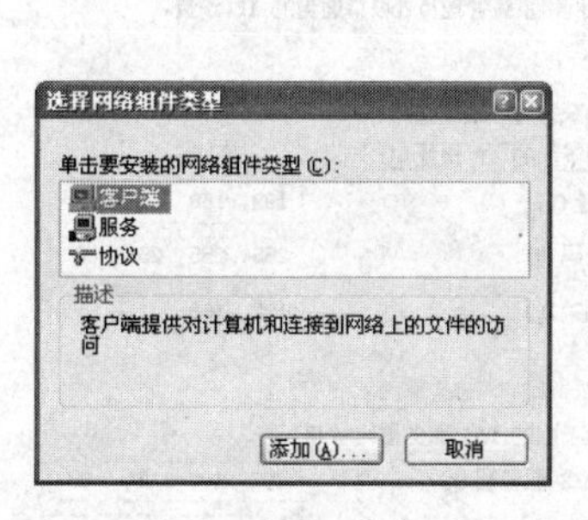

图 10-6 “选择网络组件类型”对话框

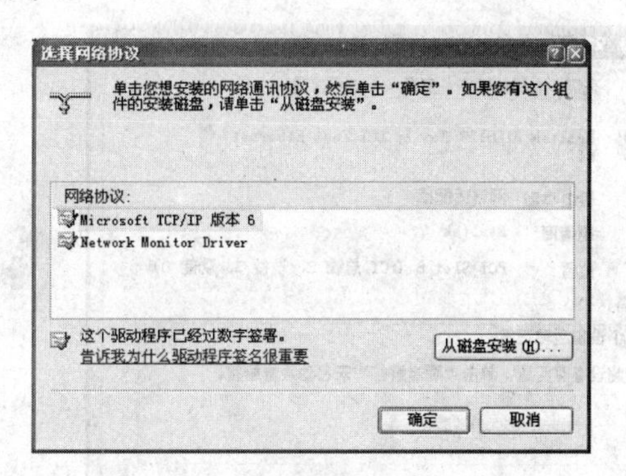

图 10-7 “选择网络协议”对话框

（8） 单击“Microsoft TCP/IP 版本 6”项目，然后单击“确定”按钮，开始安装该协议。稍后，安装完毕，在“本地连接 属性”对话框中可以查看到该协议已经被安装。

（9） 在“本地连接 属性”对话框中，如果没有 NetWare 客户端类型，则可以单击“卸载”按钮，停止运行该客户端类型的有关程序。

（10） 在“本地连接 属性”对话框中，单击“安装”按钮，打开“选择网络组件类型”对话框，选择“客户端”选项，单击“添加”按钮，打开“选择网络客户端”对话框，如图 10-8 所示。

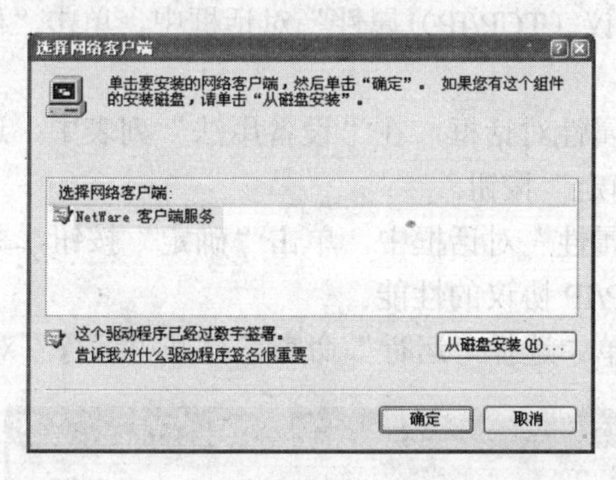

图 10-8 “选择网络客户端”对话框

（11） 选择“NetWare 客户端服务”项目，单击“确定”按钮，进行自动安装。如果单击“从磁盘安装”按钮，则可以安装其他公司提供的客户类型软件程序。

◆ 配置 TCP/IP 协议，设置本机 IP 地址为 10.42.140.157，掩码为 255.255.254.0，所用 DNS 服务器的 IP 地址为 202.102.224.68，网关计算机的 IP 地址为 10.42.140.1。

（1） 打开“本地连接 属性”对话框，单击“配置”按钮，打开网卡属性对话框，如图 10-9 所示。

（2） 在“设备用法”列表中，选择“不要使用这个设置（停用）”选项，然后单击“确定”按钮。

（3） 打开“本地连接 属性”对话框，选中 TCP/IP 协议，单击“属性”按钮，打开

"Internet 协议（TCP/IP）属性"对话框，如图 10-10 所示。

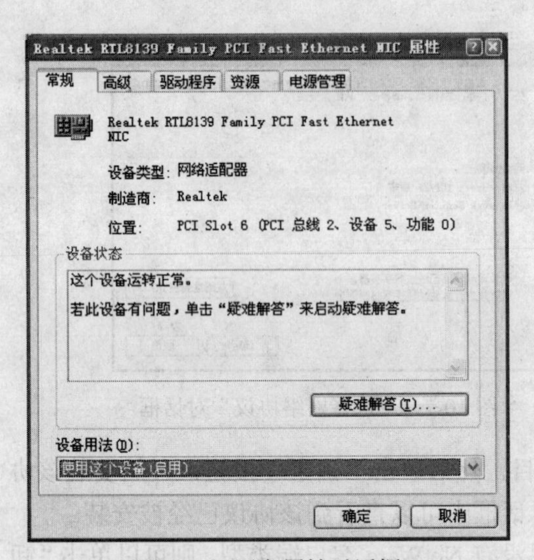

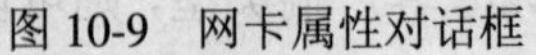

图 10-9　网卡属性对话框

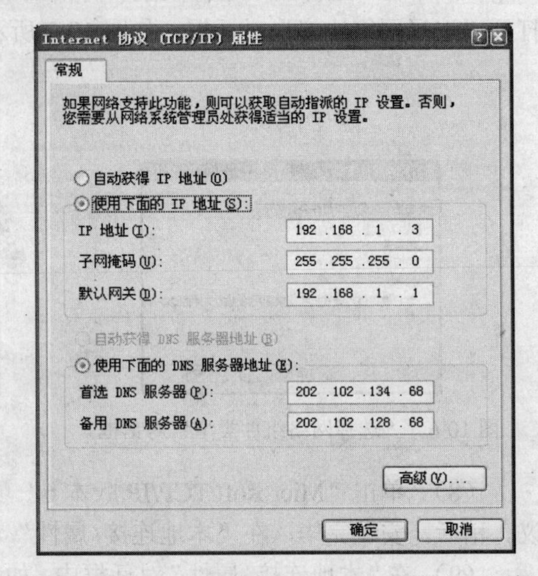

图 10-10　"Internet 协议（TCP/IP）属性"对话框

（4）在"Internet 协议（TCP/IP）属性"对话框中，按要求输入正确的 IP 地址、子网掩码、默认网关地址和首选 DNS 服务器地址。

（5）单击"高级"按钮，可以进行多个 IP 地址的配置。

（6）在"Internet 协议（TCP/IP）属性"对话框中，单击"确定"按钮，则 Windows XP 自动进行安装和调整。

（7）重新打开网卡属性对话框，在"设备用法"列表中，选择"使用这个设置（启用）"选项，然后单击"确定"按钮。

（8）在"本地连接属性"对话框中，单击"确定"按钮，关闭该对话框。

◆ 检测本计算机 TCP/IP 协议的性能。

（1）在"开始"菜单中选择"运行"命令，打开"运行"对话框，如图 10-11 所示。

图 10-11　"运行"对话框

（2）在"打开"列表框中输入"ping"命令和本计算机的 IP 地址，例如：ping 202.201.252.10（局域网络上每台计算机必须拥有专用的 IP 地址，否则协议不能启用）。

（3）单击"运行"按钮，查看 TCP/IP 的连接测试结果，TCP/IP 已经连通的测试结果如图 10-12 所示。

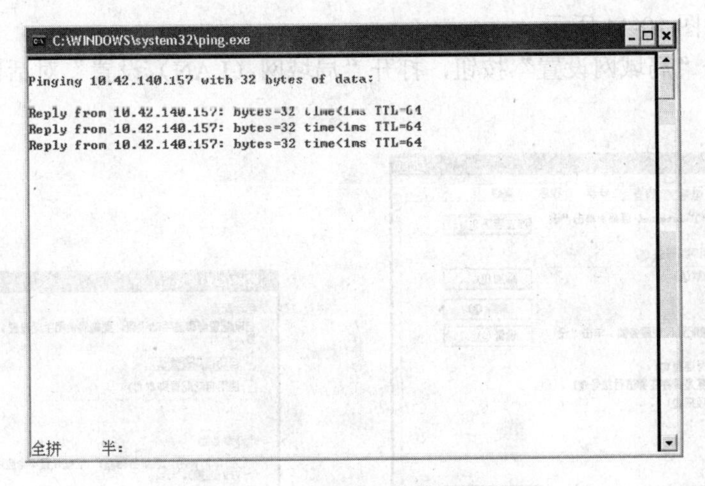

图 10-12　TCP/IP 的连通情况

第二部分　IE（Internet Explorer）浏览器应用

一、实验目的

（1）建立网络浏览器的概念，进行 IE 浏览器的窗口设置和网络连接属性设置的实践。

（2） 学习利用 IE 搜索 Internet 信息和浏览 Internet 网站的一般方法，学习和实践广域网络资源的搜索方法。

（3） 进一步理解域名和域名翻译的理论，掌握文字、图像、网页格式和资源文件的一般下载方法，熟记一些常用网站的地址，理解 Web 资源的组织特点，建立评价一个网页好坏的美感意识。

二、实验内容和实验步骤

◆ 隐藏 IE 的地址栏和工具栏。

（1） 双击桌面上的 Internet Explorer 图标，启动 IE 浏览器。

（2）选择“查看”|“工具栏”命令，打开级联菜单，如图 10-13 所示。

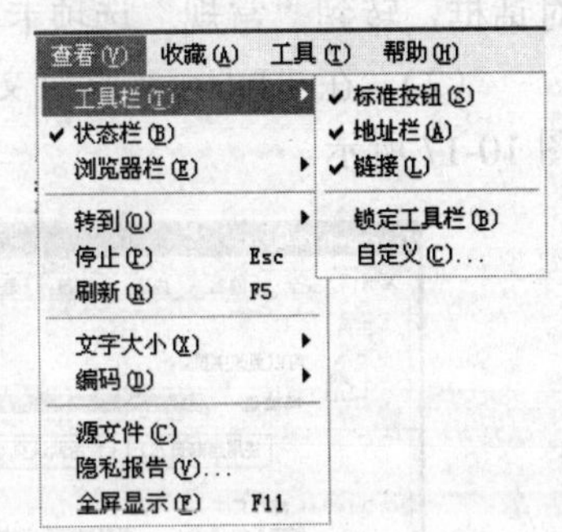

图 10-13　“工具栏”级联菜单

（3） 分别单击“地址栏”和“标准按钮”菜单项，清除它们前面的复选标记“√”，观察无地址栏和工具栏的 IE 浏览器窗口。

（4） 再次打开“查看”|“工具栏”级联菜单，单击“地址栏”和“标准按钮”命令项，显示复选标记，恢复原来的程序界面布局。

◆ 为 IE 浏览器指明代理服务器的参数，相关的地址参数是：代理服务器 IP 地址是 10.0.0.1，服务程序的内部端口号为 8080。

（1） 选择“工具”|“Internet 选项”命令，打开“Internet 选项”对话框，转到“连

接”选项卡，如图 10-14 所示。

（2） 单击“局域网设置”按钮，打开“局域网（LAN）设置”对话框，如图 10-15 示。

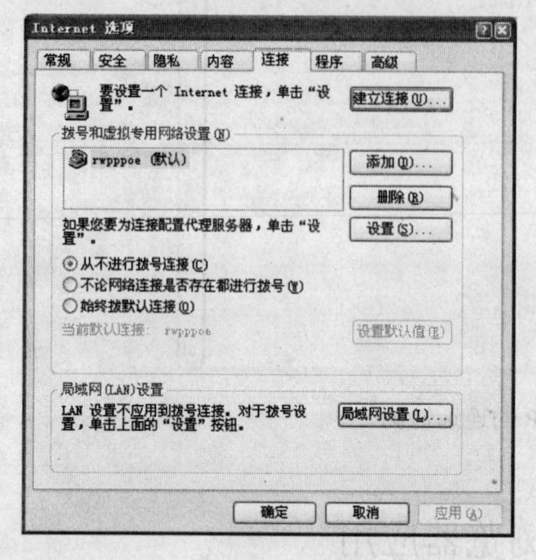

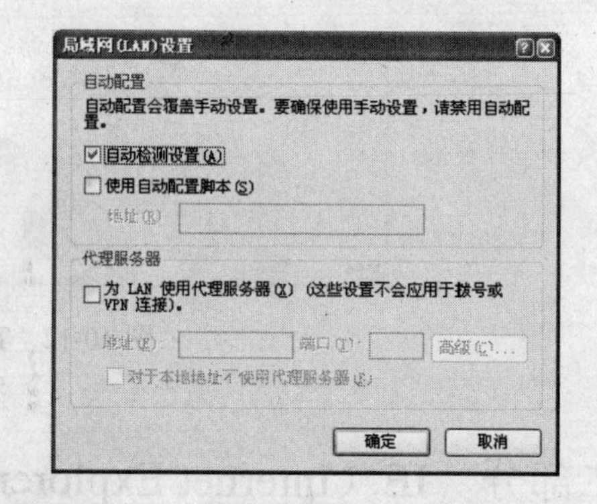

图 10-14 “连接”选项卡

图 10-15 “局域网（LAN）设置”对话框

（3） 选中“为 LAN 使用代理服务器”复选框。

（4） 在“地址”文本框中输入代理服务器的 IP 地址：10.0.0.1，在“端口”文本框中输入端口号：8080，清除“对于本地地址不使用代理服务器”复选框。

（5） 单击“确定”按钮，关闭“局域网（LAN）设置”对话框，再单击“确定”按钮，关闭“Internet 选项”对话框。

◆ 设置 IE 浏览器的数据缓冲区为 512 MB。

（1） 在浏览器的“工具”菜单中，选择“Internet 选项”命令，打开“Internet 选项”对话框，转到“常规”选项卡，如图 10-16 所示。

（2） 在“Internet 临时文件”选项组中单击“设置”按钮，打开“设置”对话框，如图 10-17 所示。

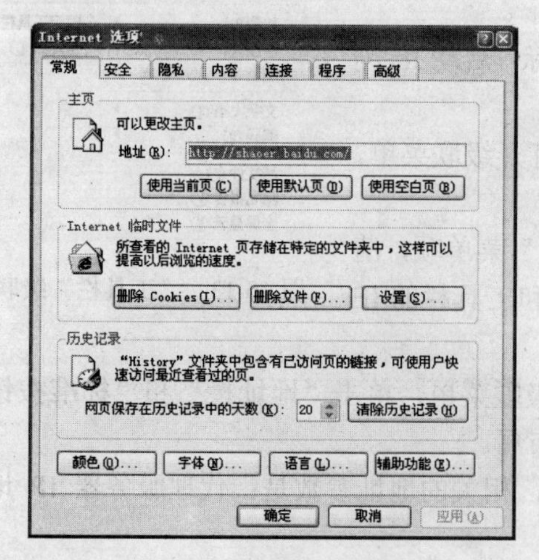

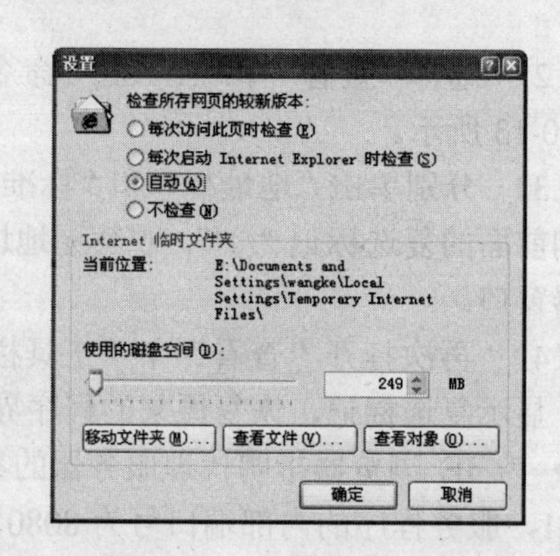

图 10-16 “常规”选项卡

图 10-17 “设置”对话框

（3） 拖动“使用的磁盘空间”滑块，使数字达到 512 MB。

（4） 依次单击“确定”按钮，关闭“设置”对话框和“Internet 选项”对话框。

◆ 寻找中央电视台的主页，查询其 IP 地址，然后查看关于神州七号飞天的新闻。

（1） 在桌面上双击 Internet Explorer 图标，打开 IE 浏览器窗口，然后在 IE 浏览器地址栏中，输入域名地址 http://www.cctv.com， 按 Enter 键，进入央视网的主页，如图 10-18 所示。

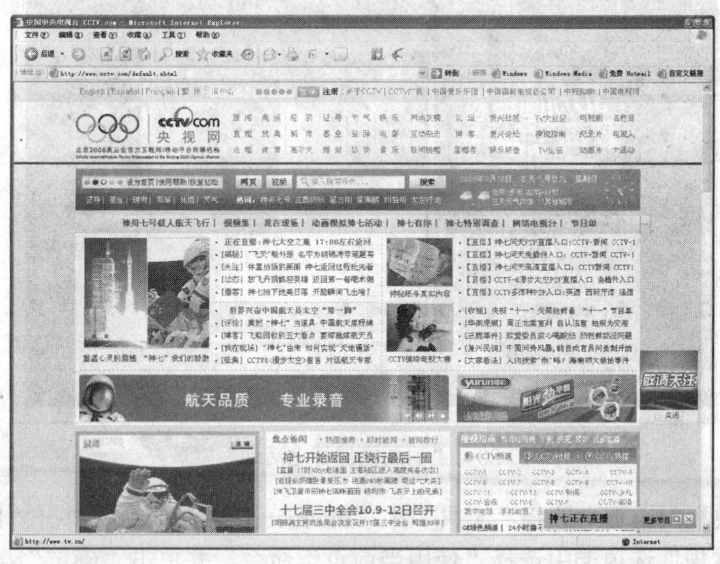

图 10-18 央视网主页

（2） 在“开始”菜单中选择“所有程序”|“附件”|“命令提示符”命令，打开“命令提示符”窗口。

（3） 在光标闪烁处输入：ping www.cctv.com，按 Enter 键，查询网络通信线路的情况，以及该网站的 IP 地址，如图 10-19 所示。

图 10-19 “命令提示符”窗口

（4） 关闭“命令提示符”窗口。

（5） 在央视网主页中，单击标题栏中的“动画模拟神七活动”超链接，打开相关网页，如图 10-20 所示。

图 10-20 “动画模拟神七活动”网页

（6） 在央视网主页中选择“工具”｜“Internet 选项”命令，打开“Internet 选项”对话框；在“常规”选项卡中选择“使用当前页”命令，并单击“确定”按钮，将其设置为主页，则下次打开 IE 浏览器时，将自动进入央视网主页。

（7） 单击 IE 浏览器窗口右上角的“关闭”按钮，退出程序。

◆ 使用百度搜索引擎，查询神七问天相关信息。

（1） 打开 IE 浏览器窗口，在地址栏中输入：www.baidu.com。然后按 Enter 键，打开百度主页，如图 10-21 所示。

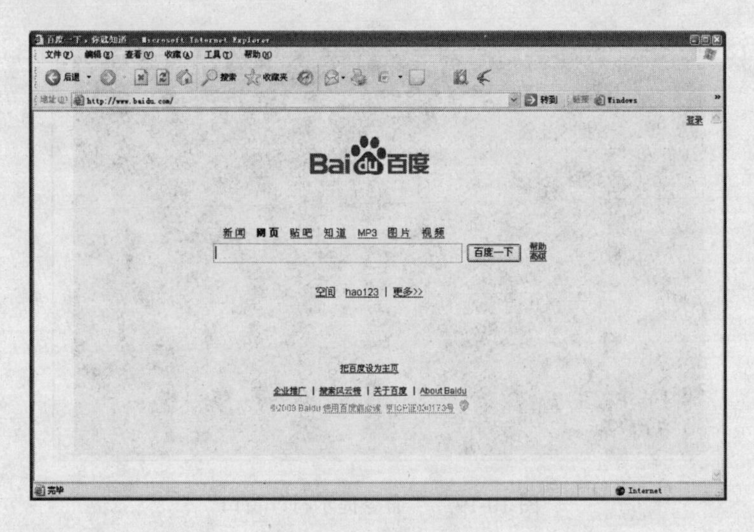

图 10-21 百度主页

（2） 在搜索框中输入“神七问天”，然后单击“百度一下”按钮，开始搜索有关的信息，结果如图 10-22 所示。

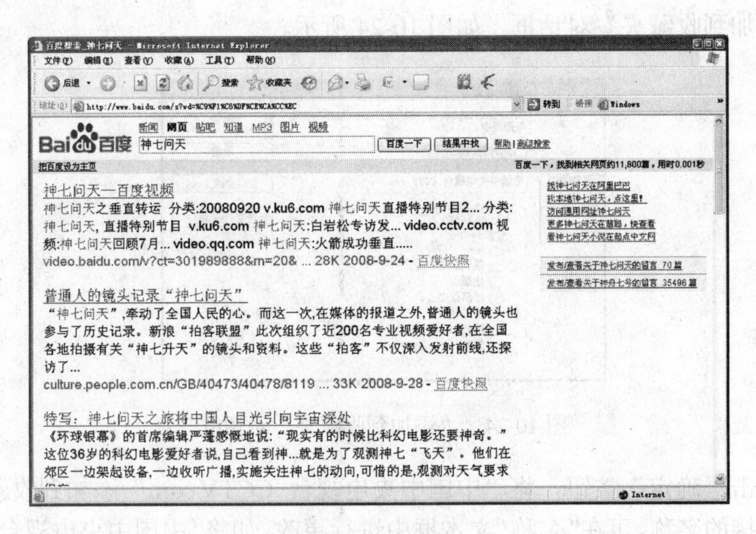

图 10-22 搜索结果

（3） 向下拖动窗口右侧的滚动条，找到“直视·神七问天 央视网”的信息，单击该超链接，打开相关网页，如图 10-23 所示。

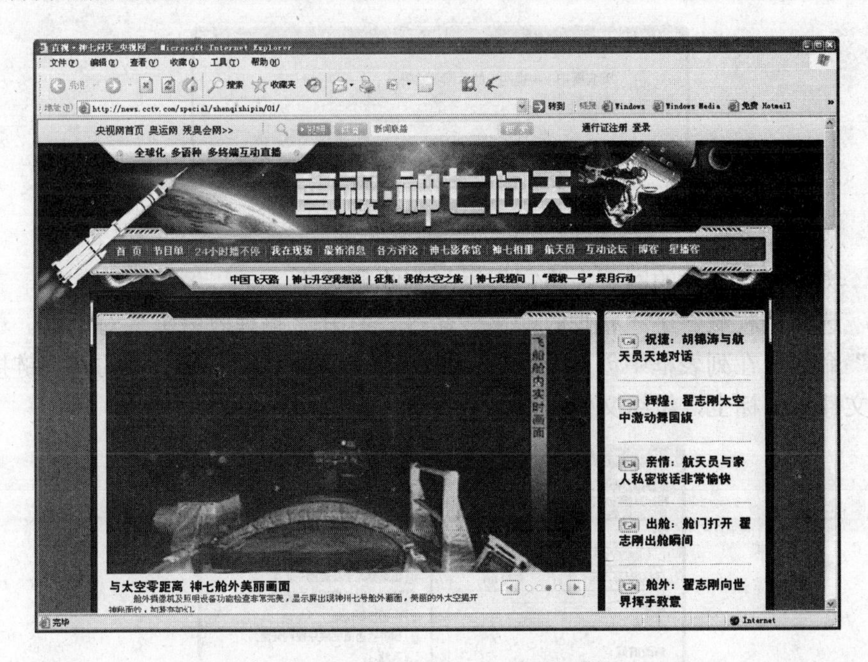

图 10-23 通过单击搜索结果中的超级链接转到的网页

◆ 将优秀网站地址收录到收藏夹，并将收藏夹中的部分地址记录删除。

（1） 打开 IE 浏览器窗口，在地址栏中输入“央视网”，然后按 Enter 键，通过实名地址的方法，搜索到与央视网相关的网站，单击“中国中央电视台 CCTV.com”，转到央视网首页。

（2） 打开“收藏”菜单，观察该菜单中的命令数量，然后选择“添加到收藏夹”命令，打开“添加到收藏夹”对话框，如图 10-24 所示。

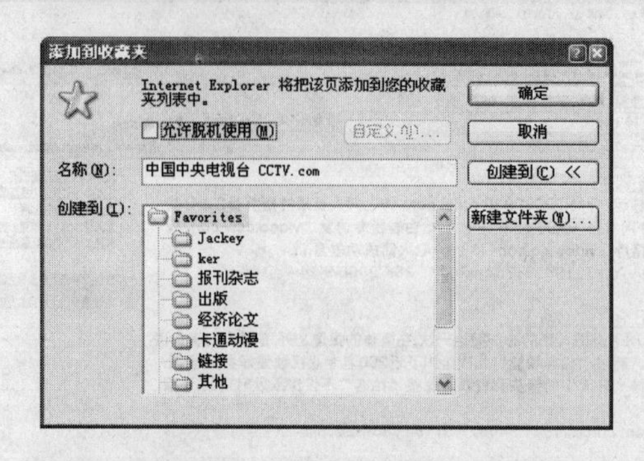

图 10-24 “添加到收藏夹”对话框

（3） 单击“确定”按钮，将“中国中央电视台 CCTV.com”添加到收藏夹中。如果要更改默认链接的名称，可在“名称”文本框中进行更改，如将“中国中央电视台 CCTV.com”改为“央视网”，观察“收藏”菜单中菜单条目的变化情况。

（4） 打开收藏夹菜单，右击“央视网”链接，从弹出的快捷菜单中选择“删除”命令，打开“确认文件删除”对话框，如图 10-25 所示。

图 10-25 “确认文件删除”对话框

（5） 浏览自己喜欢的网页，将它们添加到收藏夹中。

（6） 选择“收藏” | “整理收藏夹”命令，打开“整理收藏夹”对话框。单击“创建文件夹”命令，在列表框中创建文件夹，并改为所需的名称，将收藏的网页链接分类拖动到相应文件夹图标上，组织文件夹，如图 10-26 所示。

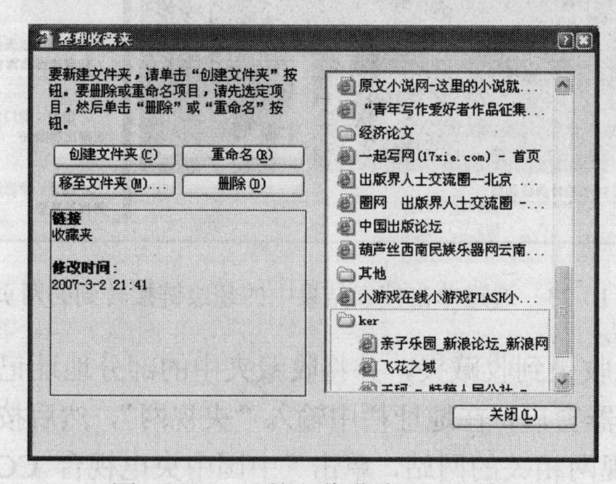

图 10-26 “整理收藏夹”对话框

（7） 单击“关闭”按钮，完成更改。

◆ 下载网页源代码、图片和全部资源。

（1） 打开 IE 浏览器窗口，转到央视网首页。

（2）选择“查看”|“源文件”命令，启动记事本程序，打开包含当前网页的 HTML 代码的文件，如图 10-27 所示。

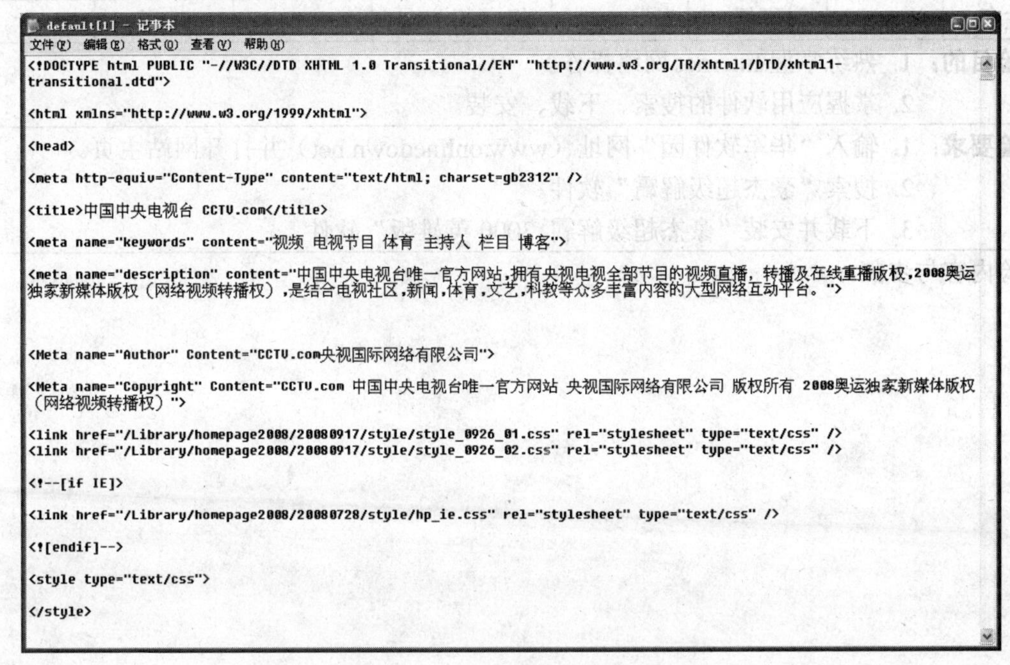


```
<!DOCTYPE html PUBLIC "-//W3C//DTD XHTML 1.0 Transitional//EN" "http://www.w3.org/TR/xhtml1/DTD/xhtml1-transitional.dtd">

<html xmlns="http://www.w3.org/1999/xhtml">

<head>

<meta http-equiv="Content-Type" content="text/html; charset=gb2312" />

<title>中国中央电视台 CCTV.com</title>

<meta name="keywords" content="视频 电视节目 体育 主持人 栏目 博客">

<meta name="description" content="中国中央电视台唯一官方网站,拥有央视电视全部节目的视频直播，转播及在线重播版权,2008奥运独家新媒体版权（网络视频转播权）,是结合电视社区,新闻,体育,文艺,科教等众多丰富内容的大型网络互动平台。">


<Meta name="Author" Content="CCTV.com央视国际网络有限公司">

<Meta name="Copyright" Content="CCTV.com 中国中央电视台唯一官方网站 央视国际网络有限公司 版权所有 2008奥运独家新媒体版权（网络视频转播权）">

<link href="/Library/homepage2008/20080917/style/style_0926_01.css" rel="stylesheet" type="text/css" />
<link href="/Library/homepage2008/20080917/style/style_0926_02.css" rel="stylesheet" type="text/css" />

<!--[if IE]>

<link href="/Library/homepage2008/20080728/style/hp_ie.css" rel="stylesheet" type="text/css" />

<![endif]-->

<style type="text/css">

</style>
```

图 10-27 央视网的页面源代码

（3） 关闭页面源代码文件。

（4） 在 IE 浏览器窗口中，选择“文件”|“另存为”命令。打开“另存为”对话框，指定文件位置和文件名，单击“确定”按钮，将当前网站 HTML 文本信息和图片信息全部下载到指定的文件夹中。

（5） 用鼠标指针指向某个图片，单击鼠标右键，从弹出的快捷菜单中选择“图片另存为”命令，下载单个图片。

（6） 在 IE 浏览器窗口中，选择“文件”|“发送”命令。将该页面复制到其他位置，例如发送到“电子邮件页面”。

三、实验操作

（1） 将浏览到有用的页面保存到本地硬盘上。

（2） 将经常浏览的网站添加到收藏夹中。

（3） 登录到新浪网（www.sina.com.cn）主页，查看体育新闻。

（4） 建立一个电子邮件账号，并用此账号来收发电子邮件。

（5） 使用联系人，建立你的通信簿，并给联系人发一封信。

实　验　报　告（实验 1）

课程：　　　　　　　　　　　　　　　　　　　　　实验题目：计算机网络与通信

<table>
<tr><td>姓名</td><td></td><td>班级</td><td></td><td>组（机）号</td><td></td><td>时间</td><td></td></tr>
<tr><td colspan="8">实验目的：1. 熟练掌握 Internet 网络操作。
2. 掌握应用软件的搜索、下载、安装。</td></tr>
<tr><td colspan="8">实验要求：1. 输入“华军软件园”网址（www.onlinedown.net）并打开网站主页。
2. 搜索“豪杰超级解霸”软件。
3. 下载并安装“豪杰超级解霸 3000 英雄版”软件。</td></tr>
<tr><td colspan="8">实验内容与步骤：</td></tr>
<tr><td colspan="8">实验分析：</td></tr>
<tr><td colspan="2">实验指导教师</td><td colspan="2"></td><td colspan="2">成　绩</td><td colspan="2"></td></tr>
</table>

第三部分　练习题

一、单项选择题

（1）一般的小型局域网计算机数量在（　　）台以下。

A. 10　　B. 20

C. 100　　D. 200

（2）（　　）是计算机网络最基本的功能。

A. 数据通信

B. 资源共享

C. 提高计算机系统的可靠性和可用性

D. 实现分布式的信息处理

（3）俗称“一线通”的 Internet 接入方式是（　　）。

A. 拨号　　B. ISDN

C. 专线　　D. 宽带

（4）用（　　）接入方式上网的优点是速度快，打电话和上网两不误。

A. 拨号　　B. ISDN

C. 专线　　D. ADSL 宽带

（5）如果要将一封电子邮件发送给多人，应用（　　）符号分隔收件人的地址。

A. 英文逗号（,）　　B. 半角分号（;）

C. 英文句号（.）　　D. 半角单引号（’）

（6）（　　）申请 QQ 号的方法既不收费又能保证一定能申请上。

A. 网页申请　　B. 手机申请

C. 手机快速申请通道　　D. 申请靓号

（7）要与某人用 QQ 进行联系，必须先（　　）。

A. 通知他上线

B. 跟他成为好朋友

C. 将他添加为 QQ 好友

D. 在 QQ 交友中心登记

二、多项选择题

（1）一般来说，计算机网络按照其覆盖范围大小分为（　　）等几种类型。

A. 局域网　　B. 办公网

C. 广域网　　D. Internet

（2）计算机网络一般由（　　）组成。

A. 网络硬件　　B. 网络软件

C. 网络操作系统　　D. 电脑

（3）在不同的网络中，工作站又称为（　　）。

A. 客户机

B. 客户端

C. 服务器

D. 节点

（4） 计算机网络主要功能有（　　）。

A. 数据通信

B. 资源共享

C. 提高计算机系统的可靠性和可用性

D. 实现分布式的信息处理

（5） 计算机网络可以实现的网络通信技术主要包括（　　）。

A. 电子邮件

B. 传真

C. IP 电话

D. 召开会议

E. 聊天

F. 做买卖

（6） 要转到百度网站，可在地址栏上输入（　　），然后按 Enter 键。

A. http://www.baidu.com

B. www.baidu.com

C. baidu

D. 百度

三、判断题

（1） 计算机网络是通过外围设备和连线，将分布在不同地域的多台计算机连接在一起形成的集合。（　　）

（2） 广域网是指通过网络互连设备把不同的多个网络或网络群体连接起来形成的大网络，也称为网际网。（　　）

（3） 计算机网络硬件主要包括服务器、工作站及外围设备等。（　）

（4） 除“共享文档”文件夹外，其他文件夹都不可以被网络中的其他用户访问。（　）

（5） 通过网上邻居访问和使用其他计算机中的共享资源就像访问自己计算机中的资源一样方便自如。（　　）

（6） 网络中的每台计算机都必须单独配置打印机。（　　）

（7）Internet 的建立本来只是为了通信方便的，后来成为继报纸、杂志、广播、电视这 4 大媒体之后新兴起的一种信息载体。（　　）